干旱监测、预警及灾害风险评估技术研究

张存杰　张继权　胡正华　姚玉璧　范广洲　著

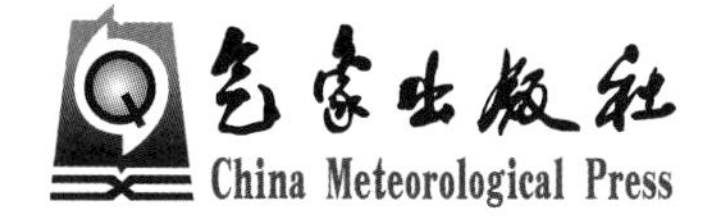

内容简介

本书系统总结了近几十年来我国在干旱综合监测技术研究和干旱影响定量化评估、干旱灾害风险评估技术研究和北方农业旱灾风险评估、干旱风险预警技术研究和干旱预警服务等方面取得的最新研究进展。分析了气候变化背景下我国北方干旱气候变化特征，根据未来气候变化情景预估，给出了到21世纪末我国北方地区干旱灾害风险趋势，并提出了应对未来干旱灾害风险的对策措施，旨在提高我国农业应对气候变化、抵抗重大干旱等灾害的能力。

图书在版编目(CIP)数据

干旱监测、预警及灾害风险评估技术研究 / 张存杰等著. — 北京 ：气象出版社，2020.7

ISBN 978-7-5029-7226-4

Ⅰ.①干… Ⅱ.①张… Ⅲ.①干旱-监测-研究②干旱-预警系统-研究③干旱-风险评价-研究 Ⅳ.①P426.616

中国版本图书馆CIP数据核字(2020)第116485号

干旱监测、预警及灾害风险评估技术研究

Ganhan Jiance Yujing Ji Zaihai Fengxian Pinggu Jishu Yanjiu

出版发行：气象出版社

地　　址：北京市海淀区中关村南大街46号　　**邮政编码**：100081

电　　话：010-68407112(总编室)　010-68408042(发行部)

网　　址：http://www.qxcbs.com　　**E-mail**：qxcbs@cma.gov.cn

责任编辑：张　斌　　**终　　审**：吴晓鹏

责任校对：王丽梅　　**责任技编**：赵相宁

封面设计：北京时创广告传媒有限公司

印　　刷：三河市君旺印务有限公司

开　　本：787 mm×1092 mm　1/16　　**印　　张**：15.75

字　　数：400千字

版　　次：2020年7月第1版　　**印　　次**：2020年7月第1次印刷

定　　价：120.00元

前　言

干旱灾害是全球最为常见的自然灾害。据测算，每年因干旱造成的全球经济损失约60亿～80亿美元，远超过其他气象灾害。IPCC在其系列评估报告中指出，未来干旱风险有不断增大的趋势。为了应对未来干旱灾害的影响，各国政府将会开展大量的工程和非工程减灾行动。然而，减灾行动一般都涉及巨额的资金投入或影响广泛的社会系统调整，显然，盲目的减灾行动必然导致人力、物力和财力等的大量浪费，有悖于减灾的初衷。只有对干旱灾害孕育、发生、发展、可能造成的影响进行科学、系统的分析，才能避免行动的盲目性。灾害风险评估是科学、系统分析灾害风险的一种重要途径，是防灾、减灾政策形成的重要过程，因此，开展干旱监测、预警和灾害风险评估技术研究具有重要的科学意义。

干旱灾害是影响我国粮食主产区粮食生产的主要自然灾害之一，每年旱灾造成的损失占各种自然灾害损失的15%以上，每年因旱灾减产粮食约50亿千克，20世纪50—80年代因旱灾损失的粮食约占全国因灾损失粮食总量的50%。干旱灾害正日益严重地威胁着我国的粮食安全和生态安全，制约着国民经济的可持续发展。因此，开展干旱对我国粮食主产区农业生产影响的监测和风险评估，对于减轻干旱灾害的损失、保障粮食安全具有重要的现实意义。

干旱作为一种自然灾害会对人类的生命健康、财产和生存环境等带来直接或间接的不利影响，这种不利影响发生的强度和频次可称为干旱灾害风险，它客观反映了干旱灾害对人类的直接危害和潜在威胁的可能性。干旱灾害风险是干旱致灾因子危险性、干旱承灾体脆弱性、干旱孕灾环境敏感性和当地防灾能力等多种因素综合作用的一种结果。我国是经常暴露于干旱灾害危险区人口最多的国家，也是干旱灾害风险比较高的国家，人民生活和社会经济发展严重受干旱灾害风险制约，因此，开展干旱灾害风险评估技术研究对做好干旱灾害风险管理和减轻干旱灾害影响具有重要的科学意义。

研究发现，在全球气候变暖背景下，近几十年来我国极端气候事件增加，特别是高温、干旱频繁发生，农业干旱气象灾害发生频率和强度呈明显上升的态势，已经对我国农业的可持续发展、粮食安全和社会稳定构成了潜在威胁。1961年以来，华北大部、西北地区东部、西南大部地区降水量减少，出现干旱化趋势，特别是甘肃中东部、宁夏大部、陕西北部、山西中部、河北南部、河南北部、山东大部、吉林西部等地是干旱高危险区。日益增加的干旱灾害导致部分地区出现水资源短缺，对工农业生产、生态环境和群众生活造成严重影响。根据未来气候变化情景预估，到21世纪末我国北方地区干旱化趋势还将加剧，北方冬麦区的中北部、东北玉米种植区的西部是干旱灾害的高风险区。作为对气候变化最为敏感和相对脆弱的产业，在全球变暖背景下，农业灾害风险明显增大，直接危及我国粮食安全。因此，在高温干旱频发的背景下，要高度重视气候变化对农业生产的影响，建议相关部门尽快建立干旱灾害风险评估及预警体系，及时识别重大干旱灾害的发生，加强农业灾害风险动态评估与预警基础研究，解决农业防灾减灾过程中的关键性问题，提高我国农业应对气候变化、抵抗重大干旱等灾害的能力。

本书分四篇共10章。第一篇“干旱监测技术及干旱影响定量化评估”包括3章，第1章“干旱监测技术和指标”，介绍了干旱的定义、分类和指标，以及不同类型干旱间的关系，给出了目前业务部门广泛应用的气象干旱综合监测指数（MCI）的研制过程和科学原理；第2章“干旱灾害影响定量化评估技术”，介绍了EPIC作物生长模型及参数本地化过程，以及在我国北方主要农作物因旱减产定量评估工作中的应用情况；第3章“遥感信息在干旱灾害监测和评估中的应用”，介绍了基于遥感信息建立的SVDI指数在吉林省中西部干旱危险性识别中的应用，以及遥感信息与作物模型相结合的研究例子。第二篇“干旱灾害风险评估技术和中国北方旱灾风险评估”包括3章，第4章“干旱灾害风险评估技术和模型”，对灾害风险概念以及干旱灾害风险评估的原理、技术方法、模型等进行了详细介绍，并给出了玉米干旱灾害风险评估的具体方法；第5章“玉米干旱胁迫试验及脆弱性评价”，介绍了项目组在吉林、辽宁等地开展玉米干旱试验和数据收集的情况，并给出了CERES-Maize模型的吉林西部玉米干旱脆弱性曲线研究结果；第6章“中国北方地区农业干旱灾害风险评估”，介绍了针对北方地区冬小麦、玉米主要农作物开展干旱灾害风险评估情况，以及干旱灾害风险区划方法和干旱气象保险指数。第三篇“干旱灾害风险预警技术及预警服务实践”包括2章，第7章“玉米干旱灾害风险预警模型构建及预警试验”，介绍了玉米干旱灾害风险预警模型构建原理和指标，以及辽宁西北部地区玉米干旱灾害动态风险预警试验；第8章“干旱灾害风险预警服务实践”，介绍了国家气候中心2010年西南地区冬春季重大干旱预警服务情况以及湖北省气象局2013年夏季干旱预警服务情况。第四篇“气候变化背景下中国干湿气候变化特征及未来趋势预估”包括2章，第9章“气候变化背景下中国干湿气候变化特征及其影响”，介绍了我国干湿气候区划研究进展以及我国干旱气候区划最新成果，给出了近几十年来我国干湿气候变化特征及其影响；第10章“气候变化背景下中国未来干旱趋势预估及应对”，给出了气候变化背景下到21

世纪末我国干旱气候变化趋势预估结果，未来可能面临的干旱灾害风险，提出了应对干旱灾害风险的措施和建议。本书最后以附录的形式给出了近年来发布的与干旱监测和风险评估相关的标准。

本书是公益性行业（气象）科研重大专项“干旱气象科学研究——我国北方干旱致灾过程及机理（GYHY201506001）”第六课题“中国北方农业干旱风险评估技术与对策（2015—2018 年）”研究成果的汇总和提炼。课题牵头单位为国家气候中心，参加单位包括中国气象局兰州干旱气象研究所、南京信息工程大学、成都信息工程大学、北京师范大学和东北师范大学等。在此，对本书编写和出版做出贡献的所有人员表示衷心感谢！

本书虽然为课题研究成果的汇总，但在编写过程中注重系统性、科学性和科普性相结合，也注重与实际业务应用相结合，可以作为科研单位、教学单位以及业务部门的参考工具用书。干湿气候变化及未来趋势研究等成果使用最新气候资料，得到的结论可以作为政府决策的参考。

本书不足之处在所难免，恳请读者批评指正。

作者

2019 年 11 月 15 日

目　录

第3篇 干旱灾害风险预警技术及预警服务实践

第4篇 气候变化背景下中国干湿气候变化特征及未来趋势预估

第1篇

干旱监测技术及干旱影响定量化评估

第1章　干旱监测技术和指标

1.1　干旱形成的机理

1.1.1　干旱的定义

直观地理解，干旱就是一种水的短缺现象，也就是一种以长期降雨量很小或无降雨为特征的气候现象，其程度取决于水分短缺的历时和数量。最初的干旱定义就是以降雨为标志，如美国国家气象局定义干旱为严重和长时间的缺雨。类似地，世界气象组织(WMO)定义干旱是一种持续的、异常的降雨短缺。

随着对水的理解的加深，逐渐认识到降雨不能反映干旱的全部特征，开始从水资源供需平衡的角度来认识干旱，认为干旱是供水不能满足正常需水的一种不平衡缺水状态，不同的供需关系会产生不同的干旱。在供需关系中，影响供水、需水的自然因子包括降水、蒸发、气温和下垫面径流，影响供水、需水的人为活动因子包括土地利用、种植制度，人口、产业布局和水利设施等。

供需关系分析使人们可以更深入地认识干旱问题，但由于干旱成因及影响涉及气象、水文、农业和社会经济等学科，不同学科从不同角度对干旱的理解和认识不尽相同。因此，对干旱进行科学的、确切的定义非常困难，至今尚无完全统一的定义。

目前，社会上比较公认的干旱定义是指因水分的收与支或供与求不平衡而形成的持续的水分短缺现象。水分的短缺可以表现为自然蒸发量大于自然降水量，引起的水分不足现象称为气象干旱，因土壤水分的缺乏影响农作物正常生长的现象称为农业干旱，因水分短缺造成江河湖泊水位偏低，径流异常偏小的现象称为水文干旱等。在自然界，气象干旱一般有两种类型，一类是由气候、海陆分布、地形等相对稳定的因素在某一相对固定的地区常年形成的水分短缺现象，这类气象干旱也可称之为干燥或气候干旱。另一类是由各种气象因子(如降水、气温等)的年际或季节变化造成的一定时期的水分短缺现象，称为大气干旱，在多数情况下所说的干旱通常指这类干旱，也称气象干旱。干旱与干燥有一定联系，但也不能等同于干燥。干旱与干燥都与降水少有关，但是干旱的发生不在于平均降水量的多少，主要决定于降水量的稳定程度及强度。因此，干旱现象不仅经常在干燥气候区发生，在湿润气候区也可能由于持久的缺雨引起干旱。

干旱灾害，是指某一具体的年、季和月的降水量比常年平均降水量显著偏少，导致经济活动(尤其是农业生产)和人类生活受到较大危害的现象。干旱灾害在干旱、半干旱气候区和在湿润、半湿润气候区都有可能发生，尤其是在干旱、半干旱气候区，由于降水量的年际变化特别大，降水显著偏少的年份较多，干旱灾害发生的频率高。

1.1.2 干旱的分类

干旱的分类有很强的学科性质。根据不同学科对干旱的理解，干旱可分为四类：气象干旱、农业干旱、水文干旱和社会经济干旱。

(1)气象干旱

气象干旱指某时段由于蒸发量和降水量的不平衡，水分支出大于水分收入造成的水分短缺现象。气象干旱最直观的表现是降水量的减少。降水量的减少不仅是气象干旱发生的根本原因，而且也是引发其他类型干旱发生的重要自然因子。农业干旱的发生与前期降水量减少息息相关，这是因为前期降水量和土壤保墒性能决定自然供给作物水分的能力；降水量的多少直接影响河流的径流量和河流、湖泊、水库、水塘的水位高度，降水量少可导致水文干旱的发生；因降水量的减少不仅会影响到人们的生活用水，而且还使工业、航运、旅游、发电等行业遭受不同程度的经济损失。

(2)农业干旱

农业干旱以土壤含水量和植物生长状态为特征，是指农业生长季节内因长期无雨，造成大气干旱、土壤缺水，农作物生长发育受抑，导致明显减产，甚至绝收的一种农业气象灾害。它的发生有着极其复杂的机理，在受到各种自然因素如降水、温度、地形等影响的同时也受到人为因素的影响，如农作物布局、作物品种及生长状况等。气象干旱是农业干旱的先兆，降水与蒸散不平衡使土壤含水量下降，供给作物水分不足，最终影响到农作物的正常生长发育。因此，在灌溉设施不完备的地区，气象干旱是引发农业干旱的最重要因素。以长江流域为例，流域内夏粮的代表作物小麦的主要生育期在3—5月，秋粮的代表作物水稻(两季)的主要生育期在5—10月。长江上游地区一般年份5月前后进入雨季，6月降雨增多，因此上游地区主要干旱为春夏旱，其次为夏伏旱。长江中下游地区4月前后进入雨季，初夏形成降雨最集中的梅雨季，梅雨后进人晴热少雨的伏旱季节，因此长江中下游地区伏秋旱较严重。

总之，由于农作物需水过程与降水过程不同步引发了农业干旱的发生。

(3)水文干旱

水文干旱通常用河川径流量、水库蓄水量和地下水位等来定义，是指河川径流低于其正常值或含水层水位降低的现象，其主要特征是在特定面积、特定时段内可利用水量的短缺。水文干旱主要讨论水资源的丰枯状况，但水文干旱不同于枯季径流。

水文干旱是与大量水供给(包括河流、湖泊、水库和水塘的水位)高度短缺相联系的。与气象干旱和农业干旱相比，水文干旱的出现较慢，如降水的减少有可能在半年内并不会反映在径流的减少上。这种惰性也意味水文干旱比其他形式的干旱持续时间更长。水文干旱发生将导致城市、农村供水紧张，人畜饮水困难，也会加重农业干旱，导致社会经济干旱。水文干旱评估一般采用总水量短缺、累计流量距平、地表水供给指数等指标。

(4)社会经济干旱

社会经济干旱是指由自然降水系统、地表和地下水量分配系统及人类社会需水排水系统这三大系统不平衡造成的异常水分短缺现象。其指标常与一些经济商品的供需联系在一起，如粮食生产、发电量、航运、旅游效益以及生命财产损失等。社会经济干旱指标主要评估由于干旱所造成的经济损失。通常拟用损失系数法，即认为航运、旅游、发电等损失系数与受旱时间、受旱天数、受旱强度等诸因素存在一种函数关系。虽然各类干旱指标可以相互借鉴引用，但其结果并非能全面反映各学科干旱问题，要根据研究的对象选择适当的指标。

1.1.3　不同类型干旱之间的关系

综上所述，尽管存在许多代表不同学科或应用领域的干旱定义，但不同类型干旱之间存在相互联系和影响（图1.1）。农业、水文和社会经济干旱的发生受到地表水和地下水供应的影响，其频率小于气象干旱，并滞后于气象干旱。经常是在降水不足几周后，土壤水分不足导致农作物、草原和牧场受影响才表现出来，发生农业干旱。几个月的持续干旱条件导致径流、水库水位、湖泊水位、潜在的地下水位下降，发生水文干旱。如果水分短缺持续发展，供水系统将不能满足人们生产、生活的需要，发生社会经济干旱。同样在出现降水后干旱的解除时，其他干旱也滞后于气象干旱。

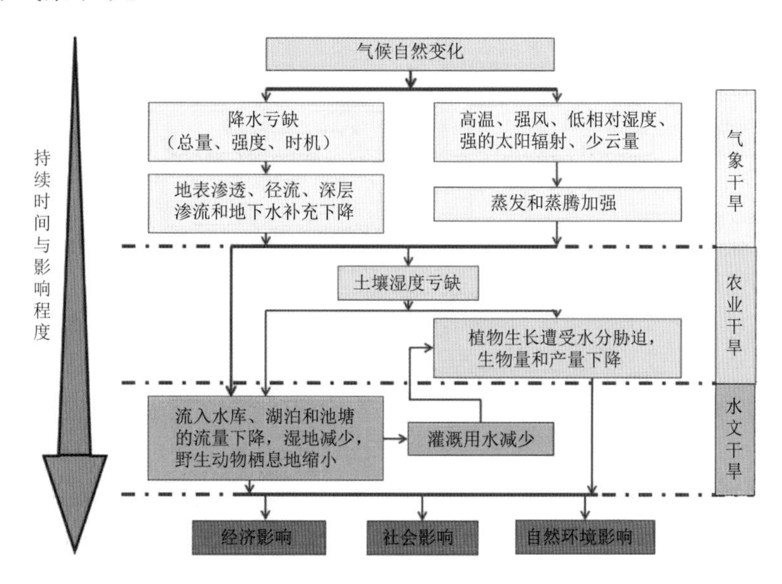

图1.1　气象干旱、农业干旱和水文干旱的关系

干旱定义在农业和水利部门的差别对制定经济评估和反应战略，具有特别重要的意义。水文干旱常超出农业干旱范围之外，例如，夏、秋和冬季低于正常降水量时间的延长可导致河川径流、水库和地下水位比正常偏小，出现水文干旱。但如果春天的降水量为正常或偏多，土壤含水量偏高，则有可能农业干旱的强度比水文干旱要低。此外，干旱的发生可能是自然和社会因素两者共同作用的结果，例如，当降水不足时可能出现干旱，导致可供水量和需水量的不平衡，造成水分短缺，但水分短缺既可能由降水不足引起，也可能由人口增长、经济发展等使人均耗水量增加造成的。

1.1.4　干旱的危害

干旱是我国乃至全球最主要的自然灾害之一，它的影响范围广，涉及时间跨度长。我国各省（区、市）除上海、浙江、福建等省（市）外，其他省（市、区）平均旱灾受灾率都高于洪涝、风雹和低温灾害的受灾率；干旱有可能发生在春、夏、秋、冬各季节，与其他自然灾害相比有发生频繁、持续时间长的特点。此外，全世界受干旱危害的人数最多，干旱对生态环境和社会经济的负面影响也最为深远。干旱的直接危害是造成农牧业减产，人畜饮水发生困难，农牧民群众陷于贫困之中。干旱的间接危害是引发其他自然灾害。

(1)干旱是危害农牧业生产的第一灾害

气象条件影响作物的分布、生长发育、产量及品质的形成，水分条件是决定农业发展类型的主要条件。干旱由于其发生频率高、持续时间长、影响范围广、后延影响大，成为影响我国农业生产最严重的气象灾害。同时，干旱也是我国主要畜牧气象灾害，主要表现为影响牧草、畜产品的生产，以及加剧草场退化和沙漠化。

(2)干旱促使生态环境进一步恶化

气候暖干化造成湖泊、河流水位下降，甚至干涸和断流。干旱缺水造成地表水源补给不足，只能依靠大量超采地下水来维持居民生活和工农业发展的需求，超采地下水又导致地下水位下降、漏斗区面积扩大、地面沉降、海水入侵等一系列的生态环境问题。

干旱发生时，水源补给困难，使得湿地面积减小、生态系统功能退化；蒸发量增大，土壤含水量下降，森林、草原大幅度减少，湿地生态系统受到严重破坏，许多生物失去了适宜的栖息地和稳定的食物来源。干旱加剧了生物物种的灭绝。

干旱在沙漠化过程中起推波助澜的作用。干旱发生时，土壤含水量下降，植被的地下部分生物量减少，地上部分停止生长或枯死。植被退化后裸露的土地使沙漠化加速发展。

(3)干旱与次生灾害

旱灾的伴生灾害主要是病虫害，尤其是蝗虫害。这是因为蝗虫喜欢温暖干燥的气候，干旱的环境有益于它们的存活、繁殖和生长发育。干旱年牧区常常发生严重的病虫鼠害，导致牧草大幅度减产，使原本受旱灾的草场损失更加严重。干旱发生时，土壤含水量降低，林区树木和草场的草含水量也随着下降，而且，干旱一般与高温相伴发生，高温干燥的环境条件使林区、草场发生火灾的危险性大大增加。干旱发生期间，地表水不足，只能依靠大量超采地下水维持居民生活和工农业发展的需求，超采地下水，将形成地下漏斗，进而造成地面沉降、地缝隙等问题，对城市基础设施构成很大的威胁。

(4)干旱对社会经济的危害

历史上已发生的干旱产生了深远的社会经济影响。干旱造成粮食减产，森林和草原的生产力下降，热电站和核电站的正常运行受到限制。干旱影响到农业、工业、旅游、航海等行业的正常生产，某些行业的一些部门甚至因干旱被迫停产。随着旱灾频率、强度和范围的增加或变化，国家粮食安全、产业布局、城市发展模式、居民生活质量与水平、社会稳定等方面都面临越来越严峻的挑战。

1.2　干旱监测指标

由于干旱形成的复杂性及其影响的深远性，准确、定量化地监测干旱的出现、结束、持续时间、覆盖范围、强度以及评价干旱的影响是十分困难的。对于不同类型的干旱，例如气象干旱、水文干旱、农业干旱和社会经济干旱等，决定干旱开始和结束的标准差别很大。另外，全球大部分地区缺乏土壤干湿状况观测的历史记录，如土壤水分的观测，而这恰恰是度量干旱的最客观要素。因此，为了监测和研究干旱及其变化，科学家利用较容易获得的气温、降水量等气候要素，发展了大量的干旱指数，这些指数的建立为开展业务和研究干旱提供了有效工具。这些干旱指数包含了降水量、雪盖、气温、蒸发量、径流、土壤含水量等众多的基础资料，最终形成一系列简单的指标数值。对于决策者和相关领域研究者来说，干旱指数比原始观测资料更加直观，可利用性更强。

长期以来，国内外气象工作者对干旱及其指标进行了大量的研究实验。多数专家认为，作为干旱指数，必须满足四个基本条件：1）合适的时间尺度，2）可定量评估大范围、长时间持续的干旱情况，3）应用性强，4）具有可用的较长的指数序列。用于干旱业务监测的指数还应当增加一个条件，即指数应当能够真实反映近期的干旱状况。

目前科研和业务中使用的干旱指数非常多，虽然不能简单地认为某种干旱指数比其他指数更加优秀，但对于某些地区或应用领域，确实有一些干旱指数较其他指数更加适合。例如，美国农业部利用 PDSI 指数来判定什么时间需要提供干旱紧急援助。PDSI 指数适用于大范围较平坦的地形，对于美国西部山地，以其他指数例如土壤水分供给指数（SWSI）作为补充，效果会更好些。下面介绍一些常用的干旱监测指标。

1.2.1　气象干旱监测指标

气象干旱是指某地某时段由于蒸发量和降水量的不平衡，水分支出大于水分收入而形成的水分短缺现象。气象干旱监测指标主要包含降水量、降水量距平百分率、Z 指数、SPI 指数和 CI 指数等。

（1）降水量和降水量距平百分率

这一类干旱指数以实际降水量或其距平值与多年（一般为 30 年）平均同期降水量相比较，降水量距平百分率负值越大干旱越严重。它们的优点是计算方法简单，应用十分普遍，我国国家级、各省市和地区级气象台站都在不同程度上使用降水量距平百分率来评价干旱状况。缺点主要表现在以下两个方面，一方面这种指标只考虑降水量，未考虑蒸发和下垫面状况，和实际情况常有出入。另一方面，这种方法实质上暗含着将降水量当作正态分布来考虑，实际上多年平均值一般并不是降水量长期序列的中位数，由于降水量时、空分布的差异，降水量偏离正常值不同距离的出现频率，以及不同地区降水量偏离正常值的距离大小难以相互比较。

（2）连续无有效降水日数

连续无有效降水日数也是监测干旱的常用指标，不同地区对连续日数和有效降水量阈值的规定有所不同。一般来说，连续无有效降水持续时间越长，干旱越严重。

（3）降水量分位数

将长时间的降水量序列按大小顺序排列分组，以实际降水量在长时间序列中所处的分位数来判定旱涝的发生和严重程度。例如，澳大利亚的十分位 Deciles 指数。

（4）标准化降水指数（SPI）和 Z 指数

假定降水量符合某种概率分布函数，标准化变换后计算出的指数正值表示比正常偏多，负值表示比正常偏少。优点是计算方法相对简单，可适用于任意时间尺度，对干旱的反应较灵敏。美国的标准化降水指数（standardized precipitation index，SPI）的应用十分广泛，中国的 Z 指数也属于这一类。

SPI 是由 McKee 等 1993 年提出来的。由于降水量的分布一般不是正态分布，而是一种偏态分布，因此在进行降水分析和干旱监测、评估中，采用 Γ 分布概率来描述降水量的变化。标准化降水指标（SPI）在计算出某时段内降水量的 Γ 分布概率后，再进行正态标准化处理，最终用标准化降水累积频率分布来划分干旱等级(表 1.1)。*Z* 指数是用概率密度函数 Person Ⅲ型分布拟合某一时段的降水量,再对降水量进行正态化处理,将 Person Ⅲ型分布转换为 *Z* 变量的标准正态分布(表 1.1)。

表 1.1　标准化降水指数(SPI)和 *Z* 指数等级划分

SPI	*Z* 指数	等级
SPI>2.0	*Z*>1.96	重涝
1.5<SPI≤2.0	1.44<*Z*≤1.96	中涝
1.0<SPI≤1.5	0.84<*Z*≤1.44	轻涝
−1.0<SPI≤1.0	−0.84<*Z*≤0.84	正常
−1.5<SPI≤−1.0	−1.44<*Z*≤−0.84	轻旱
−2.0<SPI≤−1.5	−1.96<*Z*≤−1.44	中旱
SPI≤−2.0	*Z*≤−1.96	重旱

(5)标准化降水蒸散发指数(SPEI)

干旱不仅受到降水的影响,而且与蒸散发密切相关。2010 年 Vicente-Serrano 采用降水与蒸散发的差值构建了 SPEI 指数,并采用 3 个参数的 log-logistic 概率分布函数来描述其变化,通过正态标准化处理,最终用标准化降水与蒸散发差值的累积频率分布来划分干旱等级。

(6)湿润度和干燥度指标

降水量与蒸发能力之比称为湿润度(蒸发与降水之比称为干燥度),以此来表示水分收支的状况。这种指标考虑了下垫面条件,但指标中的蒸发能力是指在充分供水条件下的土壤蒸散量,不能反映作物的实际需水情况及土壤各时期的供水情况。马柱国等(2003)对这类指标进行了大量的研究。

(7)帕默尔干旱指数(palmer drought severity index,PDSI)

1965 年 Palmer 提出帕尔默干旱强度指数(PDSI)表征在一段时间内,某地区实际水分供应持续地少于当地气候适宜水分供应的水分亏缺情况。PDSI 是无量纲指数,它在空间和时间上具有可比性。

PDSI 使用降水量和气温作为输入量,而很多其他的干旱指数仅仅考虑了降水量。因此,PDSI 所反映的干旱变化考虑了 20 世纪气候变暖这一基本的气候变化背景。另外,计算 PDSI 的输入要素还包括土壤可持水量(available water content,AWC)。

PDSI 指数的基本原理是土壤水分平衡原理。PDSI 在计算水分收支时,考虑了前期降水量和水分供需,计算了蒸散量、土壤水分供给、径流及表层土壤水分损失。人类活动对土壤水分平衡的影响,如灌溉等并没有考虑。在建立水分平衡方程时,Palmer 提出了"当前情况下达到气候上适宜"的概念,即 CAFEC(climatically appropriate for existing conditions),并将水分平衡公式建立在两层土壤模式上。在计算出水分偏差后,与气候权重系数相乘得到水分异常指数,即 Palmer *Z* 指数。在 PDSI 理论中,某一时刻干旱的强度与前期、同期及后期的干旱程度都有关系,因此 Palmer 设计了回算过程分析水分异常指数序列,从概率角度来确定干旱的开始、结束和强度。

另外,根据 PDSI 指数原理还发展了一系列的不同用途的干旱指数,如 Palmer 水文干旱指数(the Palmer hydrological drought index,PHDI)、监测农业作物干湿状况的作物湿度指数

(crop moisture index,CMI)等,这些指数主要是在美国发展并在业务中都有相当程度的应用。

(8)火险干旱指数(Keetch-Byram drought index,KBDI)

Keetch 和 Byram 于 1968 年提出一个用于评价潜在火险的干旱指数。该指数基于简单的水分平衡原理发展得到,指数输入要素包括日降水量、日最高气温及计算的累计水分亏缺(前期 KBDI)等。干旱指数等级从 0(不缺水)到 800(极端干旱)。指数的计算基于每日的水分收支程序,由降水和土壤水分平衡确定。Keetch-Byram 干旱指数(KBDI)已被广泛用于野外火险监测和预报。

(9)综合气象干旱监测指数

长期以来,气象工作者在干旱成因、致灾机理、监测指标与技术、干旱影响评估方法等方面进行了大量的研究,取得了丰硕的成果,先后成功地研制或移植了降水量和降水量距平百分率、标准化降水指数、相对湿润度指数、土壤湿度干旱指数和帕默尔干旱指数等干旱监测指标与方法。但由于各地气候差异大、各种干旱监测指数的适用范围不一样,以及各级气象部门技术力量发展不均衡,在使用干旱指标方法、划分干旱等级和监测、评估干旱发生和影响时,往往各地存在很大差异,无法进行时、空比较,难以满足各级人民政府组织防御气象灾害的需求。

从 1998 年起,中国气象局国家气候中心有关专家在已有的干旱监测技术和方法的基础上,结合多年从事干旱研究和业务工作的经验,积极研制适合于不同区域和不同季节的干旱监测技术和指标。通过多年的努力,突破了原有的单一指标与方法,研制出具有普适性的 CI 综合干旱监测指数。特别是从 2004 年起,国家气候中心借鉴国内外在干旱监测方面的先进技术和方法,并广泛征求了农业、林业、水利、环保等相关领域、行业专家的意见与建议,对中国的气象干旱监测技术、评价方法及干旱等级进行深入研究,编制了《气象干旱等级》国家标准。《气象干旱等级》国家标准规定了全国范围气象干旱指数的计算方法、等级划分标准、等级命名、使用方法等,对中国气象干旱监测与评估业务规范化和标准化具有重要意义。基于《气象干旱等级》国家标准和综合气象干旱监测指数,开发了全国 700 余站的气象干旱监测产品,建立了全国气象干旱监测业务系统,在近几年的全国气象干旱监测服务中发挥了举足轻重的作用。2009 年,基于综合气象干旱监测指数和地理信息系统(GIS)技术,开发了全国 2500 余站的气象干旱监测产品,并开发建设干旱监测分析业务系统和新一代干旱预测、预警系统。通过标准化的干旱监测技术与评价方法,国家气候中心能够准确、实时地监测到全国各地气象干旱的发生和发展情况,能够及时为党中央、国务院报送相关决策服务材料,在全国防旱、抗旱工作中发挥了重要作用。

近年来,国家气候中心在气象干旱综合监测指标体系构建、提高干旱气象服务的针对性,以及干旱综合监测评估业务系统建设等方面取得了新的进展。

目前,国家气候中心的干旱监测业务实现了多种指标的实时监测,包括降水量距平百分率、标准化降水指数、K 指数、湿润度指数和综合干旱指标(CI)等。其中,综合干旱指数(CI)为国家气候中心张强等(2006)建立的监测指标(式(1.1))。CI 是一个融合了标准化降水指数和湿润度指数以及近期降水量等要素的综合指数,其等级划分如表 1.2,计算方法如下:

$$CI = aZ_{30} + bZ_{90} + cM_{30} \tag{1.1}$$

式中,Z_{30}、Z_{90} 分别为近 30 d 和近 90 d 标准化降水指数(SPI),计算方法见国家标准《气象干旱等级》附录 C“标准化降水指数的计算方法”;M_{30} 为近 30 d 相对湿润度指数,该指数由 $M=$

$\frac{P-PE}{PE}$得到，P 为某时段的降水量；PE 为某时段的可能蒸散量；a 为近 30 d 标准化降水系数，由达轻旱以上级别 Z_{30} 的平均值除以历史出现的最小 Z_{30} 值得到，平均取 0.4；b 为近 90 d 标准化降水系数，由达轻旱以上级别 Z_{90} 的平均值除以历史出现最小 Z_{90} 值得到，平均取 0.4；c 为近 30 d 相对湿润系数，由达轻旱以上级别 M_{30} 的平均值除以历史出现最小 M_{30} 值得到，平均取 0.8。

通过式(1.1)，利用前期平均气温、降水量可以滚动计算出每天综合干旱指数(CI)，进行干旱监测。

表 1.2　综合气象干旱等级的划分

等级	类型	CI 值	干旱影响程度
1	无旱	$-0.6<CI$	降水正常或较常年偏多，地表湿润，无旱象
2	轻旱	$-1.2<CI\leqslant-0.6$	降水较常年偏少，地表空气干燥，土壤出现水分轻度不足
3	中旱	$-1.8<CI\leqslant-1.2$	降水持续较常年偏少，土壤表面干燥，土壤出现水分不足，地表植物叶片白天有萎蔫现象
4	重旱	$-2.4<CI\leqslant-1.8$	土壤出现水分持续严重不足，土壤出现较厚的干土层，植物萎蔫、叶片干枯，果实脱落；对农作物和生态环境造成较严重影响，对工业生产、人畜饮水产生一定影响
5	特旱	$CI\leqslant-2.4$	土壤出现水分长时间严重不足，地表植物干枯、死亡；对农作物和生态环境造成严重影响，对工业生产、人畜饮水产生较大影响

1.2.2　农业干旱监测指标

农业干旱是指在作物生育期内，由于土壤水分持续不足而造成的作物体内水分亏缺，影响作物正常生长发育的现象。农业干旱监测指标包括土壤湿度、帕默尔干旱指数、水分亏缺指数等。

(1)土壤水分指标

农业干旱的关键在于土壤水分的亏缺状况。土壤水分指标主要考虑大气降水与土壤水分的平衡。常用的土壤水分指标为土壤相对湿度(土壤质量含水量与土壤田间持水量之比)、土壤水分亏缺量(实际蒸散量与可能蒸散量之差)。基于水分与能量平衡的干旱指数有干燥度比率，其中以 M. I. Budyko(1948)提出的辐射指数最为著名，该指数可用于气候干湿度的划分。李克让等(1990)使用的干燥度指标考虑了田水分盈缺的基本因素，适合于农田地块的旱涝监测。

(2)作物水分指数

Palmer(1968)提出作物水分指数(CMI)，用于监测影响作物水分状况的短期变化。CMI 是蒸散不足和土壤需水的总和，这些项用 PDSI 参数以周为单位计算，考虑了前一周的平均温度、总降水量和土壤水分情况。CMI 可评估当时的作物生长情况，但它不适用于监测长期干旱。

(3)Palmer 水分距平指数(Z 指数)

Palmer 水分距平指数(Z 指数)是当月的水分距平。它是计算 PDSI 指数时的一个中间量，不考虑前期条件对 PDSI 的影响。它对土壤水分量变化响应很快，可用来监测农业干旱，且效果比常用的CMI更好。

1.2.3 水文干旱监测指标

水文干旱是指由于降水的长期短缺而造成某段时间内地表水或地下水收支不平衡，出现水分短缺，使江河流量、湖泊水位、水库蓄水等减少的现象。水文干旱监测指标包括帕默尔水文干旱指数、河流径流量距平百分率、水库含水量等。

(1)干旱强度(S)指数

传统的水文干旱评估采用干旱强度(S)，S是干旱时段(D)与缺水量(M)的乘积。D指流量持续低于某一水位(即水文气候平均值)的时间，M是期间流量与该水位的平均偏差，干旱结束后总水量的短缺为0。干旱强度(S)可反映某一河流在某一点的时间积分流量情况，但大面积具有高分辨率要求时需对区域内不同水界进行具体检验。

(2)地表水供给指数

地表水供给指数(SWSI)由Shafer和Dezman于1982年提出。SWSI严格考虑了积雪和它的径流滞后问题，适用于以山地积雪为主要水源的山区类区域水文干旱监测。它以积雪、降水、流量和水库蓄水量为基础，以流域为单元计算。SWSI将水文和气象特征结合到简单的指数中。经过加权处理后的SWSI值可以在各流域之间相互比较。

(3)帕默尔水文干旱强度指数

帕默尔水文干旱强度指数(PHDI)与PDSI很相似，采用相同的两层土壤水分平衡评估模式。区别在于PHDI有更加严格的干旱结束和湿期结束：PDSI认为当水分条件开始不间断上升直至缺水消失时干旱结束，PHDI认为当水分短缺完全消失时干旱结束。PHDI干旱结束与PDSI相比，具有一定的滞后性，这反映了水文干旱滞后于气象干旱。

1.2.4 社会经济干旱监测

社会经济干旱是指由自然系统与人类社会经济系统中水资源供需不平衡造成的异常水分短缺现象。社会对水的需求大于供给，就会发生社会经济干旱。社会经济干旱指标常与一些经济商品的供需联系在一起，如粮食生产、生命财产损失等。

(1)经济干旱指数

社会经济干旱指数主要评估由于干旱造成的经济损失。计算工业受旱损失价值量通常采用缺水损失法，根据受旱年份当地工业供水的缺供水量和万元产值取水量计算求得。

(2)农村饮水困难百分率

顾名思义，饮水困难百分率指区域内供水量低于正常需求量的百分比。一般情况下，饮水困难百分率0.5%～5%为轻度干旱，5%～7.5%为中度干旱，7.5%～10%为严重干旱，>10%为特大干旱。

(3)城市干旱指数

2006年初，中国政府颁布的《国家防汛抗旱应急预案》规定了城市干旱的等级。由于干旱，城市供水量低于正常需求量的5%～10%为城市轻度干旱，10%～20%为城市中度干旱，20%～30%为城市重度干旱，高于30%为城市极度干旱。

对于大多数干旱指数，它们只适用于自身领域或特定区域。气象干旱强度指数可以反映大气环境的缺水状况，可以表征各类干旱的前兆。一般来说，气象干旱先于农业、水文和社会经济等干旱的发生，但气象干旱发生不等于农业干旱、水文干旱等发生，用于评估气象干旱强度的指数不适合评价农业干旱、水文干旱等。不同干旱指数受其自身计算方法和考虑要素的限制，一般都具有一定的局限性，但也都有特定的优势。

1.3 气象干旱综合监测技术和指标研制

1.3.1 气象干旱综合监测指数(MCI)

综合气象干旱指数(CI)作为《气象干旱等级》国家标准中规定作用的全国气象干旱监测指标，是在国家气候中心多年的干旱监测业务中发展和完善起来的，它很好地反映了我国不同地区干旱频率分布和年内不同等级干旱的季节分布特征。但在近几年几次重大干旱事件的业务服务中也暴露了一些问题：一是对降水过程反应太灵敏，30 d 和 90 d 内过程降水移出时 CI 变化剧烈，不符合干旱发展过程；二是对长期(90 d 以上)降水偏少形成的严重干旱反应不明显，如 2009 年 9 月至 2010 年 3 月中旬西南地区的干旱、2011 年 1—5 月长江中下游的干旱，CI 反应明显偏轻。本次修订主要考虑四个方面：一是引进标准化权重降水指数(SPIW)，计算累计降水时采用指数递减法，加大近期降水的权重，减小远期降水的权重，有效减少了因为降水过程移出计算时段导致干旱指数跳跃性变化的现象；二是增加 SPI_{150}，考虑前期更长时间降水对当前干旱的影响，使 MCI 更能反映由于长期降水偏少导致的重大干旱过程；三是不同时间尺度干旱的权重系数的确定，很重要也很复杂，通过计算与当前土壤湿度的相关关系发现，中国南方与北方、春秋季与夏季相关系数有所不同，曾经考虑 a、b、c、d 系数随着地区和季节进行调整，但季节调节系数 K_a 也随地区和季节进行变化，这样将导致气象干旱综合监测指数(MCI)很复杂，不利于推广应用和业务化，通过对比试验，确定 a、b、c、d 为固定值 0.3、0.5、0.3、0.2，K_a 随地区和季节进行调整；四是为了增加 MCI 的针对性，增加 K_a 系数，依据不同地区主要农作物水分敏感性确定。气象干旱综合监测指数(MCI)不仅能较好地反映当前的气象干旱，对土壤干旱和农业干旱也有一定的指示意义。

依据气象干旱形成机理，张存杰等(2017)建立的气象干旱综合监测指数(MCI)主要反映降水量长期亏缺和近期亏缺的累积效应。近期效应主要考虑了 60 d 内的有效降水(权重平均降水)和蒸发(相对湿润度)的影响，长期效应主要考虑了季度尺度(90 d)和近半年尺度(150 d)降水量长期亏缺的影响。该指数还考虑了业务服务的需求，增加了季节调节系数 K_a。气象干旱综合监测指数(MCI)的计算公式如下：

$$MCI = K_a \times (a \times SPIW_{60} + b \times MI_{30} + c \times SPI_{90} + d \times SPI_{150}) \tag{1.2}$$

式中，MCI 为气象干旱综合监测指数；MI_{30} 为近 30 d 相对湿润度指数；SPI_{90} 为近 90 d 标准化降水指数；SPI_{150} 为近 150 d 标准化降水指数；$SPIW_{60}$ 为近 60 d 标准化权重降水指数；a 为 $SPIW_{60}$ 项的权重系数，北方及西部地区取 0.3，南方地区取 0.5；b 为 MI_{30} 项的权重系数，北方及西部地区取 0.5，南方地区取 0.6；c 为 SPI_{90} 项的权重系数，北方及西部地区取 0.3，南方地区取 0.2；d 为 SPI_{150} 项的权重系数，北方及西部地区取 0.2，南方地区取 0.1；K_a 为季节调节系数，根据不同季节各地主要农作物生长发育阶段对土壤水分的敏感程度确定。气象干旱综合监测指数(MCI)的等级划分标准如表 1.3。

表 1.3　气象干旱综合监测指数等级划分表

等级	类型	MCI	干旱影响程度
1	无旱	−0.5＜MCI	地表湿润，作物水分供应充足；地表水资源充足，能满足人们生产、生活需要
2	轻旱	−1.0＜MCI≤−0.5	地表空气干燥，土壤出现水分轻度不足，作物轻微缺水，叶色不正；水资源出现短缺，但对生产、生活影响不大
3	中旱	−1.5＜MCI≤−1.0	土壤表面干燥，土壤出现水分不足，作物叶片出现萎蔫现象；水资源短缺，对生产、生活造成影响
4	重旱	−2.0＜MCI≤−1.5	土壤水分持续严重不足，出现干土层（1～10 cm），作物出现枯死现象；河流出现断流，水资源严重不足，对生产、生活造成较重影响
5	特旱	MCI≤−2.0	土壤水分持续严重不足，出现较厚干土层（大于 10 cm），作物出现大面积枯死；多条河流出现断流，水资源严重不足，对生产、生活造成严重影响

相对于 CI，MCI 改进效果如下：(1)考虑了干旱的累积效应，使得干旱指数跳跃性变化问题得到明显缓解；(2)考虑了更长时间降水的影响，使得 MCI 对重大干旱的反映能力得到明显加强；(3)利用作物敏感系数和水资源系数将气象干旱与农业干旱、水文干旱联系起来，增强了气象干旱影响评估的科学性和针对性；(4)检验表明，MCI 较 CI 有明显改进。气象干旱综合监测指数(MCI)已在国家气候中心及各省级气象部门业务服务中得到广泛应用(廖要明 等，2017)，新修订的《气象干旱等级》国家标准(GB/T 20481—2017)2018 年 4 月正式发布实施(见附录 1)。

1.3.2　区域性干旱事件过程识别技术

(1)干旱事件过程识别的游程理论

为了说明干旱事件过程的识别原理，这里选择降水距平值作为衡量干旱的指标，考虑到数据量较大，并且不同承灾体对干旱的响应时间有所不同，选取月作为时间尺度，对干旱事件进行判别，从而确定每场干旱的特征变量序列。根据水利部 2008 年最新发布的《旱情等级标准》，月尺度降水距平值达到−35%可认为发生了轻度干旱，月降水距平值达到−50%可认为该地发生了中度干旱。因此，选取−35%作为衡量干旱发生与否的临界值(R_1)，−50%作为判断合并干旱事件的临界值(R_2)，R_0 取 0。这里利用游程理论方法(Wang et al，2018a)对干旱事件过程进行识别。

在干旱事件过程识别中，通过程序识别出作物生育期(5—9 月)的干旱事件。识别过程中需注意两个方面：(1)小干旱的处理，由于在识别过程中得到的过多小干旱事件会影响统计分析，因此必须对小干旱进行判别后纳入干旱事件样本中；(2)干旱的合并，一个长历时的干旱过程可能会被中间短期的非干旱过程隔断，对于隔断后的这些相互关联的干旱事件需要进行重新处理，组成一个完整的干旱过程。

干旱事件过程判识步骤如下(图 1.2)：

第一步，干旱事件初步判断。根据游程分析理论，由阈值 R_1 对干旱指数系列进行识别。当指标值小于 R_1 时，则初步判断此单位时段为干旱，如图 1.2 中共有 a、b、c、d、e 5 个干旱过程。

第二步，小干旱事件处理。根据第一步中的初步识别结果，再根据阈值 R_2 筛选小干旱事件。对于历时只有 1 个单位时段的干旱事件(如 a、d)，如果其干旱指标值大于 R_2(如 a)，则视

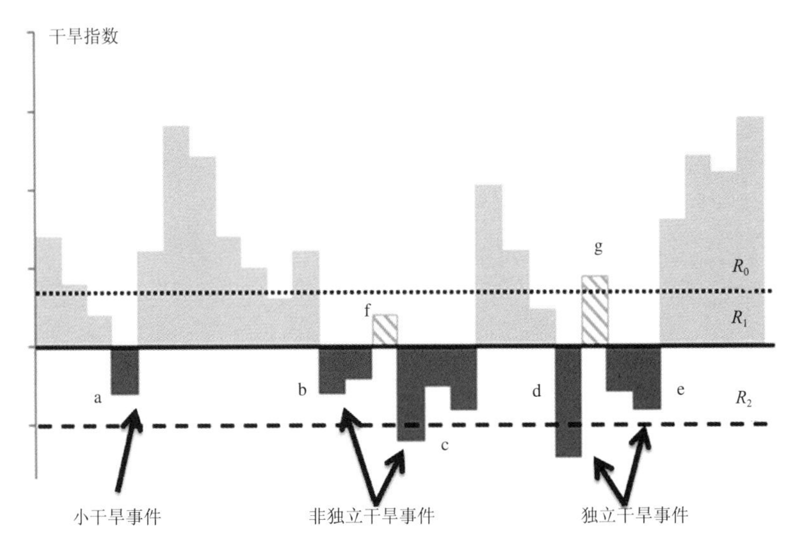

图 1.2 干旱事件过程识别原理

其为小干旱事件，忽略不计；对于干旱指标值小于 R_2（如 d）的事件，确定为 1 次干旱过程。

第三步，干旱事件合并。对识别出的相邻干旱事件，由阈值 R_0 筛选、合并形成一个完整的干旱事件。对于间隔仅为 1 个月的相邻干旱过程（如 b 和 c、d 和 e），若间隔期（如 f）的干旱指标值小于 R_0，则这 2 次干旱可合并成 1 次干旱过程，如 b 和 c 可合并成 1 个干旱事件；若间隔期（如 g）的干旱指标值大于 R_0，则被视为独立干旱事件（如 d、e）。

因此，按照以上的干旱识别步骤，可得到图中共有 3 次干旱过程。

（2）区域性干旱事件过程识别技术方法

在干旱监测评估业务服务中，国内外科研和业务单位已经建立了多种气象干旱监测指标，这些指标在单站干旱监测中具有比较好的效果。但是，针对区域性重大气象干旱过程，需要从干旱的强度、持续时间、影响范围及影响程度等方面进行综合监测和评估，而目前许多干旱监测指标只是针对单站设立的，无法应用到区域干旱过程的确定。为此，国家气候中心组织专家开展了区域性干旱事件过程监测技术和标准的研制。

基于全国 2000 多个台站逐日综合气象干旱监测指数（MCI）历史数据，确定干旱阈值、相邻监测站点、区域性干旱日、区域性干旱日连续性等参数，构建了区域性干旱过程的判识标准。站点之间的距离在 200 km 以内，则定义为相邻监测站点。当某日监测范围内有≥5％的相邻监测站点出现中度或以上强度的干旱，则定义为 1 个区域性干旱日。当连续的区域性干旱日之间站点重合率在 30％以上，且持续时间在 30 d 以上时，则定义为 1 个区域性干旱过程，其中首日为区域性干旱过程开始日。区域性干旱过程开始后，当连续 5 d 出现中旱或以上强度的站点数小于区域总站点数的 5％或者与前一干旱日的站点数重合率低于 30％时，即表示该次干旱过程结束，将前一天确定为该次区域性干旱过程的结束日。利用该标准统计结果表明，1961—2019 年我国共出现 58 次大范围区域性干旱事件（表 1.4），附录 4 给出了东北地区（包括辽宁、吉林、黑龙江、内蒙古东部）、华北黄淮地区（包括北京、天津、河北、山西、河南、山东）、西北东部地区（包括甘肃、宁夏、陕西）、西南地区（包括四川、云南、贵州、重庆）、长江中下游地区（包括湖北、湖南、江西、安徽、江苏、上海）、华南地区（包括广东、广西、海南、福建）1961 年 1

月 1 日至 2019 年 10 月 17 日历史干旱过程事件。

区域性干旱过程的持续时间、干旱范围和强度是干旱过程影响程度的最重要因素，基于区域性干旱过程历史序列，采用这三个指标构建区域性干旱综合强度评估模型：

$$Z = f(I, A, T) = I \times \sqrt{A} \times \sqrt{T} \tag{1.3}$$

式中，Z 为区域性干旱过程综合强度指数，I 为区域性干旱过程的平均强度，A 为干旱过程的平均范围，T 为干旱过程的持续时间。

基于已确定的评判标准和评估技术，建立了全国区域性干旱过程历史序列，将 1981—2010 年的所有区域性干旱过程的综合强度指数划分为一般干旱过程、较强干旱过程、强干旱过程、特强干旱过程 4 个等级。各等级阈值采用百分位数来确定，具体等级标准为第 95 百分位数、第 80 百分位数和第 50 百分位数对应的综合强度指数。

表 1.4　我国区域性严重干旱事件(1961 年 1 月 1 日至 2019 年 10 月 17 日)

序号	开始日期	结束日期	持续时间(d)	最大影响范围(%)	平均影响范围(%)	平均强度	综合强度	强度等级	影响区域
1	19620323	19620718	118	36	13	17	313	特强	西北东部、华北、黄淮、江淮
2	19630424	19630712	80	29	13	19	272	强	西南、华南
3	19630818	19630919	33	12	7	16	114	较强	湖南、江西、广东、广西
4	19650728	19651101	97	20	11	18	263	强	西北东部、华北
5	19660319	19660423	36	18	8	16	127	较强	西南以及湖北
6	19660729	19661113	108	37	14	17	308	强	江淮、黄淮、江汉、江南、华南
7	19670819	19671110	84	14	8	18	210	较强	华东
8	19680226	19680409	44	31	15	16	188	较强	华北、黄淮、江淮
9	19680509	19681006	151	44	13	17	339	特强	长江以北大部
10	19690214	19690416	62	21	9	16	178	较强	西南以及广西
11	19690423	19690526	34	15	8	18	135	较强	西南
12	19691227	19700223	59	23	9	15	159	较强	黄淮、江淮
13	19720430	19720912	136	57	16	17	352	特强	华北、东北
14	19731127	19740120	55	33	17	18	246	强	长江中下游
15	19740426	19740530	35	23	11	17	154	较强	华北以及陕西
16	19740613	19740727	45	25	9	16	141	较强	华北
17	19770208	19770423	75	37	15	17	261	强	江淮、黄淮、华北以及陕西
18	19770311	19770410	31	15	9	16	125	较强	华南
19	19780421	19780625	66	36	15	16	233	强	江淮、黄淮、华北
20	19780630	19781027	120	29	12	17	290	强	长江中下游
21	19791019	19800112	86	45	19	16	290	强	江南、华南
22	19810426	19810628	64	43	16	16	233	强	黄淮、江淮、华北、西北东部
23	19820628	19820730	33	23	10	16	137	较强	西北东部、江汉、黄淮西部
24	19840316	19840503	49	49	18	16	216	较强	华北、黄淮以及陕西
25	19860406	19860626	82	55	18	16	277	强	黄淮、华北、西北东部

续表

序号	开始日期	结束日期	持续时间(d)	最大影响范围(%)	平均影响范围(%)	平均强度	综合强度	强度等级	影响区域
26	19860913	19861025	43	36	17	15	192	较强	华南、江南
27	19881107	19890106	61	53	25	16	282	强	长江中下游、江南
28	19890816	19890926	42	18	10	17	153	较强	华北、东北
29	19911019	19911224	67	35	15	16	235	强	长江中下游、黄淮
30	19920919	19921226	99	31	12	16	258	强	江南、华南以及贵州、重庆
31	19930409	19930512	34	22	10	16	133	较强	华北、黄淮
32	19950423	19950718	87	35	14	17	265	强	西北东部、华北、黄淮
33	19960210	19960331	51	40	17	16	219	较强	华北、黄淮以及陕西
34	19960512	19960619	39	26	10	16	146	较强	华北、东北
35	19970611	19971003	115	50	18	17	358	特强	西北东部、华北、黄淮、东北
36	19971012	19971122	42	37	21	16	220	较强	江汉、黄淮、江淮以及重庆、四川东部
37	19981102	19990425	175	70	25	17	519	特强	华北、黄淮、江汉、西北东部、西南东部
38	19990722	19991001	72	31	13	16	223	强	华北、淮河流域、江汉以及陕西
39	20000319	20000720	124	55	18	17	370	特强	黄淮、江淮、江汉、华北、西北东部
40	20010501	20010810	102	53	21	17	363	特强	黄淮、江淮、华北、东北、西北东部
41	20010829	20011015	48	28	14	16	189	较强	长江中下游、黄淮
42	20020814	20021205	114	37	13	16	285	强	黄淮、华北南部以及陕西南部、甘肃南部、四川北部
43	20030715	20030820	37	14	7	16	120	较强	华南、江南
44	20031017	20031207	52	25	12	16	180	较强	江南、华南、西南东部
45	20041013	20041116	35	23	13	16	153	较强	江淮、江南、华南
46	20060805	20060908	35	25	13	17	158	较强	西南以及湖北西部、湖南西北部
47	20061024	20061125	33	32	19	16	177	较强	华南、华东
48	20071109	20071222	44	20	12	16	169	较强	江南、华南
49	20091023	20100402	162	33	8	17	283	强	西南以及广西、湖南西部
50	20101205	20110214	72	24	12	16	215	较强	黄淮、江淮、江汉
51	20110405	20110625	82	64	24	17	349	特强	长江中下游、黄淮、西北东部以及贵州
52	20110715	20111001	79	37	14	17	256	强	西南东部、广西以及湖南西部
53	20120601	20120705	35	22	10	16	141	较强	黄淮、江淮、江汉、华北南部
54	20130127	20130405	69	28	11	17	207	较强	西南、西北东部

续表

序号	开始日期	结束日期	持续时间(d)	最大影响范围(%)	平均影响范围(%)	平均强度	综合强度	强度等级	影响区域
55	20140716	20140903	50	28	12	16	180	较强	黄淮、华北东部以及陕西南部
56	20190307	20190408	33	29	12	16	143	较强	华北、黄淮以及陕西
57	20190624	20190807	45	25	9	16	148	较强	华北南部、黄淮、江淮
58	20190829	20191017	51	34	15	17	220	强	江汉、江南、华南

基于以上研究结果，编制了可用于业务的《区域干旱过程监测评估方法》行业标准(见附录3)，技术规范已经集成到国家气候中心“极端气候检测业务系统”和“气候变化影响评估业务系统”中，实现了区域干旱事件过程的快速、客观监测和评估。

1.4　气象干旱与土壤相对湿度的关系

干旱是水分收支或供求不平衡而造成的水分短缺现象。按照其影响对象的不同可划分为气象干旱、农业干旱、水文干旱和社会经济干旱四类。气象干旱是其他三类干旱发生的前提条件和先兆。对于农业干旱而言，土壤墒情决定农作物的水分供应状况，直接影响作物的生长发育和产量形成，是农业干旱最主要的监测指标。土壤墒情主要由土壤质地和土壤水分决定，一个地区土壤质地一般是不变的，因此土壤墒情的好坏主要取决于土壤水分的多少。土壤水分的变化和气候变化有着密不可分的联系，马柱国等(2003)研究表明，土壤中各厚度土壤湿度和降水呈正相关关系，与气温呈反相关关系；袭祝香等(1996)研究表明，吉林西部春播期土壤湿度与前一年水分积累期、土壤封冻期以及当年土壤化冻期降水的多少及蒸发的大小密切相关。因此，在无灌溉条件下，大气水分是土壤水分的根本来源，气象干旱是引发土壤水分亏损，产生农业干旱的最重要因素。

我国是世界重要的产粮国之一。长江中下游地区稻谷面积和产量均占全国的2/3，是我国最大的稻谷集中产区；华北、黄淮、江淮和江汉区域是小麦主产区；东北地区是玉米和大豆主产区；西南地区盛产稻谷和玉米；西北地区东部盛产玉米和谷子。干旱是对我国农业生产影响最严重的气象灾害之一，粮食主产区是干旱的脆弱区也是干旱易发区。有研究表明，东北地区中部和东部、华北、黄淮、西北地区东部以及四川西部属于农业干旱与旱灾严重脆弱区，西南其他地区和长江中下游地区属一般脆弱区。

不同的区域由于其水热差异，土壤湿度的年内变化存在差异，引起土壤干旱的气象干旱尺度也会有所不同。东北地区冬季土壤封冻，其春季土壤干旱与否与上年尤其是上年封冻前后大气是否干旱密切相关；江淮地区，前2个月的降水对当月的影响可以忽略不计。因此，在农业干旱监测中，应因地制宜、因时制宜地考虑前期气象干旱对后期土壤干旱的影响，前期多长时段的降水和蒸散影响当前土壤墒情应根据不同地区的气候特征和不同的季节来确定。基于此，这里选择东北、西北地区东部、华北、西南以及黄淮和江淮5个粮食主产区土壤墒情旬观测资料，通过与前期气象干旱指数的相关分析，分区域、分季节探讨前期气象干旱对后期土壤墒情的影响，以期为当地农业干旱监测、预警和抗旱决策提供科学依据。

1.4.1 对比区域与气象干旱指标选取

降水量数据来源于国家气象信息中心提供的全国 753 个站建站初期至 2011 年逐日降水量资料。土壤墒情数据来源于全国 1365 个站的土壤湿度观测资料，观测时间为暖季每 10 d 一次（每月的 8 日、18 日和 28 日），数据开始年限为 1991 年 9 月，冬季在冻土地区没有观测。由于土壤耕作层厚度一般为 20 cm，因此这里重点研究 20 cm 土层的土壤湿度。综合考虑土壤湿度资料长度和台站分布的均匀性，共选取 94 个未灌溉站点的资料进行研究，其中，东北地区（Ⅰ区）15 个站、西北地区东部（Ⅱ区）18 个站、华北区域（Ⅲ区）16 个站、西南地区（Ⅳ区）21 个站、黄淮、江淮和江汉区域（Ⅴ区）24 个站。研究区 90% 的台站土壤墒情数据时段为 1991—2011 年。研究区及各区域站点的分布见图 1.3 所示。

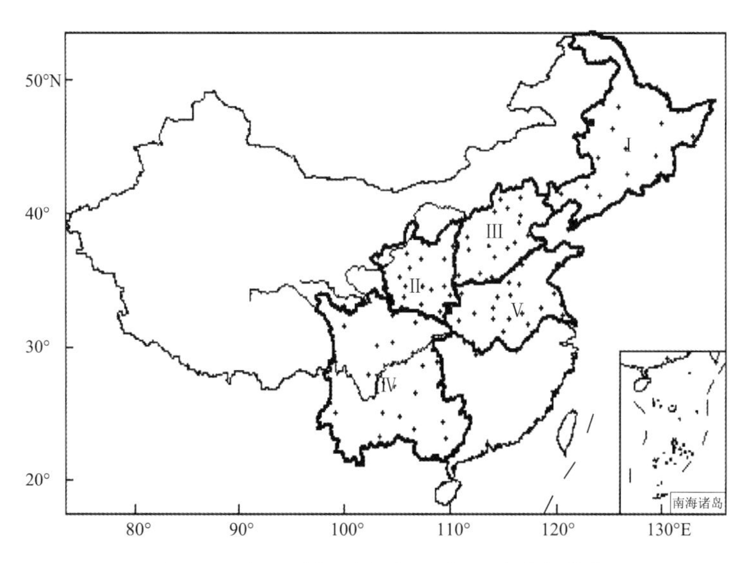

图 1.3　对比区域（黑实线）和各区域站点分布

气象干旱指数有降水距平百分率（Pa）、相对湿润度指数（MI）、标准化降水指数（SPI）、综合气象干旱指数（CI）以及帕默尔干旱指数（PDSI）等，考虑影响土壤湿度的两个最主要因子——降水与蒸散的作用，选择标准化降水指数（SPI）和相对湿润度指数（MI）来表征气象干旱，SPI 主要考虑降水的影响，MI 综合考虑了降水和温度的影响。陆尔等基于前期降水对后期旱涝的影响呈指数衰减理念提出权重平均降水指数（SWAP），这里也选择了该指数表征气象干旱。

在相关统计分析中，取各站土壤湿度观测日前 30 d、前 60 d、前 90 d、前 120 d、前 150 d、前 180 d、前 360 d 的标准化降水指数（SPI），前 30 d 和前 60 d 的湿润度指数（MI），以及前 60 d 标准化权重平均降水指数（SWAP60）分别与相应台站 20 cm 土壤湿度进行了 Pearson 相关分析。

1.4.2 不同区域气象干旱与土壤湿度关系分析

图 1.4 为各区域春季（4 月）、夏季（7 月）、秋季（10 月）20 cm 土壤墒情与主要气象干旱指数的相关关系分布，细实线区域的相关关系通过了 $\alpha=0.05$ 的显著性检验。表 1.5 为各区域

平均相关系数。

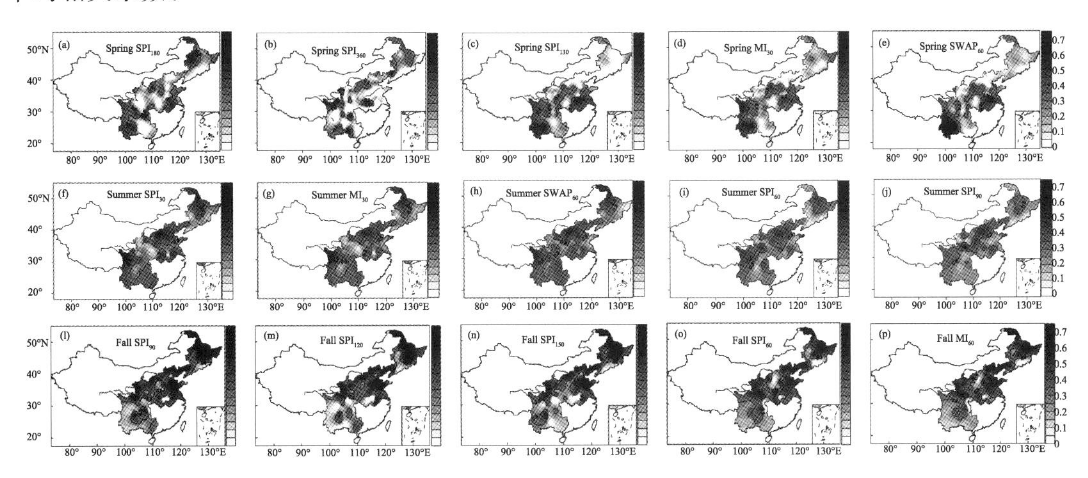

图 1.4　各区域春季(a～e)、夏季(f～j)、秋季(l～p)20 cm 土壤墒情与主要气象干旱指数的相关关系分布

表 1.5　各区域春、夏、秋季 20 cm 土壤墒情与各气象干旱指数的平均相关系数

区域		气象干旱指数									
		SPI_{30}	SPI_{60}	SPI_{90}	SPI_{120}	SPI_{150}	SPI_{180}	SPI_{360}	MI_{30}	MI_{60}	$SWAP_{60}$
东北(Ⅰ区)	春	0.06	0.08	0.10	0.12	0.18	0.25	0.24	0.17	0.16	0.16
	夏	0.31*	0.24	0.24	0.24	0.24	0.23	0.20	0.31*	0.27	0.32*
	秋	0.42*	0.43*	0.50**	0.49**	0.48**	0.47*	0.46*	0.39*	0.41*	0.38*
西北东部(Ⅱ区)	春	0.23	0.20	0.19	016	0.17	0.19	0.21	0.20	0.18	0.20
	夏	0.28	0.30*	0.29	0.27	0.27	0.26	0.22	0.22	0.28	0.29
	秋	0.43**	0.48***	0.45**	0.45**	0.44**	0.40**	0.35*	0.41**	0.46**	0.45**
华北(Ⅲ区)	春	0.18	0.14	0.15	0.14	0.14	0.21	0.15	0.22	0.17	0.21
	夏	0.41**	0.37*	0.36*	0.32*	0.31*	0.31*	0.24	0.40**	0.38**	0.40**
	秋	0.41**	0.38*	0.40**	0.47**	0.44**	0.40**	0.39**	0.41**	0.39*	0.41**
西南(Ⅳ区)	春	0.30*	0.26	0.25	0.22	0.21	0.24	0.20	0.28	0.26	0.29
	夏	0.25	0.24	0.21	0.22	0.21	0.21	0.17	0.28	0.24	0.30*
	秋	0.25	0.32*	0.30	0.26	0.25	0.17	0.22	0.23	0.28	0.29
黄淮、江淮和江汉(Ⅴ区)	春	0.35*	0.34*	0.33*	0.29	0.29	0.25	0.07	0.31*	0.32*	0.35*
	夏	0.31*	0.28	0.28	0.27	0.28	0.27	0.16	0.29*	0.26	0.30*
	秋	0.41**	0.42**	0.41**	0.36*	0.33*	0.29*	0.14	0.38**	0.39**	0.41**

注：* 表示相关通过 $\alpha=0.05$ 的显著性检验，** 表示相关通过 $\alpha=0.01$ 的显著性检验，*** 表示相关通过 $\alpha=0.001$ 的显著性检验。

(1)东北地区(Ⅰ区)气象干旱与土壤湿度的关系

东北地区，春季土壤墒情与较长尺度的气象干旱相关较高。黑龙江西部和东北部、吉林西部土壤湿度与 SPI_{120}、SPI_{150} 和 SPI_{180} 相关最高，相关达到 $\alpha=0.05$ 的显著性水平以上；辽宁西部和黑龙江中部土壤湿度与 SPI_{360} 相关最高。区域平均来看(表 1.5)，土壤湿度与 SPI_{180} 和 SPI_{360} 相关最高(图 1.4a、b)，说明春季东北地区土壤湿度主要受到前 6 个月和前 12 个月大气干旱的影响，即前一年以前一上年秋末冬初的降水对后期土壤墒情有决定作用。这是因为5月起，随着降水量增大，土壤开始接雨收墒蓄备底墒，这时降水多，对中深层(20 cm以下)土壤水分补充的就多，来年春播时返浆增墒能力就强。袭祝香等(1996)在吉林省西部的研究表明，前一年的降水对来年春季的土壤湿度作用明显，前一年降水多，来年春播期的土壤墒情好；前一年的降水少，来年春季的土壤墒情就差。每年11月，东北区域土壤进入封冻期，此间降水被冻结在土盖下，较好地保留在土壤中，因此，上年封冻期降水多，土壤水分贮藏量就大，来年春季化冻后土壤湿度也较高；同时，该时段降水多也可以使土壤表层形成坚硬的封冻土盖，减轻耕层土壤水分的蒸发，保墒效果好。马晓刚(2008)研究表明，春播关键期(4月)土壤墒情与前一年9—11月的降水量有密切的关系，该时段降水量越大，来年春播关键期土壤墒情越好。刘云辉(2005)研究表明，辽西春播期土壤墒情的好坏与上年度封冻期降水关系极为密切，开展封冻期人工增雨对改善春播期的土壤墒情作用很大。从相关分析也可以看出，相对于长期降水而言，近期降水(当年1—3月)对春季土壤墒情的影响较小，这主要是因为东北地区1—3月降水量仅有19.2 mm，占年降水总量的3.9%，因此，此间降水对春季土壤墒情影响非常小；4月是春播关键期，若此时有几次透雨过程也能有效提高土壤墒情，但有研究表明，1956—2009年辽宁省春季第一场透雨平均日期为4月24日，有39%的年份4月没有出现透雨，因此，东北地区春播期降水对春季土壤墒情的增墒能力非常弱。马晓刚(2008)研究表明，3—4月的降水对春播关键期土壤最大增墒量只占秋季降水平均最大增墒量的11.5%。因此，东北地区春季是否会发生土壤干旱主要看上年特别是上年秋末冬初大气水分是否丰盈。

夏季，东北地区进入降水最集中的季节，6—7月降水量占年降水的43%。其中，7月降水量占27%，土壤湿度主要来源于此间的大气降水，同时，该时段温度高，蒸散对土壤湿度的负效应也日趋严重。从相关分析可以看出，近期气象干旱指数SPI_{30}、MI_{30}和$SWAP_{60}$与土壤墒情的相关最高(图1.4f～h)，即近1～2个月尺度的大气水分盈亏与夏季土壤干旱关系最密切。

秋季，东北大部区域土壤墒情与各尺度气象干旱相关均较高。其中，与SPI_{90}和SPI_{120}、SPI_{150}相关最显著(图1.4l～n)，达到$\alpha=0.01$的显著性水平，说明夏季以来降水对秋季土壤墒情的影响最大，秋季土壤干旱与近3～5个月尺度的大气干旱关系最紧密。

(2)西北地区东部(Ⅱ区)气象干旱与土壤湿度的关系

西北地区东部，春季土壤湿度与各尺度气象干旱的相关都不显著。陕西大部分地区土壤墒情与较短尺度气象干旱指数SPI_{30}、MI_{30}以及$SWAP_{60}$的相关较高(图1.4c～e)，说明近1～2个月大气水分盈亏对该区域春季土壤墒情有影响；前一年尤其是前一年夏、秋季降水与甘肃陇中北部、陇东以及陕西陕北区域春季土壤墒情相关也较高(图1.4a、b)。区域平均来看，春季土壤墒情受近1～2个月和前一年夏、秋季大气水分影响最大。

夏季，宁夏大部分地区土壤湿度与半年尺度之内的大气水分盈亏相关均较显著，甘肃陇南地区土壤湿度与近2～3个月的降水和温度相关显著。区域平均而言，土壤湿度与近1～3个月的降水相关最高(图1.4f～j)，尤其是入夏以来的降水。

秋季，土壤湿度与各尺度气象干旱相关均显著。与SPI_{60}相关最高(图1.4o)，达到$\alpha=0.001$的显著性水平，其次是MI_{60}(图1.4p)、$SWAP_{60}$、SPI_{90}以及SPI_{120}，说明近2个月的温度、近2～4个月的降水对秋季土壤湿度影响最大。

杨小利等(2011)研究表明，陇东黄土高原春季0～50 cm土壤水分与本季温度和降水相关最高，其次是前一年夏、秋季的降水；夏季土壤水分与春季降水相关最高，其次是夏季温度和降水；秋季土壤水分与秋季降水呈极显著正相关，其次是夏季降水和秋季温度。陈少勇等(2008)研究表明，黄土高原地区浅层土壤(0～50 cm)湿度夏季主要受当月降水的影响，秋季受当月或前一月降水的影响。王劲松等(2007)研究表明，陇东黄土高原雨养农业区前一年伏期、秋季降水量对当年春季土壤湿度有重要影响。本书的结论与上述研究成果具有一致性。

(3)华北地区(Ⅲ区)气象干旱与土壤湿度的关系

在华北地区，春季土壤湿度与 MI_{30}、$SWAP_{60}$ 以及 SPI_{180} 相关较高(图 1.4d、e、a)，高相关区主要位于西南部，说明华北地区春季土壤墒情主要受近1个月温度、近2个月有效降水以及前一年秋季以来降水的影响。前一年秋季降水多，土壤底墒好，来年春季化冻后能够补充上层土壤水分，当降水偏少时，封冻前土壤含水量较少、底墒差，来年春季的土壤返浆水将不足甚至无浆可返，发生春旱的可能性大。另外，若当年春季气温高、降水少，会使土壤耗水量增大，墒情也会变差。

夏季，华北大部分区域土壤湿度与 SPI_{30}、MI_{30} 以及 $SWAP_{60}$ 相关最显著(图 1.4f～h)，说明夏季土壤干旱与近1～2个月尺度大气干旱关系最紧密。近1个月降水偏少，近2个月温度偏高会使得土壤蒸散偏大，失墒加重，有可能引起后期土壤发生干旱。

秋季，土壤湿度与各尺度气象干旱相关均显著，其中与 SPI_{120}、SPI_{150} 相关最高(图 1.4m、n)，其次是 SPI_{30}、MI_{30} 和 $SWAP_{60}$，说明近5个月内尤其是4～5个月尺度，即夏季以来的大气水分盈亏和近1～2个月的降水对秋季土壤湿度影响最大。夏季以来若发生大气干旱、近1～2个月又没有降水补充且气温偏高容易导致秋季发生土壤干旱。

(4)西南地区(Ⅳ区)气象干旱与土壤湿度的关系

西南地区，6个月之内尺度的气象干旱对春季 20 cm 土壤湿度有明显的影响，尤其是在西部区域。区域平均来看，春季土壤湿度与 SPI_{30}、$SWAP_{60}$ 和 MI_{30} 相关最高(图 1.4c、e、d)，说明近1～2个月尺度的气象干旱对西南地区春季土壤湿度影响最大。冬、春季是西南地区的干季，11月至4月降水量仅占年降水量的17%，3—4月降水量占年降水量的9%，冬、春季气象干旱频发，尤其是在西部区域，春季干旱发生频率在60%以上，因此，该区域春季极易出现土壤干旱。

夏季，西南地区北部土壤湿度与 SPI_{30}、SPI_{60}、MI_{30}、MI_{60} 以及 $SWAP_{60}$ 相关较高。区域平均来看，相关最高的是 SPI_{30}、SPI_{60} 和 $SWAP_{60}$(图 1.4f、i、h)，说明近1～2个月内的降水和蒸散仍是影响其夏季土壤墒情的主要气象因子。

秋季，近2～4个月的大气水分盈亏对西南地区东部土壤墒情影响最大，在西南地区西部，5～6个月尺度的大气干旱对土壤干旱的影响更大。区域平均来看，SPI_{60} 和 SPI_{90} 与土壤湿度的相关最高(图 1.4o～l)，即前期夏季以来的降水和温度对秋季土壤墒情有显著的影响。

(5)黄淮、江淮和江汉地区(Ⅴ区)气象干旱与土壤湿度的关系

黄淮、江淮和江汉地区春季 20 cm 土壤湿度与近期大气干旱相关最密切，尤其是在南部区域。相比较而言，土壤湿度与 SPI_{30} 和 $SWAP_{60}$ 相关最高(图 1.4c、e)；夏季土壤湿度与近30 d降水和近 60 d 有效降水相关最高(图 1.4f、h)，其次是近 30 d 的温度(图 1.4 g)，高相关区主要位于江汉和江淮区域；秋季，黄淮、江淮和江汉大部分区域土壤湿度与近1～3个月的降水指数和湿润指数相关显著，与 SPI_{60} 相关最高(图 1.4o)。总体来看，黄淮、江淮和江汉地区土壤湿度与近期1～3个月的气温和降水关系密切，近期高温少雨有可能引起土壤干旱，这与张旭

晖等(2000)的研究具有一致性。

1.4.3　气象干旱与土壤干旱关系探讨

(1)东北地区春季土壤墒情主要受到前一年尤其是前一年秋末冬初降水的影响;西北地区东部春季土壤墒情受近期和前一年夏、秋季降水的影响;华北地区土壤墒情与近1～2个月和前一年秋季降水相关最显著;西南和黄淮、江淮和江汉地区冬季土壤不封冻,春季土壤墒情主要受近1～2个月尺度大气水分的影响。

(2)各区域夏季土壤墒情均与近期1～2个月的大气水分盈亏相关最密切。盛夏时期近1个月如果受持续高温少雨天气控制,土壤失墒速度加快,很容易发生伏旱。

(3)秋季,在北方区域,土壤墒情与更长时期的气象干旱相关。东北地区与近3～5个月的气象干旱相关;西北地区东部与近2～4个月气象干旱相关;华北地区土壤墒情受近1～2月和夏季大气降水的共同影响;西南地区与近2～3个月大气水分相关密切;江淮、黄淮和江汉地区土壤水分与近期1～3个月大气水分相关密切。

(4)从季节特征来看,前一年尤其是前一年秋季的降水对北方地区春季土壤湿度有影响;夏季土壤湿度主要受近1～2个月降水和气温的影响;秋季受近期温度和降水以及夏季降水的共同影响。从地理分布来看,从北向南,从东到西,影响土壤湿度的气象干旱尺度逐渐缩短。

(5)土壤湿度不仅受降水的影响,而且蒸散(气温)影响也很大,尤其在夏季,气温持续偏高会使得土壤失墒加快。

(6)不同区域影响土壤墒情的气象干旱尺度不同,也与各区域土质和土层厚度有关。沙土保墒能力差,黏土保墒能力好;土层浅薄,土壤水库容量小,土层深厚,土壤的纳水能力强。中国北方区域土壤厚度一般在1 m以上,因此在土壤增墒期,前期更长时段的降水能很好地保存在土壤中下层,后期将对浅层土壤墒情有很好的补充作用。在中国西南地区,土层较薄,蓄水能力较差,短期的高温少雨就会引起严重的土壤干旱。

(7)这里分析土壤干旱只用到了20 cm的土壤相对湿度,更深层次的土壤湿度与前期气象干旱关系有待进一步分析探讨。此外,土壤湿度不仅与前期气温、降水等要素相关,也与风速、空气湿度、日照等要素有关,需要研究分析和科学试验来确定它们之间的关系。

1.5　作物水分亏缺指数在农业干旱灾害监测中的应用

1.5.1　干旱监测指标对比

干旱指标是表示干旱程度的特征量,是旱情描述的数值表达,在干旱分析中起着度量、对比和综合等重要作用,是干旱监测的基础与核心。通过归纳分析近些年中国常用的10种干旱指标(表1.6),认为CWDI因其综合考虑了土壤、植物、气象三方面因素的影响,能较好地反映各站点主要生长季作物水分亏缺与农业干旱情况,对监测不同区域的农业干旱具有较好的适用性,进而确定CWDI作为北方黄淮海地区(京、津、苏、皖、豫、冀、鲁)干旱监测研究的重要指标。

表 1.6　常用干旱指标一览表

指标	公式	优点	缺点	参考文献
降水距平百分率 M_i	$M_i=\frac{R_i-\bar{R}}{\bar{R}}\times 100\%$	简单直观	不敏感，响应慢，旱涝程度偏弱，并且底墒作用没有考虑	王富强等(2014) 罗健等(2001)
Z 指数	$Z_i=\frac{6}{C_s}\left(\frac{C_s}{2}X_i+1\right)^{1/3}-\frac{6}{C_s}+\frac{C_s}{6}$ $C_s=\frac{\sum_{i=1}^{n}(R_i-R)^3}{nS^3}$	适合在中国北部和西北部使用	仅考虑了单一的降水量因子，不考虑下垫面，作物以及其他相关因素的影响	王志伟等(2007)
K 指数	$K=R'/E'$ $R'=R/R_p$ $E'=E/E_p$	对干旱的监测结果与实际情况吻合得较好	对于旱程度的判断在某些区域(如青海、内蒙古中西部)过于偏重	王劲松等(2013)
标准化降水指数(SPI)	$f(x)=\frac{1}{\beta^{\gamma}\Gamma(x)}x^{\gamma-1}\mathrm{e}^{\frac{-x}{\beta}}\quad(x>0)$ $\bar{\gamma}=\frac{1+\sqrt{1+\frac{4A}{3}}}{4A}$ $\bar{\beta}=\frac{\bar{x}}{\gamma}$ $A=\lg\bar{x}-\frac{1}{n}\sum_{i=1}^{n}\lg x_i$ $F(x<x_0)=\int_0^{x_0}f(x)\mathrm{d}x=\int_0^{x_0}\frac{1}{\beta^{\gamma}\Gamma(x)}x^{\gamma-1}\mathrm{e}^{\frac{-x}{\beta}}\mathrm{d}x$ $Z=\mathrm{SPI}=S\frac{t-(c_2t+c_1)}{[(d_3t+d_2)t+d_1]t+1.0}$ $t=\sqrt{\ln\frac{1}{F^2}}$ $S=\begin{cases}1 & F>0.5\\-1 & F\leqslant 0.5\end{cases}$	可以很好地反映区域干旱程度的时空变化	无法标识旱涝频发地区，没有考虑气温、蒸发对干旱的影响	赵林等(2011) 王素萍等(2014)
标准化降水蒸散指数(SPEI)	$\mathrm{PET}=16K\left(\frac{10T_i}{H}\right)^a$ $H=\sum_{i=1}^{12}h_i$ $h_i=\left(\frac{T_i}{5}\right)^{1.514}$ $a=6.75\times10^{-7}H^3-7.71\times10^{-5}H^2+1.79\times10^{-2}H+0.492$ $K=\left(\frac{N}{12}\right)\left(\frac{NDM}{30}\right)$ $D_{i,j}^{k}=\sum_{l=13-k+j}^{12}D_{i-1,l}+\sum_{l=1}^{j}D_{i,l}j<k$	监测干旱化及研究增温影响干旱化过程较为理想工具	计算烦琐。 不能直接表示作物遭受干旱的影响程度	张玉静等(2015)

续表

指标	公式	优点	缺点	参考文献
	$D_{i,j}^{k}=\sum_{l=j-k+1}^{j}D_{i,l}j\geqslant k$ $f(x)=\frac{\beta}{\alpha}\left(\frac{x-y}{\alpha}\right)^{\beta-1}\left[1+\left(\frac{x-y}{\beta}\right)^{\beta}\right]^{-2}$ $P\leqslant 0.5,\mathrm{SPEI}=w-\frac{c_0+c_1w+c_2w^2}{1+d_1w+d_2w^2+d_3w^3}$ $P>0.5,P=1-\mathrm{PSPEI}=-\left(\frac{c_0+c_1w+c_2w^2}{1+d_1w+d_2w^2+d_3w^3}\right)$			
帕尔默干旱指标(PDSI)	$\mathrm{PDSI}=k_id$ $d=P-P_0=P-(\alpha_i\mathrm{PET}+\beta_i\mathrm{PR}+\gamma_i\mathrm{PRO}-\delta_iPL)$ $K_i=17.67K'/\sum DK'$ $K'=1.5\lg\{[(\mathrm{PET}+R+\mathrm{RO})/(P+L)+2.8]/D\}+0.5$	迄今为止应用最广泛，最成功，最具突破性进展的指数，基本能描述干旱发生、发展、结束的全过程	计算烦琐，无法实现逐日作物对水分胁迫响应的监测	陈昱潼等(2014) 郝晶晶等(2010)
综合气象干旱指数(CI)	$\mathrm{CI}=a\times\mathrm{SPI}_{30}+b\times\mathrm{SPI}_{90}+c\times\mathrm{MI}_{30}$ $\mathrm{MI}=\frac{P-\mathrm{PE}}{\mathrm{PE}}$ SPI的计算前面有叙述	既反映短时间尺度(SPI_{30})和长时间尺度(SPI_{90})降水量气候异常情况，又反映短时间尺度(MI_{30})水分亏欠情况	指数应用于农业、水文或其他领域时，不能很好反映干旱情况	李红英等(2014)
气象干旱综合监测指数(MCI)	$\mathrm{MCI}=a\times\mathrm{SPIW}_{60}+b\times\mathrm{MI}_{30}+c\times\mathrm{SPI}_{90}+d\times\mathrm{SPI}_{150}$	MCI能反映北方冬麦区干旱的特征		张存杰等(2014)
相对湿润度(M)	$M=\frac{P-E_a}{E_a}$	能较好地反映土壤水分收支平衡	只能计算单一时段（季、月、旬等）的土壤水分收支平衡	徐建文等(2014)
作物水分亏缺指数(CWDI)	$\mathrm{CWDI}=a\times\mathrm{CWDI}_i+b\times\mathrm{CWDI}_{i-1}+c\times\mathrm{CWDI}_{i-2}+d\times\mathrm{CWDI}_{i-3}+e\times\mathrm{CWDI}_{i-4}$ $\mathrm{CWDI}_i=\begin{cases}(\mathrm{ET}_i-P_i)/\mathrm{ET}_i\times 100\% & \mathrm{ET}_i\geqslant P_i\\ 0 & \mathrm{ET}_i<P_i\end{cases}$ $\mathrm{ET}_i=K_c\times\mathrm{ET}_0$ $\mathrm{ET}_0=\frac{0.408\Delta(R_n-G)+\gamma\frac{900}{T+273}u_2(e_s-e_a)}{\Delta+\gamma(1+0.34u_2)}$	综合考虑了土壤、植物、气象三方面因素的影响，能较好地反映各站点主要生长季作物水分亏缺与农业干旱情况，对监测不同区域的农业干旱具有较好的适用性		王连喜等(2015) 薛昌颖等(2016) 杨小利等(2011) 董秋婷等(2011) 董朝阳等(2013) 尤新媛等(2019)

1.5.2　CWDI 计算方法

根据作物水分亏缺指数(CWDI,crop water deficit index)的定义和计算方法(王连喜等,2015),考虑到水分亏缺的累积效应以及对后期作物生长发育的影响,从某生育阶段开始的日期算起,向作物生长前期后推 50 天,每 10 d(旬)为一个单位计算 CWDI,则该生育阶段某一天的 CWDI 的表达式为:

$$\mathrm{CWDI} = a \times \mathrm{CWDI}_i + b \times \mathrm{CWDI}_{i-1} + c \times \mathrm{CWDI}_{i-2} + d \times \mathrm{CWDI}_{i-3} + e \times \mathrm{CWDI}_{i-4} \tag{1.4}$$

式中,CWDI_i、CDWI_{i-1}、CWDI_{i-2}、CDWI_{i-3}、CWDI_{i-4} 分别为计算旬及其前一、二、三、四旬的水分亏缺指数;a、b、c、d、e 分别为各对应旬水分亏缺指数对累计水分亏缺指数的影响权重系数,其值一般分别为 0.3、0.25、0.2、0.15 和 0.1(许莹等,2011)。

CWDI_i 由下式计算:

$$\mathrm{CWDI}_i = \begin{cases} \left(1 - \dfrac{P_i + I_i}{\mathrm{ET}_{ci}}\right) \times 100 & \mathrm{ET}_{ci} \geqslant P_i + I_i \\ 0 & \mathrm{ET}_{ci} < P_i + I_i \end{cases} \tag{1.5}$$

式中,CWDI_i 为第 i 个时间单位的水分亏缺指数(%);P_i 为第 i 个时间单位的累计降水量(mm);I_i 为第 i 个时间单位的累计灌溉量(mm);ET_{ci} 为第 i 个时间单位的累计需水量(mm):

$$\mathrm{ET}_{ci} = K_{ci} \times \mathrm{ET}_{0i} \tag{1.6}$$

式中,ET_{0i}为第 i 个时间单位的参考蒸散量(mm/d);K_{ci} 为冬小麦某生育阶段的作物系数,与作物的种类和生长发育阶段、产量水平以及土壤条件等有关。

1.5.3　以徐州为例分析冬小麦干旱灾害特征

(1)产量趋势和减产率

徐州位于苏北地区,1981—2011 年冬小麦历年平均产量 4779 kg/hm²,较江苏省各地、市冬小麦历年平均产量 4235 kg/hm² 略高,与全省冬小麦产量变化趋势一致。按照减产率的统计标准,31 年中,丰年概率 25.8%(8/31),歉年概率 32.3%(10/31),平年概率 41.9%(13/31)。在所有歉收年景中,因旱减产年概率 70%(7/10),说明旱灾对农业生产及产量形成的影响比较大。

结合 1991—2011 年气象灾害数据,江苏省共有 5 个比较典型的干旱年景,其中徐州有干旱记录的年份有 9 年,分别为 1991 年、1992 年、1993 年、1996 年、1997 年、1998 年、2000 年、2001 年和 2002 年,造成减产率 15%以上的年份为 2000 年和 2001 年,属于轻度—中度干旱级别。由减产率进一步确定典型受旱歉收年为 2000—2002 年(图 1.5、1.6)。

(2)作物需水量、降水量与 CWDI

1981—2011 年,徐州地区冬小麦生育期间作物需水量 452～687 mm,降水量年际变动较大,为 115～558 mm,大多数年份入不敷出。逐年同期 CWDI 平均值 0.13～0.31,CWDI>0.25 的年份有 7 年,其中歉年或平年占 6 年,说明用 CWDI 作为灾害指标进行干旱监测和年景评价具有极高的可靠性(图 1.7)。

1999—2000 年度,全生育期间作物需水量 584.3 mm,总降水量 127.6 mm,CWDI 全生育期平均值 0.26,拔节—成熟期平均值 0.34。尤其在返青后(DOY=68),随着作物需水量不断

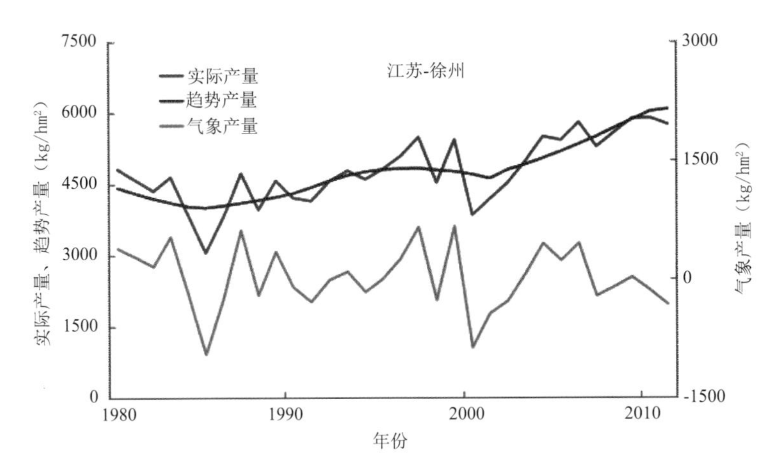

图 1.5　徐州地区 1981—2011 年冬小麦实际产量、趋势产量和气象产量

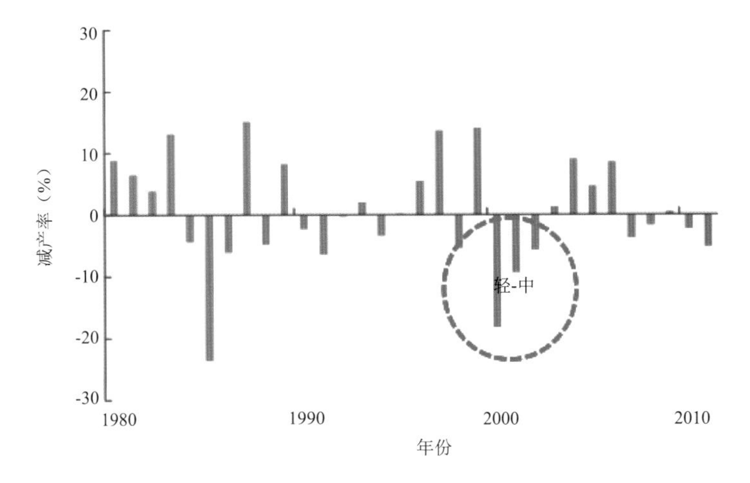

图 1.6　徐州地区 1981—2011 年冬小麦历年减产率

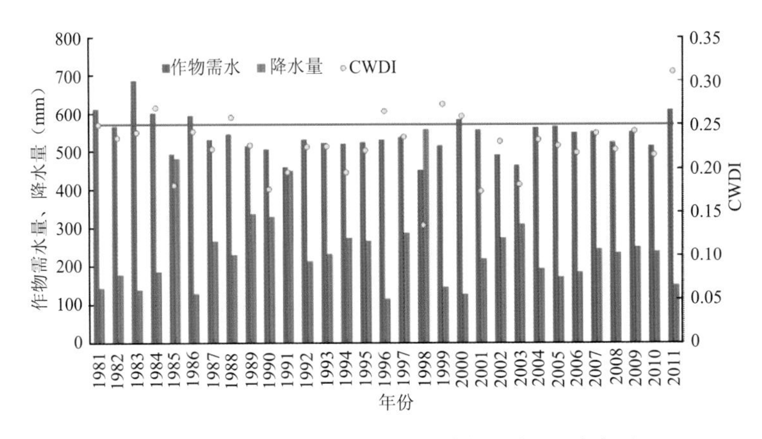

图 1.7　徐州地区 1981—2011 年冬小麦作物需水量、降水量和 CWDI

增加，由于得不到有效降水补充，旱象显露；抽穗—乳熟期前后（DOY＝104－131），干旱持续并加重（见图 1.8）。全区受旱面积 4.3 万 hm^2，受害率高达 90％。

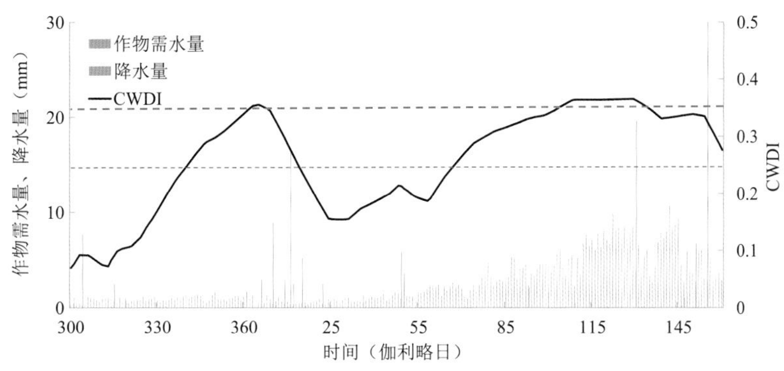

图 1.8　徐州地区 1999—2000 年冬小麦作物需水量、降水量和 CWDI

2000—2001 年度，全生育期间作物需水量 557 mm，总降水量 220.4 mm，CWDI 全生育期平均值 0.17，拔节—成熟期平均值 0.33。降水集中在生育前期，抽穗—成熟期（DOY＝105－155）干旱持续发展（图 1.9）。

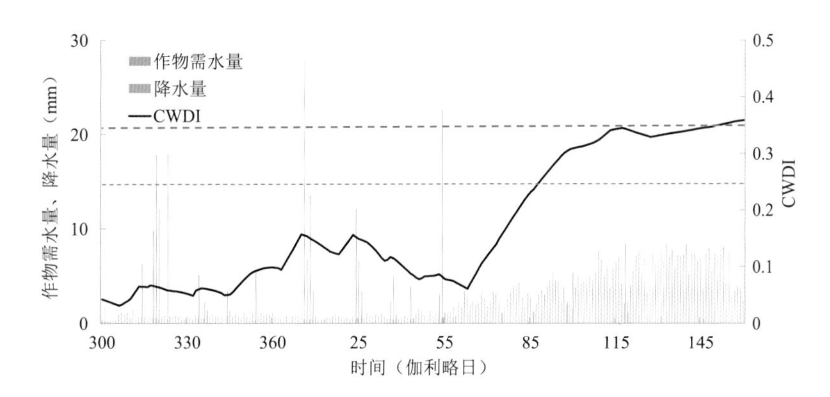

图 1.9　徐州地区 2000—2001 年冬小麦作物需水量、降水量和 CWDI

2001—2002 年度，全生育期间作物需水量 491.9 mm，总降水量 275.1 mm，CWDI 全生育期平均值 0.23，拔节—成熟期平均值 0.19。旱情主要在冬小麦分蘖—拔节期的冬季生长阶段维持，抽穗期低温多雨，前旱后湿的不利天气引起当年减产（图 1.10）。

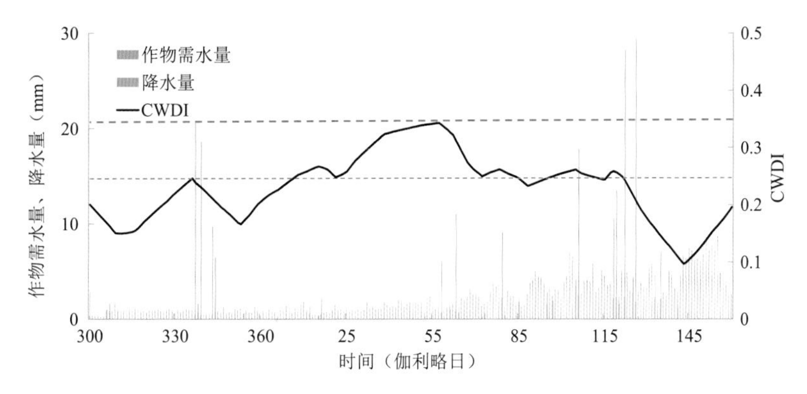

图 1.10　徐州地区 2001—2002 年冬小麦作物需水量、降水量和 CWDI

从以上3个典型歉收年可以看出，CWDI对降水的响应很敏感，由此可以确定干旱阈值：0.25≤CWDI<0.35轻旱；0.35≤CWDI<0.45中旱。

(3)CWDI与减产率的相关关系

在所有降水距平为负的少雨年，减产率与全生育期平均CWDI无明显相关关系，但与抽穗—成熟期平均CWDI相关程度较高($R^2=0.7016$)(图1.11)，说明大概有70%的减产受关键生长季内干旱事件影响。这和前面的统计结果是一致的。

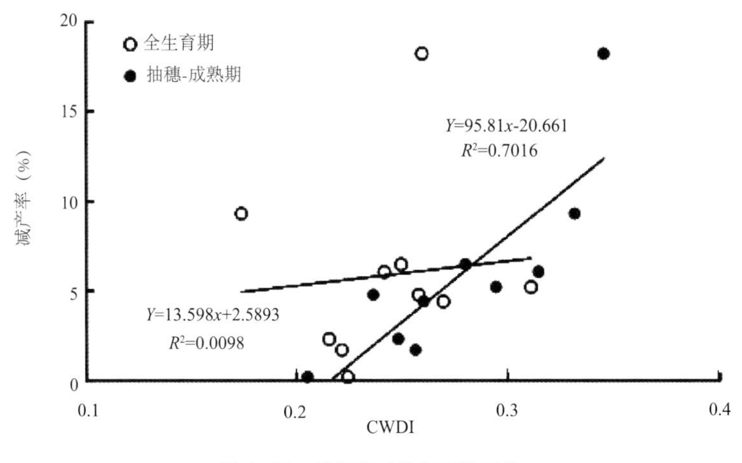

图1.11　CWDI与减产率相关

1.6　卫星遥感干旱监测评估技术

对于干旱监测而言，地面观测资料由于受空间和时间采样的限制，往往不能及时得到大范围的干旱监测结果。而卫星遥感数据则基本不受空间和时间的限制，同时具有较高的空间分辨率。随着遥感技术的不断发展，遥感在干旱监测方面已取得了卓有成效的研究成果，并在实际应用中发挥重大作用。但是，干旱是一个涉及很多相关学科的复杂现象，干旱遥感监测还存在一些亟待解决的问题。定量遥感模型涉及地表温度、叶面积指数、植被指数等参数的获取，由于混合像元、大气校正、光谱间断性等带来的参数不确定性，使干旱指数反演受到一定的影响。另外，国内外大多数遥感干旱监测模型侧重于机理研究，随着新遥感数据和崭新监测手段的出现，如何利用最新数据和遥感方法应用于干旱监测，是目前研究的热点之一。由于，干旱监测的实际需求是能够实时了解土壤的水分状况和作物需水量，得到干旱的实时分布特征，以便及时采取防旱抗旱措施，但是目前还没有一种方法可以对农田干旱及其发展趋势进行实时观测。因此，干旱遥感监测与实际应用相结合非常必要，目前尚有许多研究工作需要开展。

干旱的发生往往与地球表面的植被生长状况相联系，植被生长又与土壤湿度、作物蒸散、温度等直接相关。卫星遥感干旱监测技术则是通过对植被生长状况的好坏、土壤湿度、作物蒸散、温度等方面的定量遥感，研究干旱的发生情况。下面介绍常用的遥感监测模型。

1.6.1　热惯量方法

热惯量是地物阻止其温度变化的一种特性，在地物温度变化过程中，热惯量起着决定性作用。土壤热惯量与土壤的热传导率、比热容等有关，这些特性又与土壤含水量密切相关，因此可以通过推算不同形式的土壤热惯量反演土壤水分。热惯量法反演土壤水分的精度取决于三个方面：一是卫星观测资料的处理和有关参数的反演；二是热惯量计算模型设计与计算；三是建立热惯量与土壤水分含量关系式来反演土壤水分。

土壤热惯量是土壤的一种热特性，它是引起土壤表层温度变化的内在因素，与土壤含水量有密切相关。通过卫星遥感资料获得区域土壤温度，能够使用热惯量法研究区域土壤水分。

热惯量可以表示为

$$P = \sqrt{\lambda \rho C} \tag{1.7}$$

式中，P 为热惯量，λ 为热导率，ρ 为土壤密度，C 为比热。

在实际应用时，常用表观热惯量(ATI)来代替热惯量 P：

$$\text{ATI} = \frac{1 - A}{T_d - T_n} \tag{1.8}$$

式中，T_d、T_n 分别为昼、夜温度，可分别由下午轨道 NOAA/AVHRR 资料热红外通道(通道4)的昼、夜亮温得到；A 为全波段反照率，可由1、2通道的反射率联合反演计算得到。有了表观热惯量(ATI)后，根据地面土壤湿度观测资料建立土壤湿度的统计遥感模型。实验表明，线性模型和幂函数模型结果最好，计算的土壤水分(W)可用下列算式表示：

$$W = a \times \text{ATI} + b \tag{1.9}$$

或

$$W = a\text{ATI}^b \tag{1.10}$$

式中，a 和 b 均为经验回归系数。在业务应用中，为了简化计算直接使用日校差，拟合公式变成：

$$W = a + b\Delta T \text{ 或 } W = a\Delta T^{-b} \tag{1.11}$$

其中 ΔT 为日较差，热惯量法从土壤本身的热特性出发反演土壤水分，要求获取纯土壤单元的温度信息，当有植被覆盖时，受混合像元分解技术的限制，精度将降低。因此，热惯量法主要应用于裸土和植被稀疏的地区。

1.6.2 基于归一化差分植被指数(NDVI)和温度的方法

当植被受水分胁迫时，反映植被生长状况的遥感植被指数会发生相应变化。可通过这种变化来间接监测土壤水分状况，如用距平植被指数来判断旱灾程度对全国的旱情进行监测等。

以单一植被指数作为监测指标时，它对旱情的反应往往具有滞后性。由蒸发引起的土壤、冠层温度的升高现象对水分胁迫的反应更具时效性，因此有研究将植被指数和各种温度综合起来构造干旱监测指标。其中，最常用的是归一化差分植被指数(NDVI)、地表温度或冠层温度的组合。

(1)植被指数与植被冠层温度的组合方法

水分充足时植被指数和冠层温度都保持在一定范围内，若出现干旱植被指数会降低，冠层温度会因作物气孔被迫关闭而升高。可以利用这种响应关系定义旱情监测指标，如植被供水指数法，其表达式如下：

$$\text{VSWI} = T_s/\text{NDVI} \tag{1.12}$$

式中，T_s 为作物冠层温度，由 NOAA/AVHHR 热红外通道计算得到。当干旱发生时，NDVI

值变小，T_s 上升，VSWI 值变小。因此，对同一区域而言，VSWI 值越小，表示越旱。

该模型在小区域内有一定的实用价值，但对大区域而言，由于各自下垫面特性的不同，其得到的 VSWI 值有较大的差异，同时也很难定量描述干旱的程度。

此外，该模型需要植被冠层温度，而热红外遥感图像的空间分辨率较低，普遍存在混合像元问题，在部分植被覆盖情况下涉及从混合像元中分解出冠层温度的技术问题。

(2)长时间序列植被指数与亮温的统计方法

干旱发生时的一个重要现象是下垫面温度较正常情况下高，植被指数低。通过对近 20 年时间序列卫星资料与降水距平研究表明，由卫星得到的亮温距平与降水距平有很好的负相关关系。

为了方便遥感资料定量计算，同时结合干旱研究的需要，这里引入温度状况指数和植被状况指数。状况指数是指在较长时间序列内，通过对参数归一化处理，形成的一个相对变化量。

温度状况指数(DTCI)计算式为：

$$\mathrm{DTCI}=100\times(T_{b\max}-T_b)/(T_{b\max}-T_{b\min}) \tag{1.13}$$

植被状况指数(DVCI)计算式为：

$$\mathrm{DVCI}=100\times(\mathrm{NDVI}-\mathrm{NDVI}_{\min})/(\mathrm{NDVI}_{\max}-\mathrm{NDVI}_{\min}) \tag{1.14}$$

式中，T_b 和 NDVI 分别为某旬的亮温和归一化差分植被指数；$T_{b\max}$ 和 $T_{b\min}$ 分别为长时间序列亮温的最大值和最小值；$\mathrm{NDVI}_{\max}$ 和 $\mathrm{NDVI}_{\min}$ 则为该时间序列期间归一化差分植被指数的最大值和最小值。

对于干旱指数(DI)而言，如果考虑若干个独立因子对其产生作用，各因子指数分别为 D_1、D_2、D_3、…、D_i，则其综合指数可表示为：

$$\mathrm{DI}=r_1\times D_1+r_2\times D_2+r_3\times D_3+\cdots+r_i\times D_i \tag{1.15}$$

其中，r_1、r_2、r_3、…、r_i 分别为各因子的权重系数，$r_1+r_2+r_3+\cdots+r_i=1$。本模型中，考虑的因子是植被指数、地表亮温。

利用归一化处理后的结果，遥感干旱指数可表示为

$$\mathrm{DI}=r_1\times \mathrm{DVCI}+r_2\times \mathrm{DTCI} \tag{1.16}$$

式中，r_1、r_2 由下垫面的作物类型、植被状况等因子确定，$r_1+r_2=1$。

以上模型直接利用亮温，避免了反演地表真实温度或冠层温度造成的误差。物体温度由其热特性和几何结构共同决定，同时还受气象条件、生态环境等影响，直接用亮度温度代替物体温度缺乏一定的科学性，但方法实用性强，具有较好的应用前景。

基于植被指数和温度的干旱监测方法，是根据植被覆盖状况的变化来进行的，不适于裸土情况。

1.6.3 基于蒸散量的方法

地表蒸散包括土壤蒸发和植物蒸腾两部分，是土壤-植被-大气能量相互作用和交换的表现，与土壤水分含量有着明显的相关关系。基于蒸散量的方法兼顾能量守恒原理、气象学原理和植物水分生理学原理，科学性较强。

1998 年中国、荷兰合作项目"建立用于中国荒漠化和粮食保障的能量与水平衡监测系统(CEWBMS)"启动，2000 年"中国能量与水平衡系统(CEWBMS)"在国家卫星气象中心安装并一直运行至今。该系统包括降水估计、能量监测、荒漠化监测、农作物估产四个模块，基于 Andries Rosema 发展的算法，首先使用静止气象卫星的可见光和红外通道数据估算出地表的反照率、温度、总辐射、净辐射、显热通量、实际蒸散、潜在蒸散、相对蒸散以及 1.5 m 气温和旬降水估计等物理量，随后进一步生成土壤湿润指数(SMI)、气候湿润指数(CMI)以及农作物估产相关产品。下面介绍具体生成相对蒸散产品的能量平衡监测模型。

能量平衡监测模块中的能量平衡关系可以简单表达为

$$I_n = H + \mathrm{LE} + G \tag{1.17}$$

式中，I_n 地表净辐射，H 为显热通量，LE 为潜热通量，G 为土壤热通量。

首先以二流大气传输模型为基础，使用可见光通道数据估算出大气透过率 t 和地表反照率 A，进而求出地表总辐射 I_g：

$$I_g = t * S * \cos(i_s) \tag{1.18}$$

式中，S 为太阳常数，i_s 为太阳天顶角。

然后对红外通道数据进行大气校正计算，求出地表温度(T_0)，同时求出边界层顶的空气温度(T_a)，最后根据下列关系式求出地表净长波辐射(L_n)、净辐射(I_n)、显热通量、实际蒸散、潜在蒸散等物理量，其表达式为

$$L_n = \varepsilon_0 \varepsilon_a \sigma T_a{}^4 - \varepsilon_0 \sigma T_0{}^4 \tag{1.19}$$

式中，σ 为斯蒂芬-波尔兹曼常数，ε_0 为地表发射率，ε_a 为空气发射率。

$$I_n = (1 - A) I_g + L_n \tag{1.20}$$

$$H = \alpha * (T_0 - T_a) \tag{1.21}$$

式中，α 为热交换系数。

在日平均情况下，认为土壤热通量 G 为 0。

$$\mathrm{LE} = I_n - H \tag{1.22}$$

式中，LE 为潜热通量，也就是以能量单位表示的实际蒸散量。

CEWBMS 系统的算法模型物理含义清晰明确，且使用的静止气象卫星数据具有覆盖范围广和时间分辨率高的特点，适用于大范围的宏观监测。在干旱监测和气候变化中具有广阔的应用前景。

实际蒸散是由地表的蒸发和植物的蒸腾(合称蒸散)导致的实际失水量，相对蒸散是实际蒸散和潜在蒸散的比值，它包含了土壤和植被的供水信息。值得注意的是，由于植物的蒸腾作用，相对蒸散还包括了深层土壤的供水信息，因此相对蒸散可以用来进行干旱监测。当其值低于某一阈值时表示当地环境处于干旱状态，其值越小表示干旱越严重。

一般认为，相对蒸散低于 55%时有干旱发生，但是在具体应用中发现这一标准随着季节和地表类型以及区域所属气候带类型的变化而有所变化。在利用卫星遥感产品进行干旱监测时，产品本身的物理定义和通常所说的农业干旱定义之间存在着差别。以上这些问题都给使用相对蒸散进行干旱监测的等级划分带来了困难，目前已经进行了一些尝试，但是还需要大量的工作。

1.6.4 微波遥感土壤水分

微波遥感用于土壤水分研究具有对土壤水分十分敏感、对地物具有一定的穿透能力，以及全天时、全天候的成像能力等优势。由于土壤介电常数强烈依赖于土壤含水量，因此裸露地表后向散射特性及辐射特性也强烈依赖于土壤含水量。除土壤含水量外，表面粗糙度和植被覆

盖也是影响后向散射系数、发射率的重要因素。

目前，被动微波的土壤水分反演得到了广泛的重视，搭载有 20 GHz 以下通道被动微波传感器的卫星观测资料都或多或少被用于土壤水分反演研究中。其中，最为瞩目的是搭载于 EOS-Aqua 卫星的传感器——先进的微波扫描辐射计(AMSR-E)。针对该传感器，世界各国的相关机构进行了大量的联合试验，地点涵盖了各大洲的不同地表类型，为 AMSR-E 资料土壤水分算法的改进及精度检验服务。当前，AMSR-E 土壤水分算法主要分为两大类：一类为理论算法，另一类为经验算法。理论算法的主要代表是 Njoku 2003 年提出的地表参数反演算法，该算法基于一个前向的辐射传输模型，地表部分使用经验的微波地表辐射模型，植被部分使用水云模型，同时加入了大气校正。利用前向辐射传输模型的模拟结果与卫星观测进行比对，迭代使代价函数达到最小，即可获取相应的地表参数(包括土壤水分、陆表温度及植被含水量)。

在利用微波成像仪(SSM/I)资料反演地表温度特征时，Basist 等从地表微波比辐射率随土壤含水量的微弱变化信息中，借助湿度指数(BWI)有效提取到地表湿度信息，并成功用于全球地表湿度信息气候分析中。其湿度指数的公式可表示为

$$\mathrm{BWI} = C_1 \times (T_b(\nu_2) - T_b(\nu_1)) + C_2 \times (T_b(\nu_3) - T_b(\nu_2)) \tag{1.23}$$

式中，$T_b(\nu_1)$、$T_b(\nu_2)$、$T_b(\nu_3)$分别为 SSMI 在中心波数为 19 GHz、22 GHz 和 37 GHz 的亮度温度；C_1 和 C_2 为常数，一般由经验计算获取。

由于主动微波传感器与被动微波传感器在土壤水分反演方面分别有其优缺点，因此，目前国际上更加关注如何将主动微波遥感与被动微波遥感相结合。当前，主被动微波遥感反演土壤水分方法大体可以分为两类，第一类是将主动微波数据与被动微波数据融合在一起，共同对地表参数进行反演；第二类是首先用被动微波数据获取低分辨率的地表土壤水分结果，随后利用主动微波数据在此基础上进行进一步处理，获取高分辨率的土壤水分结果。

1.6.5 卫星遥感干旱监测面临的问题

传统的干旱指数虽然同化了一些降水、土壤湿度和水分供给等信息，但这些信息都是由单点观测得到的，因此基于气候数据的传统干旱监测指数缺乏空间代表性。目前，大多数气象干旱指数都只基于降水或者降水和温度的组合，但对于作物生长，根系区可利用土壤水分总量比实际降水的亏盈更为关键。遥感干旱监测方法经过近 20 年的发展，取得了非常重要的研究成果，有些研究成果已经得到推广应用，获得了巨大的社会效益和经济效益。

由于干旱是一种非常复杂的自然现象，它的发生具有随机性、地域性、隐蔽性和不易觉察等特点，给遥感干旱监测带来许多不确定性的问题。这些问题涉及遥感参数反演的精确性、监测模型的可操作性、干旱指数的可评价性等方面。

大多数基于植被指数的模型一般情况下只适合植被覆盖度比较高的地区。对于稀疏植被或裸地，监测结果存在较大的偏差。另外，植被指数对干旱的响应有一个滞后，在干旱的初期，很难通过植被指数监测出来。

基于能量平衡方程推导出来的作物缺水指数，具有一定的物理意义，反映了土壤水分状况。一般情况下，作物缺水指数小，表明土壤含水量高，作物供水充分；作物缺水指数大，表明土壤水分亏缺，作物受到水分胁迫。但干旱是一个相对概念，是针对特定目标或特定区域来说的，如对作物来说，不同的发育期需水量是不同的，因此相同的缺水指数在作物不同的发育期

具有不同的意义。

近年来，人们更加清晰地认识到没有一种单独的干旱指数完全适合于区域尺度干旱监测。因此，随着遥感和地理信息系统技术的不断发展，综合不同干旱监测指数并结合水文模型、作物模型，建立适合于多种不同地表类型的干旱监测指数和方法成为目前国内外的发展趋势。

第2章 干旱灾害影响定量化评估技术

2.1 EPIC作物生长模型介绍

2.1.1 模型简介

环境政策综合气象模型(Environmental Policy Integrated Climate,EPIC,由Erosion Productivity Impact Calculator更名而来)由美国德克萨斯农工大学黑土地研究中心和农业部草地、土壤与水分研究所于1984年共同研制,是一个定量评价“气候—土壤—作物—管理”综合系统的动力学模型,以日为时间步长模拟一季甚至上百年农田水土资源和作物生产力的动态变化。研发的初衷是预测美国土壤侵蚀对土地生产力的影响,由于土壤生产力可以用作物产量进行表达,这个模型逐渐用于作物生长过程的模拟,指导农业生产管理及提高农业生产效率。经过30多年的发展,对模型中不同模块进行了独立的更新,提高了EPIC各模块的模拟精度。EPIC的改进和应用极大地提高了全球和区域农业生产模拟有关研究领域的研究水平,促进了先进种植耕作技术及管理措施的推广和应用。

作物生长模型能够定量和动态地描述作物生长、发育和产量形成的过程及其对环境的反应。下面以EPIC模型(图2.1)为例,模拟作物生长与产量的形成过程。基本过程如下:

(1)在逐日气候要素(降水量、最高气温、最低气温和太阳辐射)的驱动下,模拟太阳辐射能转化为干物质的数量,通过最大叶面积系数、叶面积变化的S形曲线参数、叶面积下降速度等作物参数来估算光截获数量的叶面积变化动态。同时,受蒸汽压差和大气CO_2浓度的影响,光合产物进行转化。

(2)根据作物生长的基本温度参数(最适温度和最低温度)与作物生育的进程,模拟温度对叶面积增长的影响。计算根系分布层的土壤水分和养分状况,模拟水分和养分胁迫对叶面积增长的影响。

(3)估算作物生长期间影响生物量增长的因子(水分胁迫、温度胁迫、氮胁迫、磷胁迫),模拟干物质的合成量。计算分配到地上部和地下根系的干物质数量,模拟根系的分布深度和根系密度,计算根系对土壤水分和养分的吸收情况。植株水分、氮素和磷素的满足程度最终又影响干物质的合成量。

(4)根据作物水分和养分临界期时的水分、养分亏缺,估算实际收获指数,通过地上部生物量和收获指数模拟可收获的作物经济产量。

采用一个通用作物生长模型——EPIC来模拟各种一年生和多年生作物的生长过程,只是各种作物具有不同的模型参数值,各指标和代码见表2.1。

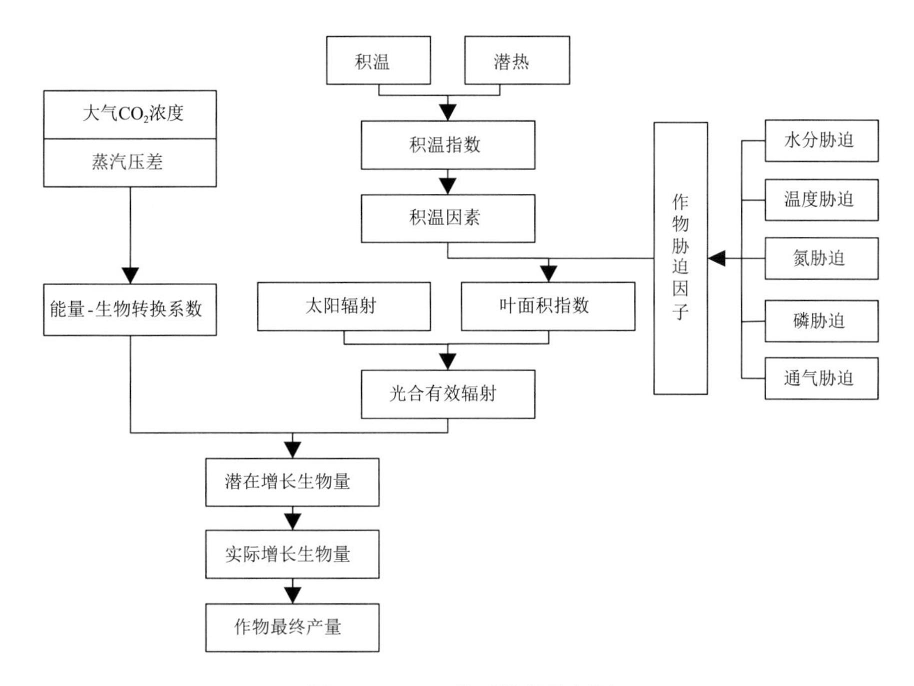

图 2.1　EPIC 模型的结构框图

表 2.1　EPIC 模型模拟作物产量形成的参数代码表

指标	代码
逐日热量单元累积	HU
潜在生物量	PAR
叶面积	LAI
株高	CHT
收获产量	YLD
实际产量	YLD

2.1.2　EPIC 模型模块介绍

EPIC 采用模块化方式进行管理，用于模拟作物生长过程中的各个环节，主要由天气模块、农田管理模块、土壤模块、土壤-作物-大气模块和作物模块等组成，可模拟同一均质田块(相同的气象条件、土壤属性和农田耕作管理措施)上的作物生产过程，并能模拟作物生长过程中碳、氮、土壤水分的变化，以及养分、温度和水分对作物生长的影响。各模块的主要功能和组成见图 2.2 和表 2.2。

(1)天气模块

天气模块读取或自动生成模型运行所需的以日为单位的气象数据。EPIC 运行所需的日值气象数据包括太阳辐射、最高温度、最低温度、降雨量、相对湿度和平均风速。当某个区域缺少某一要素的部分数据时，利用 EPIC 自带的天气生成器，依据当地的气象统计指标，自动补齐缺失的气象数据。

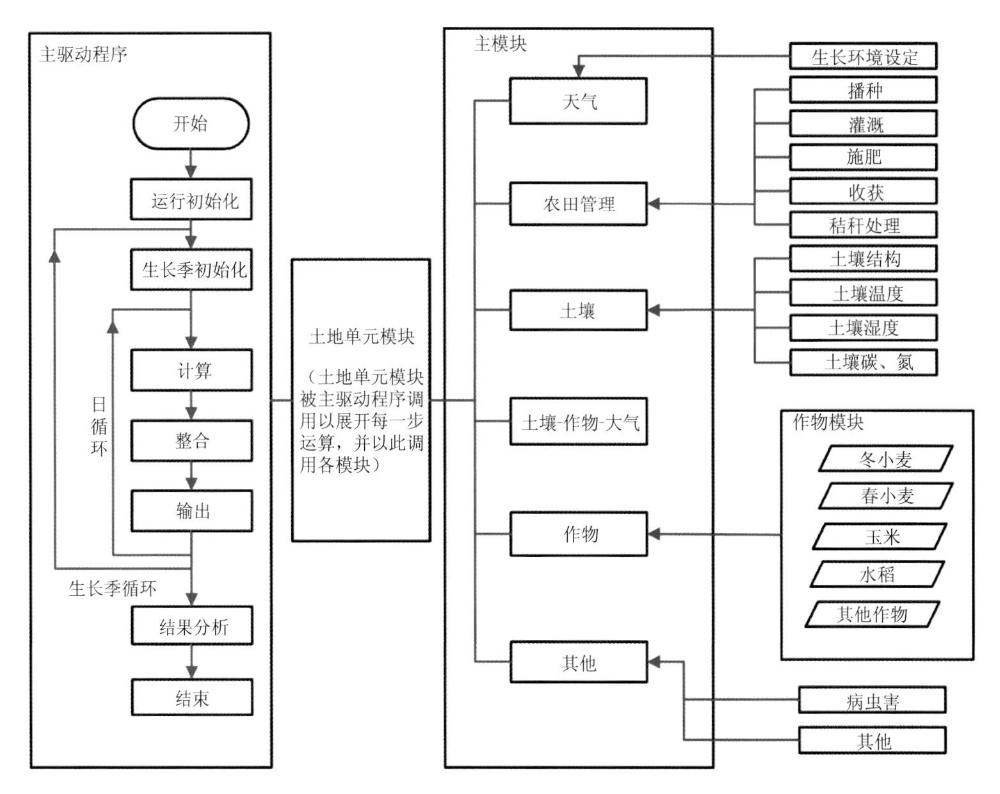

图 2.2　EPIC 模块简介

表 2.2　EPIC 各模块功能描述

模块	子模块	功能
主驱动程序		控制模型运行的条件，基于用户环境设定，调用不同模块
土地单元模块		提供在一个均一田块（气象条件、土壤属性相同）上一系列农田耕作管理的输入和模拟
天气		读取或自动生成模型运行所需的以日为单位的气象数据
土壤	土壤结构	依据土壤各层的理化性质组成计算各土壤层的属性特性
	土壤温度	模拟土壤各层温度
	土壤水分	模拟土壤剖面每天的土壤水分变化，包括地下水位，下渗、壤中流、积雪融化、径流等土壤水分运移过程
	土壤碳氮	模拟秸秆处理、无机肥、有机肥、土壤碳、氮循环过程。逐日模拟各层土壤中碳、氮含量
土壤-作物-大气		模拟土壤-作物-大气系统对于水分、能量的利用分配
作物	各种作物类型	每种作物有一套独立的作物参数，根据用户选定的模拟作物类型进行模拟，直接决定作物的品质属性
农田管理	耕种	根据用户输入确定或采用默认播种日期
	收割	基于气象条件、土壤属性自动获取收割日期或根据用户设定日期进行收割

(2)土壤结构模块

土壤结构模块主要用于输入或计算土壤各剖面层的土壤理化属性，包括饱和导水率(cm/h)、土壤剖面层数、各个土壤层厚度(cm)、土壤容重(g/cm^3)、土壤质地(砂粒、粉砂粒和黏粒)的相对含量(%)、土壤有机质含量(%)、土壤全氮含量(%)、土壤 pH 值等。

(3)土壤水分动态模块

EPIC 可以模拟灌溉、降水的渗透、作物根部吸水、地表径流以及土壤水分蒸发等水分运移过程，逐日模拟土壤剖面各层水量变化。土壤剖面各层均有表达传导率和持水能力的参数。地表径流计算采用美国水土保持局的水土保持服务(soil conservation service，SCS)方法，通过土壤在不同植被覆盖和坡度条件下的曲线参数(curve number)进行地表径流计算。

(4)土壤温度子模块

土壤温度受到深层土壤边界大气温度的影响。深层土壤边界温度由该月大气平均温度和多年平均温度的变化幅度决定。

2.1.3　模拟流程

EPIC 模拟过程主要分三部分，分别为模型需求数据的输入、模型的模拟和结果要素的输出(图 2.3)。

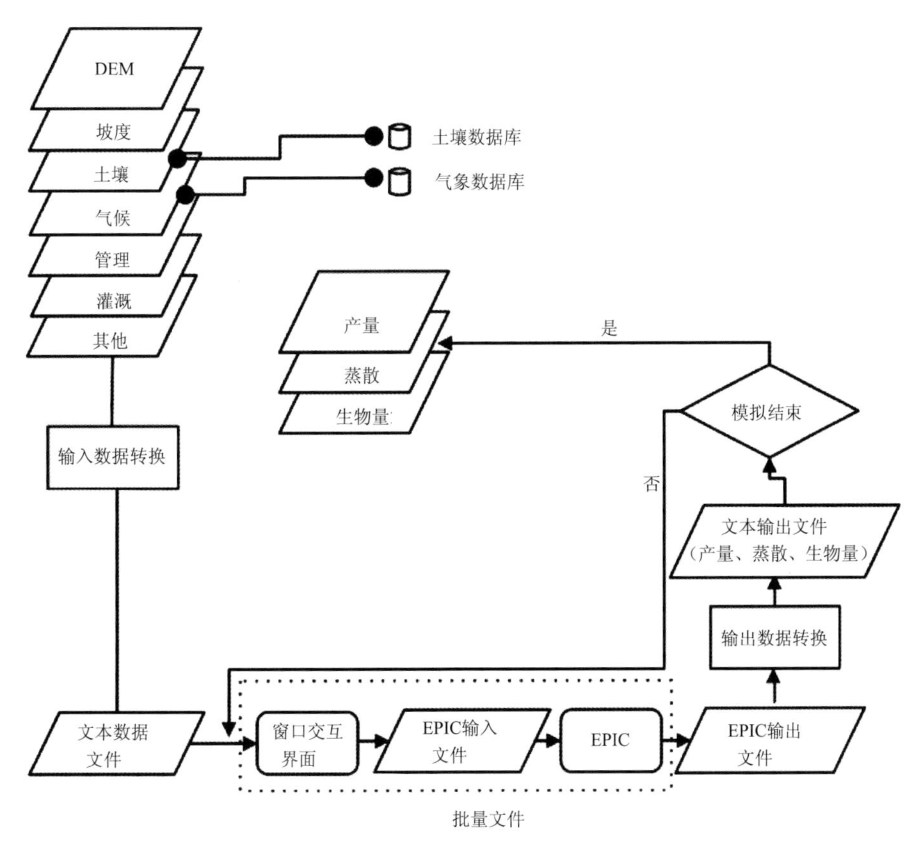

图 2.3　EPIC 模拟流程

数据的输入主要包括模型需要的土壤属性数据、气象数据、作物耕作管理数据、作物品种参数数据、验证模型参数所需的观测或统计数据，这些是作物生长模型模拟必要的基础数据。这些数据在进行模拟之前要严格转换成模型所需要的文本格式文件。

EPIC 模拟采用的是单点运行模拟方式，如果借助外部程序可以实现多点或区域模拟。可逐日模拟作物的生长状态、每天的累积生物量和蒸散量，以及最终的作物产量。

模型输出部分，可根据需要提取不同的输出变量，包括日、月、年尺度上的蒸散、生物量及最终模拟的作物产量等。

2.1.4 EPIC 模拟产量过程

EPIC 在模拟作物产量过程中除考虑到气象条件的影响外，还考虑了多种其他环境胁迫作用，包括水分胁迫、温度胁迫、氮胁迫、磷胁迫和通气胁迫。EPIC 模拟作物产量流程如图 2.4 所示。

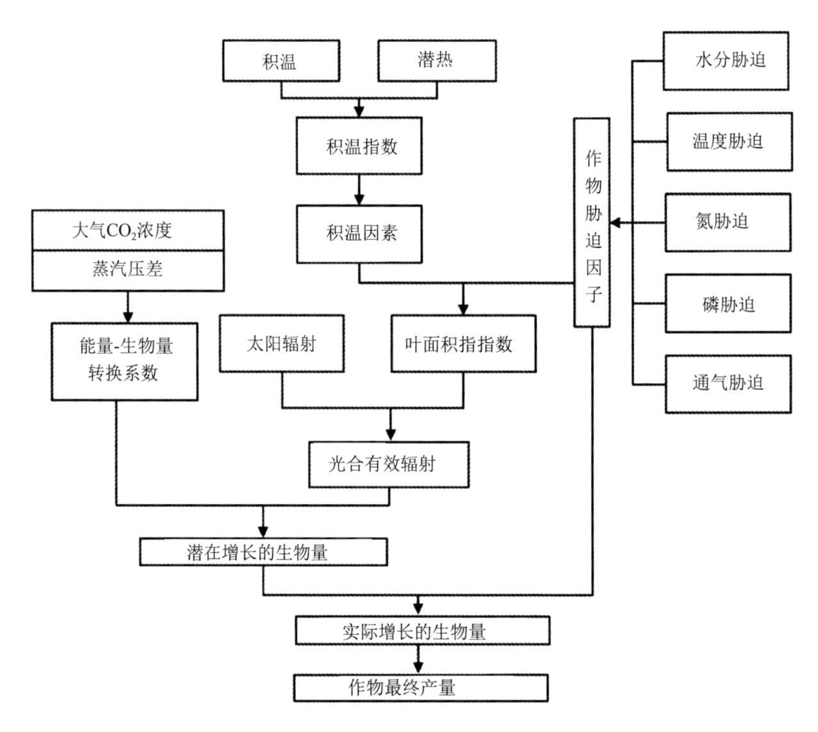

图 2.4 EPIC 模型作物产量模拟流程图

EPIC 中，用收获指数的概念估算作物产量，根据收获指数确定地上生物量转换为产量的比例。

$$\mathrm{YLD}_j = (\mathrm{HI}_j)(B_{AG}) \tag{2.1}$$

式中，YLD_j 为作物 j 的产量($\mathrm{t/hm^2}$)，HI_j 为作物 j 的收获指数，B_{AG} 为作物 j 的地上生物量。无胁迫环境条件下，收获指数从 0(作物播种时)到 1(作物收获时)呈非线性增大，可以通过下述公式计算：

$$\mathrm{HIA}_i = \mathrm{HI}_j \sum_{K=1}^{i} (\Delta \mathrm{HUFH}_K) \tag{2.2}$$

式中，HIA_i 为第 i 天的收获指数；HUFH 是影响收获指数的积温因子，被称为收获指数积温因子，可以通过下述公式计算：

$$HUFH_i = \frac{HUI_i}{HUI_i + \exp(6.50 - 10.0HUI_i)} \tag{2.3}$$

式中，HUI_i 为积温指数。设定的常数是为了保证 $HUFH_i$ 从 0.1（$HUI_i = 0.5$）增加到 0.9（$HUI_i = 0.9$），因为在作物后半个生长期内能产生最多的作物产量。HUI_i 可通过下述公式计算：

$$HUI_i = \frac{(\sum_{K=1}^{i})HU_K}{PHU_j} \tag{2.4}$$

式中，HUI_i 为第 i 天的积温指数，HU_K 为第 K 天的积温，PHU_j 为作物 j 成熟所需要的潜热量。HU_K 可通过下述公式计算：

$$HU_K = \left(\frac{T_{mx,K} + T_{mn,K}}{2}\right) - T_{b,j} HU_K > 0 \tag{2.5}$$

式中，HU_K 为第 K 天的积温，$T_{mx,K}$ 为第 K 天的最高温度（℃），$T_{mn,K}$ 为第 K 天的最低温度（℃），$T_{b,j}$ 为作物 j 生长需要的基温（℃），低于该温度，作物会停止生长。

计算作物产量的另一个关键变量是地上生物量 B_{AG}，可以通过下述公式计算：

$$B_{AG} = \sum_{K=1}^{n}(\Delta B_K) \tag{2.6}$$

式中，ΔB_K 为第 K 天的地上生物量增加量，n 为作物生长的天数。ΔB 可以通过下述公式计算：

$$\Delta B_i = (\Delta B_{p,i})(REG) \tag{2.7}$$

式中，ΔB_i 为第 i 天的地上生物量增加量（t/hm^2），$\Delta B_{p,i}$ 为第 i 天的潜在生物量增加量（t/hm^2），REG 为作物胁迫因子最小值（包括水分胁迫因子、营养物质胁迫因子、温度胁迫因子、辐射胁迫因子和空气胁迫因子），如果无任何胁迫，其值为 1。$\Delta B_{p,i}$ 可以通过下述公式计算：

$$\Delta B_{p,i} = 0.001(BE_j)(PAR_i)(1 + \Delta HRLT_i)^3 \tag{2.8}$$

式中，BE_j 为能量转换为生物量的作物参数[（kg · hm^2）/（MJ/m^2）]，PAR_i 为第 i 天的光合有效辐射量（MJ/m^2），$\Delta HRLT_i$ 为第 i 天实际日照时数相对于理论日照时间的变化量（h），可以通过纬度和日序（1 月 1 日为 1，12 月 31 日为 365 或 366）求得。PAR_i 可以通过下述公式计算：

$$PAR_i = 0.5(RA_i)[1 - \exp(-0.165LAI_i)] \tag{2.9}$$

式中，RA_i 为第 i 天的太阳辐射（MJ/m^2），LAI_i 为第 i 天的作物叶面积指数。叶面积指数用积温、作物胁迫及作物生长阶段进行表达，从出苗到作物叶面积开始下降，这段时间内的叶面积通过下述公式计算：

$$LAI_i = LAI_{i-1} + \Delta LAI \tag{2.10}$$

$$\Delta LAI = (\Delta HUF)(LAI_{mx})\{1 - \exp[5.0(LAI_{i-1} - LAI_{mx})]\}\sqrt{REG_i} \tag{2.11}$$

式中，LAI 为叶面积，HUF 为积温因子，Δ 是每天的变化，下标 mx 表示作物可能出现的最大值。

$$HUF_i = \frac{HUI_i}{HUI_i + \exp[ah_{j,1} - (ah_{j,2})(HUI_i)]} \tag{2.12}$$

式中，$ah_{j,1}$，$ah_{j,2}$为作物参数。

从叶面积下降到作物生长季结束，LAI 计算按照下述公式计算：

$$LAI = LAI_{mx}\left(\frac{1-HUI_i}{1-HUI_o}\right)^{adj} \tag{2.13}$$

式中，ad 为控制作物 j 叶面积下降率的作物参数，HUI_o 为叶面积开始下降时对应的积温指数值。

2.2　EPIC 作物生长模型本地化

2.2.1　模型参数本地化方案

鉴于 EPIC 是依据美国的土壤和作物属性研发而成的，将此模型应用至其他国家时需要开展模型的本地化，使模型更能反映当地作物的生长条件。模型的校准工作是作物生长模型在该地区应用的基础。利用研究区作物、气象、土壤等数据对模型关键参数进行校准和校准效果分析，提高模型的应用精度，如图 2.5 所示。

基于农气站点部分年份产量观测数据，采用全局优化算法(SCE-UA)，以模型模拟产量与实测产量的均方根误差(RMSE)最小为标准开展各站点模型校准。利用农气站点其他年份观测数据对模型进行验证，评估模型对农作物产量模拟的精度，以相关系数、平均误差、相对误差、变异系数和模型效率为评价指标，获得了华北地区冬小麦和夏玉米的作物模型校准后的可业务化参数。

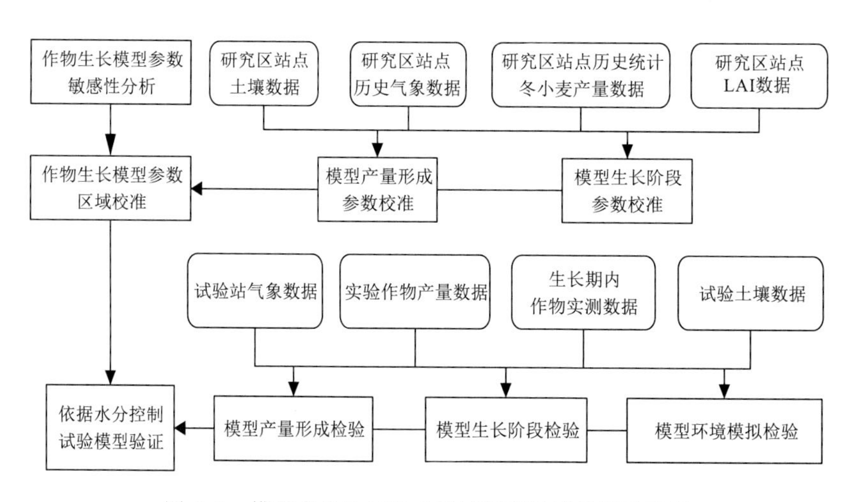

图 2.5　模型本地化与农业干旱管理适用性评价流程

全局优化算法的基本思路是将复合型搜索技术和自然界中的生物竞争进化原理相结合。算法的关键部分为竞争的复合型进化算法(CCE)。在 CCE 中，每个复合型的顶点都是潜在的父辈，都有可能参与产生下一代群体的计算。每个子复合型的作用如同一对父辈。随机方式在构建子复合型中的应用，使得在可行域中的搜索更加彻底，且该算法不存在对参数初始点过分依赖的问题。

开展各站点模型校准时，以该站点模型参数敏感性高低为序依次调整各个参数，调整每个参数时需保持其他参数不变，通过对比模拟产量与站点实测产量，以 RMSE 值低为准则选取最为合适的值。重复循环以上步骤，直至均方根误差维持低值且浮动较小时结束。

$$\mathrm{RMSE} = \sqrt{\frac{1}{N}\sum_{i=1}^{N}(C_{si} - C_{oi})^2} \tag{2.14}$$

式中，N 表示样本个数，C_{si} 表示模型模拟结果值，C_{oi} 表示实际观测结果值。

在此基础上，评估作物模型参数校准的效果，以相关系数、平均误差、相对误差、变异系数等为评价指标。

2.2.2 校准站点及其分布

依据华北地区主要站点的冬小麦和夏玉米产量数据的获取情况，并结合华北调研得到的数据，选取 EPIC 模型的校准站点。对于冬小麦，选取了 16 个站点作为模型参数的校准站点，对于夏玉米，选取 8 个站点作为模型参数的校准站点。冬小麦、夏玉米校准站点空间分布见图 2.6、图 2.7。

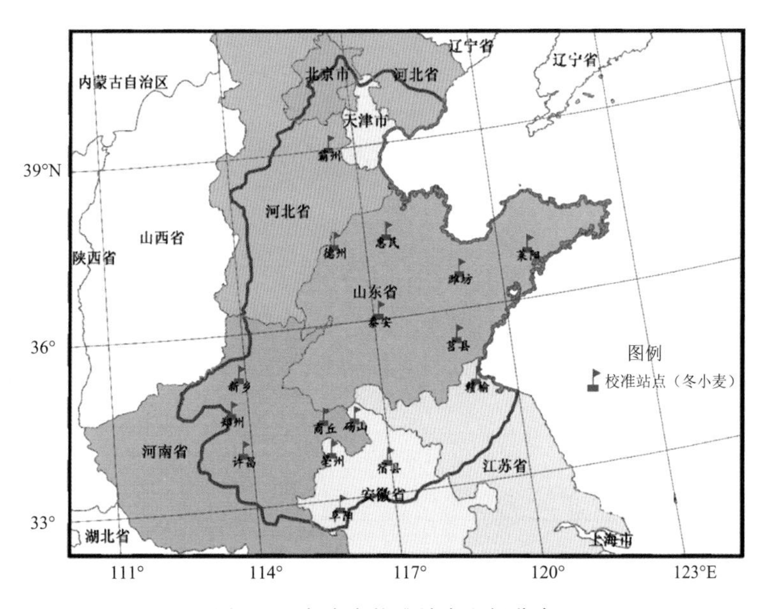

图 2.6 冬小麦校准站点空间分布

2.2.3 模型本地化需要校准的参数

分别对冬小麦和夏玉米作物参数文件和控制文件中的参数进行校准，其初始值如表 2.3 和表 2.4 所示。表中参数初始值是模型校准前的默认参数，来源于模型的原始文件，模型校准就是在默认参数的基础上，利用全局优化算法在一定范围内对默认参数进行校准。

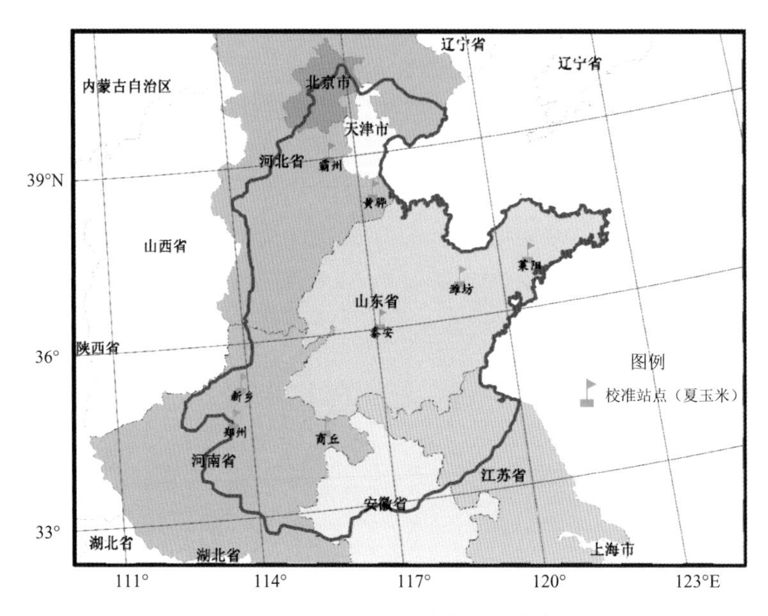

图 2.7　夏玉米校准站点空间分布

表 2.3　冬小麦校准参数列表

作物参数	作物参数名称	参数初始值
WA	潜在辐射利用率	35.0
HI	收获指数	0.35
DMLA	最大潜在叶面积指数	6.0
DLAI	作物成熟所需要热量百分比	0.85
DLAP1	生长季热量单元累积百分比	15.010
DLAP2	最大叶面积生长的百分比	50.950
RLAD	叶面积下降参数	1.0
HMX	最大株高	1.0
PHU	作物成熟所需热量	1800

表 2.4　夏玉米校准参数列表

作物参数	作物参数名称	参数初始值
WA	潜在辐射利用率	40.0
HI	收获指数	0.50
DMLA	最大潜在叶面积指数	8.0
DLAI	作物成熟所需要热量百分比	0.80
DLAP1	生长季热量单元累积百分比	15.050
DLAP2	最大叶面积生长的百分比	50.950
RLAD	叶面积下降参数	1.0
HMX	最大株高	2.0
PHU	作物成熟所需热量	1600

2.2.4 模型参数校准结果

通过模型校准，可以得到用于实际运行的作物参数文件和控制文件。校准后各站点冬小麦和夏玉米的模型关键参数见表 2.5、表 2.6。

表 2.5 冬小麦参数校准结果

站点	WA	HI	DMLA	DLAI	DLAP1	DLAP2	RLAD	HMX	PHU
新乡	36.3	0.42	6.2	0.91	17.010	58.950	0.8	1.3	964.77
霸州	38.5	0.41	7.6	0.97	15.010	61.950	1.0	1.3	1143.62
德州	52.5	0.52	7.9	0.74	23.010	69.950	1.3	1.3	751.77
惠民	41.4	0.51	8.8	0.43	11.010	47.950	0.9	1.5	1194.55
泰安	46.2	0.45	5.1	1.04	17.010	47.950	1.1	1.4	876.45
潍坊	35.5	0.5	8.7	0.91	26.010	76.950	1.2	1.2	812.04
莱阳	42.2	0.42	8.8	1.18	18.010	47.950	1.3	1.1	1071.72
莒县	43.6	0.41	7.2	1.09	19.010	69.950	1.1	1.3	1054.75
郑州	47.0	0.51	5.2	0.61	19.010	74.950	1.2	1.1	885.94
许昌	44.0	0.48	6.8	0.99	15.010	59.950	0.8	1.1	1258.15
商丘	36.4	0.47	6.6	1.1	17.010	71.950	0.8	0.9	657.29
砀山	45.5	0.48	3.7	1.18	26.010	58.950	1.0	1.5	701.51
赣榆	38.7	0.52	3.0	0.8	16.010	92.950	1.0	1.2	1264.91
亳州	39.9	0.41	4.0	0.61	18.010	63.950	1.0	1.3	1282.19
宿县	37.3	0.47	8.7	0.45	23.010	37.950	1.0	0.8	1048.78
阜阳	40.6	0.47	6.7	0.74	14.010	60.950	0.7	1.0	1065.71

表 2.6 夏玉米参数校准结果

站点	WA	HI	DMLA	DLAI	DLAP1	DLAP2	RLAD	HMX	PHU
新乡	47.8	0.45	8.2	0.90	27.050	79.950	0.9	2.1	1648.90
霸州	40.2	0.55	9.5	1.06	18.050	77.950	1.2	2.1	1237.50
黄骅	22.7	0.56	11.5	1.02	14.050	39.950	1.2	2.1	1340.49
泰安	42.6	0.48	7.5	1.10	24.050	87.950	1.1	1.9	1607.20
潍坊	39.8	0.51	9.2	0.97	19.050	51.950	1.0	2.1	1399.30
莱阳	60	0.68	6	0.83	18.050	79.950	1.5	2	864.84
郑州	42.4	0.49	7.6	0.80	17.050	65.950	1.0	2.1	1992.60
商丘	49.5	0.44	9	0.93	18.050	68.950	0.8	2.1	1428.07

2.2.5 校准效果分析

依据能够获取的各个站点的产量数据，对冬小麦选取 16 个站点进行校准，对夏玉米选取 8 个站点进行校准。每种作物每个站点校准后的实际产量和模拟产量的相关系数(R)、年数(N)以及置信水平(P)如表 2.7、表 2.8 和图 2.8、图 2.9 所示。

表 2.7　冬小麦校准效果

站点号	站点名称	实际产量均值（t/hm²）	模拟产量均值（t/hm²）	R_RMSE（%）	*R*	*N*	*P*
58203	安徽阜阳	7.09	6.97	8.16	0.34	10	>0.05
58122	安徽宿县	6.35	6.22	6.71	0.85*	11	<0.01
58102	安徽亳州	5.60	5.59	9.79	0.76*	11	<0.01
57089	河南许昌	7.22	7.14	3.68	0.98*	6	<0.01
58015	安徽砀山	5.67	5.64	7.73	0.88*	13	<0.01
58005	河南商丘	4.948	4.953	12.26	0.85*	9	<0.01
57083	河南郑州	6.04	6.10	4.5	0.88*	6	<0.05
58040	江苏赣榆	6.63	6.64	11.01	0.86*	13	<0.01
53986	河南新乡	6.11	6.31	13.20	0.34	22	>0.05
54936	山东莒县	7.19	7.13	9.49	0.58*	14	<0.05
54827	山东泰安	7.379	7.383	11.78	0.42	13	>0.05
54843	山东潍坊	6.285	6.283	10.80	0.42	13	>0.05
54852	山东莱阳	6.68	6.61	7.32	0.83*	8	<0.05
54714	山东德州	7.62	7.57	11.00	0.65*	11	<0.05
54725	山东惠民	6.675	6.628	9.87	0.44	13	>0.05
54518	河北霸州	5.37	5.369	13.12	0.64*	18	<0.01

表 2.8　夏玉米校准效果

站点号	站点名称	实际产量均值（t/hm²）	模拟产量均值（t/hm²）	R_RMSE（%）	*R*	*N*	*P*
58005	河南商丘	6.52	6.40	8.24	0.25	5	>0.05
57083	河南郑州	6.72	6.58	4.61	0.79	6	>0.05
53986	河南新乡	6.53	6.56	0.17	0.97*	6	<0.01
54827	山东泰安	7.12	7.11	10.72	0.67*	10	<0.05
54843	山东潍坊	7.287	7.291	1.9	0.85	6	<0.05
54852	山东莱阳	7.02	6.64	13.03	0.65	9	>0.05
54624	河北黄骅	5.10	5.06	16.60	0.72*	11	<0.05
54518	河北霸州	6.36	6.41	11.36	0.83*	13	<0.01

模型经过校准之后，冬小麦参与校准的大部分站点都通过了 0.05 置信水平的检验，只有部分站点未能通过检验（表 2.7）；夏玉米参与校准的 8 个站点里面有 3 个站点未能通过置信度检验，分别是商丘、郑州和莱阳（表 11），郑州和莱阳未能通过检验是由于能够获取实际产量的年份太少，而商丘只有 5 年数据可用于模型校准，导致校准的结果不理想。图 2.8 和图 2.9

给出了霸州站冬小麦和夏玉米模型参数校准效果，图 2.10 为北方部分站点春玉米模型参数校准效果。

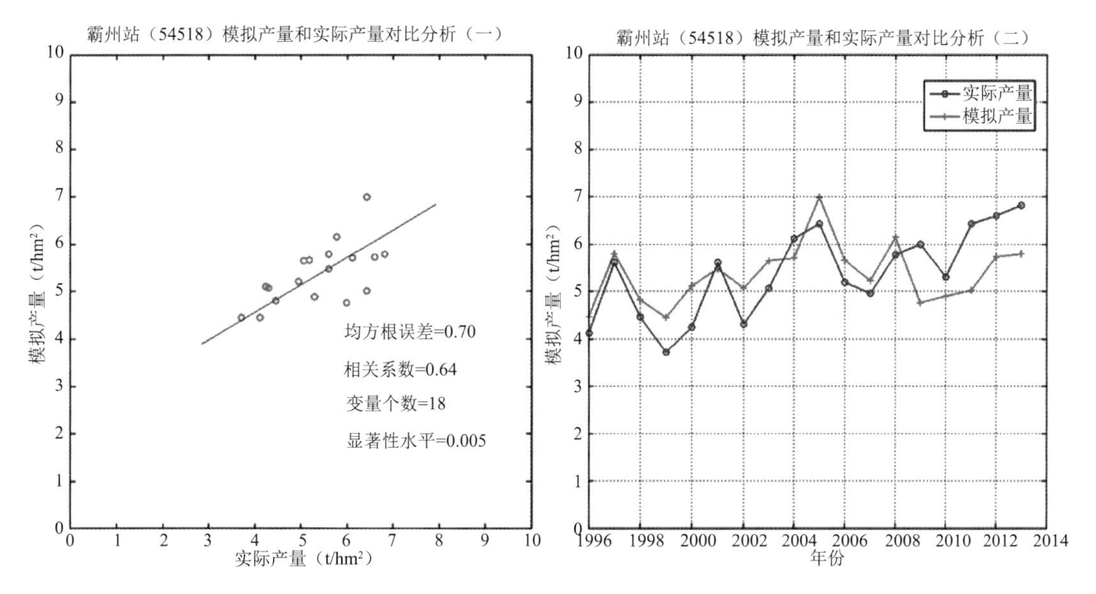

图 2.8　霸州站冬小麦参数校准效果

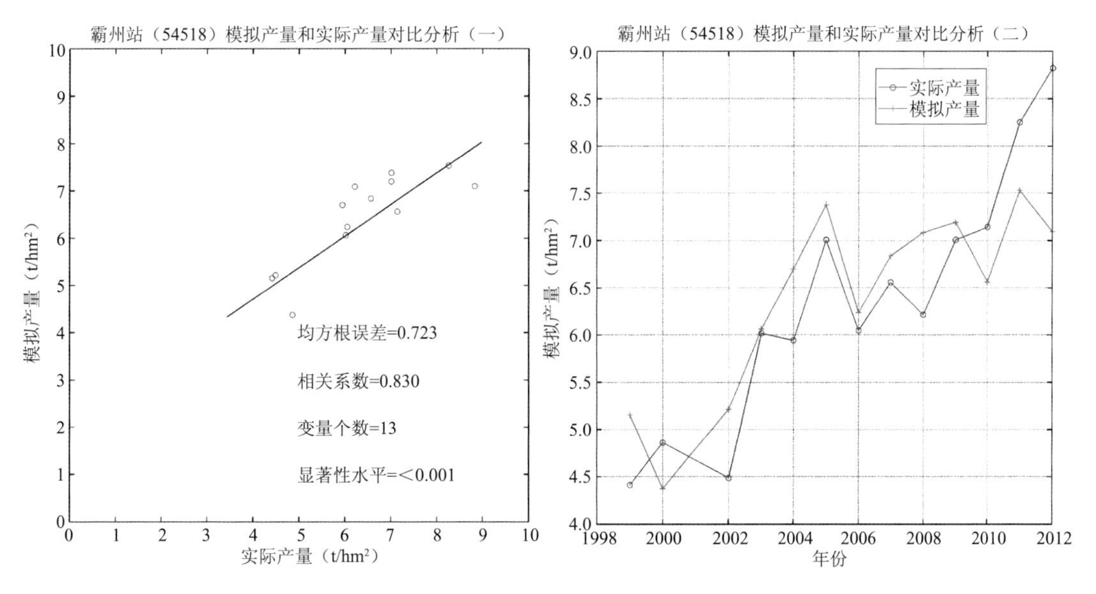

图 2.9　霸州站夏玉米参数校准效果

运用 SCE-UA 全局优化算法分别对华北地区 16 个冬小麦种植站点、8 个夏玉米种植站点以及中国北方地区 34 个春玉米种植站点的作物参数进行了校准。经过模型校验之后，所有校准站点的相对均方根误差都在可以接受的范围之内，大部分站点的相关系数通过了 0.05 置信水平检验。

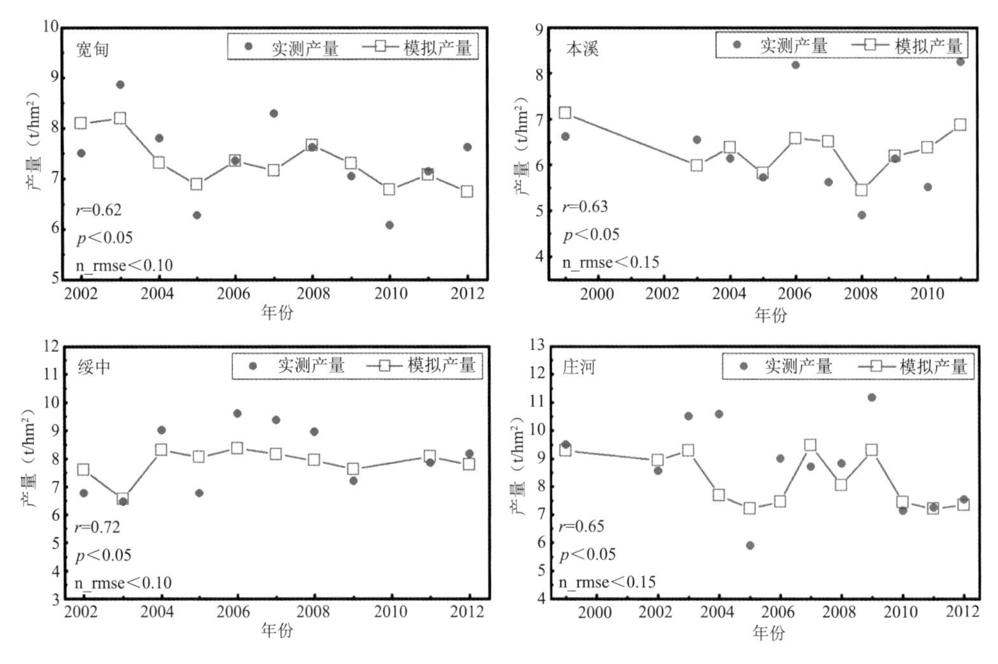

图 2.10　部分春玉米站点校准结果

2.3　基于 EPIC 模型的主要农作物旱灾损失定量评估

2.3.1　北方主要农业区

以华北平原的冬小麦、夏玉米以及中国北方地区的春玉米为研究对象(图 2.11)，研究上述 3 种作物因旱减产的定量评估方法。基于 EPIC 作物模型和 SPEI 干旱指数，在作物模型区域参数校准的基础上，建立作物旱灾损失评估模型，并实现了作物旱灾损失评估模型在国家气候中心的业务化应用。

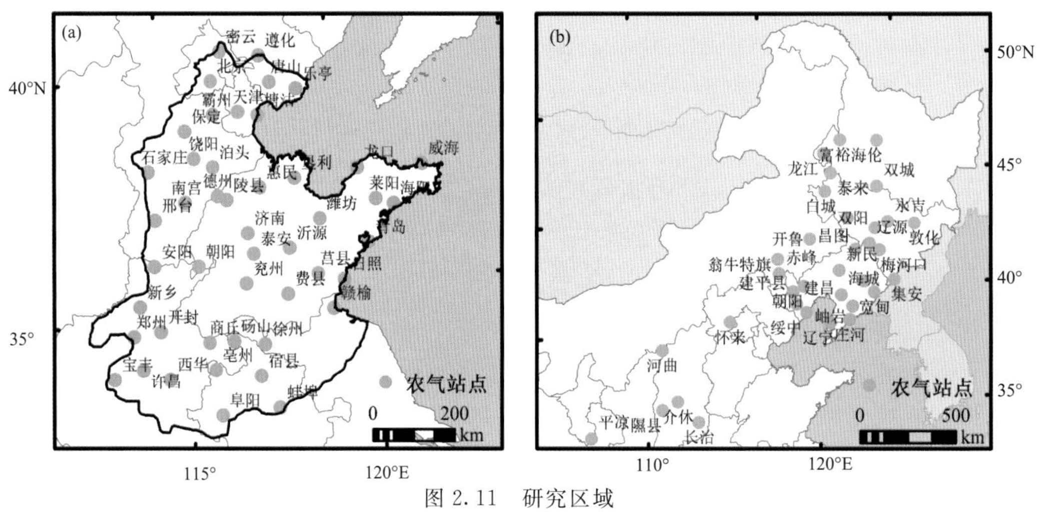

图 2.11　研究区域

(a)华北平原；(b)中国北方

2.3.2　基于 EPIC 的作物因旱减产定量评估技术

干旱年份下的作物因旱减产量主要通过当年产量与非干旱条件下作物参考产量的差来反映。这里充分发挥干旱指数和作物生长模型的优势，构建作物产量旱灾损失评估方法。在利用 SPEI 识别正常水分条件年份及作物模型模拟对应的作物产量的基础上，计算可用于旱灾损失评估的参考产量，并结合干旱状态下的作物产量，计算干旱年份的作物因旱减产量。

干旱年份的识别是作物参考产量构建的基础。已有研究成果认为，$SPEI_{s+90}$ 与作物产量的关系最好，借鉴这一研究成果，分别计算冬小麦和夏玉米生长季的 $SPEI_{12}$ 和 $SPEI_7$。$SPEI_{12}$ 的时间尺度是 12 个月，从当年的 7 月（小麦播种前 3 个月）到次年 6 月冬小麦收获（10 月到次年 6 月为冬小麦生长季）进行华北地区各个站点干旱年份的识别。$SPEI_7$ 的时间尺度是 7 个月，从 3 月（夏玉米播种前 3 个月）到 9 月夏玉米收获（6 月至 9 月为夏玉米生长季）进行华北地区各个站点干旱年份的识别。

作物参考产量是作物水分供应正常状态下的作物产量的均值，是作物因旱减产定量评估的关键指标。目前作物旱灾损失评估多以水分完全充足下的潜在产量作为参考产量，实际生产实践中很难满足，因此以水分供应正常年景下的作物产量为参考产量更为合理。基于作物模型模拟水分供应正常气象条件下的冬小麦、夏玉米和春小麦三种作物的产量，构建了三种作物的参考产量。水分供应正常气象条件是指站点上 $SPEI_{s+90}$ 的值介于 -0.5 和 0.5 之间。作物参考产量表达式为

$$\text{Yield}_{i,\text{normal\_value}} = \frac{\text{Yield}_{i,k1} + \text{Yield}_{i,k2} + \cdots + \text{Yield}_{i,kn}}{n} \tag{2.15}$$

式中，$\text{Yield}_{i,\text{normal\_value}}$ 为站点 i 上构建的生长季不受旱状态下的参考作物产量，$\text{Yield}_{i,k1}$ 为站点 i 上第 k_1 个不受旱生长季下的作物产量，$\text{Yield}_{i,kn}$ 为站点 i 上第 k_n 个无干旱生长季下的作物产量，其示意图如图 2.12。

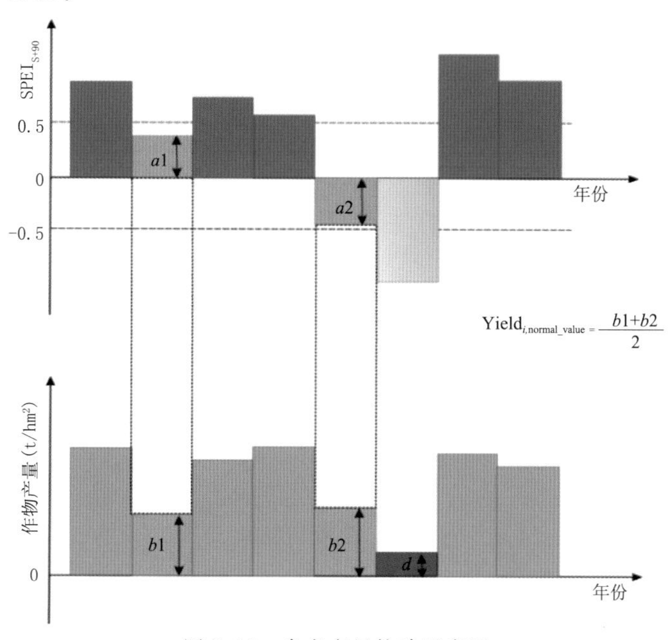

图 2.12　参考产量构建示意图

作物因旱减产量可以表达为

$$\text{Yield\_reduction}_{i,m} = \text{Yield}_{i,normal\_value} - \text{Yield}_{i,m} \tag{2.16}$$

式中，$\text{Yield_reduction}_{i,m}$为站点 i 上干旱年份 m 下的作物减产量；$\text{Yield}_{i,normal_value}$为基于作物模型模拟的多年产量数据，构建的无干旱气象条件下的作物参考产量；$\text{Yield}_{i,m}$为站点 i 上干旱年份 m 下作物模型模拟的产量。$\text{Yield_reduction}_{i,m}$为正值，说明干旱年份下站点 i 上作物减产了 $\text{Yield\_reduction}_{i,m}$，如果为负值，表明干旱年份下站点 i 上作物增产了 $\text{Yield\_reduction}_{i,m}$，在站点 i 上干旱年份 m 下的作物减产率为

$$\text{Yield\_reduction\_rate}_{i,m} = \frac{\text{Yield}_{i,normal\_value} - \text{Yield}_{i,m}}{\text{Yield}_{i,normal\_value}} \times 100\% \quad (1981 \leqslant m \leqslant 2010) \tag{2.17}$$

以 EPIC 作物生长模型为工具，在模型参数校准与验证基础上，通过模拟干旱和正常气象条件下作物生长过程，定量评估干旱造成的农业产量损失，构建基于作物生长过程模拟的农作物旱灾损失定量评估方法，具体研究过程包括：(1)基于站点气象、农田管理、作物产量等数据，开展作物生长模型参数校准与验证；(2)以改进的 SPEI 为基础，选取最优尺度 SPEI 作为干旱识别指标，提取无干旱条件下的年份，并构建无干旱条件下的作物参考产量；(3)以干旱与无干旱下产量的差距为基础，构建作物旱灾损失评估方法，评估干旱对作物产量的影响；(4)基于历史产量统计数据，对构建的旱灾作物损失评估方法进行验证。作物因旱减产评估研究过程及技术路线如图 2.13 所示。

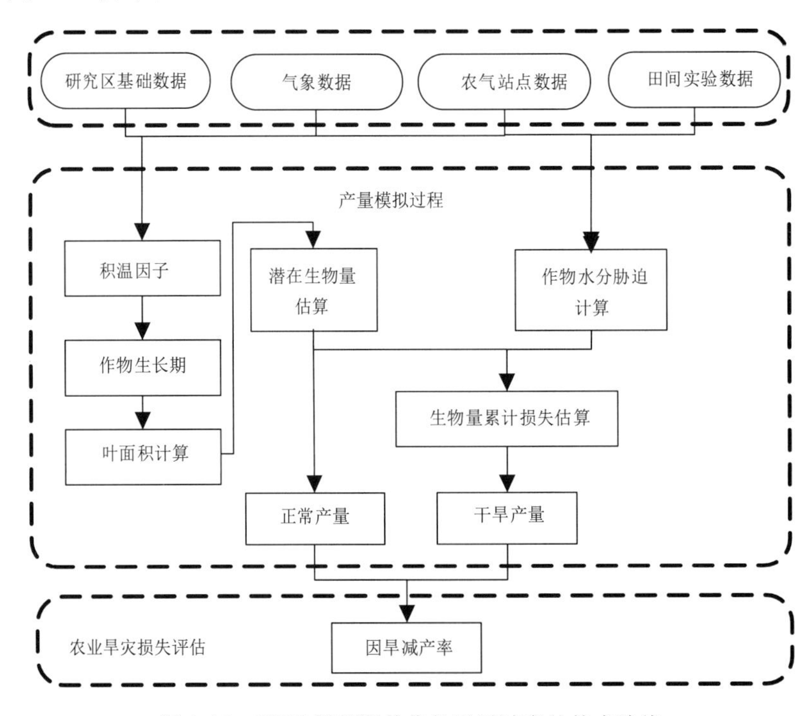

图 2.13　EPIC 模型评估作物因旱减产的技术路线

2.3.3　华北地区农业因旱减产定量评估

基于构建的因旱减产定量评估方法，以华北地区为研究区，对典型干旱年造成的产量损失进行评估。基于研究中构建的因旱减产评估方法，对华北地区的典型干旱年进行冬小麦和夏

玉米的因旱减产定量评估。

选取干旱较为严重的2000年对华北地区各个站点的冬小麦因旱减产进行评估，选取2010年对华北地区各个站点的夏玉米因旱减产进行评估，计算得到的各个站点的因旱减产率如图2.14所示。

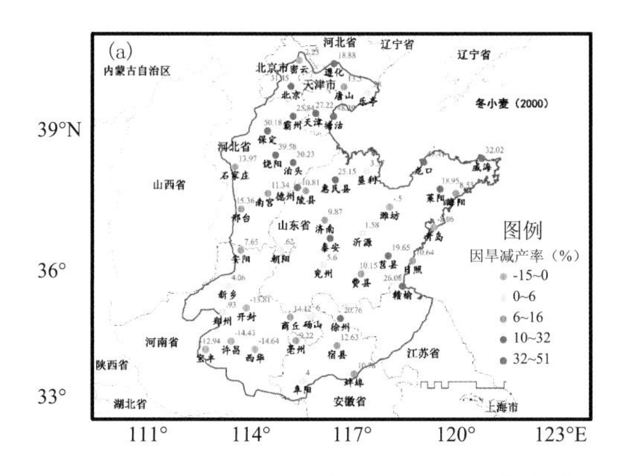

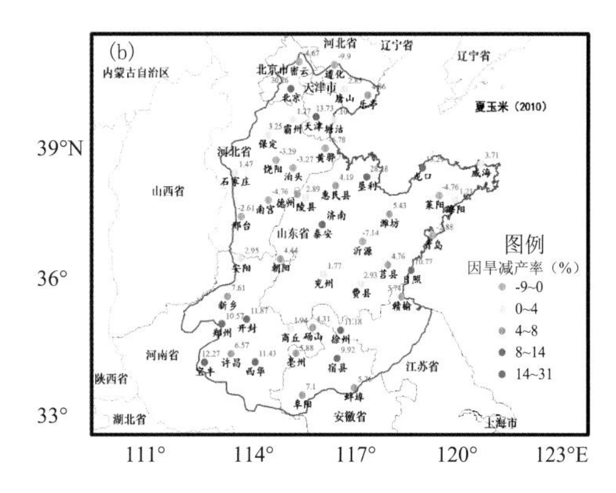

图2.14 华北地区2000年冬小麦(a)和2010年夏玉米(b)因旱减产率

参考产量是作物因旱减产评估的基础，也是本项目提供的重要成果。参考产量是无旱年份作物产量的平均值，代表了正常水分条件下冬小麦多年产量的均值。无干旱年份是SPEI值介于−0.5～0.5的年份，这里SPEI的时间尺度是12个月，从当年的7月（播种前3个月）到次年6月冬小麦收获（10月到次年6月为冬小麦生长季）。

计算研究区内47个站点的冬小麦参考产量和48个站点的夏玉米参考产量，并对这些站点进行冬小麦、夏玉米因旱减产定量评估。华北平原各站点冬小麦和夏玉米参考产量见表2.9、表2.10。参考产量将作为今后国家气候中心进行因旱减产评估的依据。

表2.9 华北冬小麦参考产量(47站)

站名	站点号	参考产量(t/hm^2)	站名	站点号	参考产量(t/hm^2)
饶阳	54606	4.205	海阳	54863	6.749
北京	54511	4.768	陵县	54715	7.935
保定	54602	4.626	兖州	54416	4.186
垦利	54744	5.780	唐山	54534	5.400
费县	54929	5.822	新乡	53986	5.595
霸州	54518	4.543	亳州	58102	5.582
日照	54945	7.688	潍坊	54843	6.365
莒县	54936	6.733	邢台	53798	6.944
威海	54774	5.249	沂源	54836	6.506
泊头	54618	5.121	开封	57091	6.001
惠民	54725	6.007	南宫	54705	6.903
泰安	54827	7.126	乐亭	54539	4.877
青岛	54857	5.882	阜阳	58203	6.821
莱阳	54852	6.101	许昌	57089	7.076

续表

站名	站点号	参考产量(t/hm^2)	站名	站点号	参考产量(t/hm^2)
石家庄	53698	4.972	徐州	58027	5.512
天津	54527	4.840	遵化	54429	5.369
龙口	54753	6.497	蚌埠	58221	5.888
塘沽	54623	4.228	宝丰	57181	6.670
兖州	54916	7.109	郑州	57083	5.996
安阳	53898	5.863	西华	57193	8.528
赣榆	58040	6.800	宿县	58122	6.002
济南	54823	6.900	砀山	58015	5.660
德州	54714	7.593	商丘	58005	4.883
朝阳	54808	7.020			

表 2.10　华北夏玉米参考产量(48 站)

站名	站点号	参考产量(t/hm^2)	站名	站点号	参考产量(t/hm^2)
黄骅	54624	5.230	邢台	53798	6.439
塘沽	54623	6.771	石家庄	53698	6.607
饶阳	54606	7.009	德州	54714	6.933
垦利	54744	7.548	唐山	54534	7.715
保定	54602	6.599	宿县	58122	6.932
霸州	54518	6.639	蚌埠	58221	6.599
新乡	53986	6.491	许昌	57089	6.768
泊头	54618	7.035	莒县	54936	7.529
潍坊	54843	7.593	砀山	58015	7.488
兖州	54916	7.116	亳州	58102	7.271
北京	54511	6.733	赣榆	58040	7.673
安阳	53898	6.396	宝丰	57181	6.295
朝阳	54808	6.972	商丘	58005	6.781
郑州	57083	6.861	威海	54774	8.670
天津	54527	6.990	莱阳	54852	7.054
陵县	54715	7.469	开封	57091	6.313
南宫	54705	6.821	海阳	54863	7.919
济南	54823	6.486	西华	57193	7.021
惠民	54725	7.479	密云	54416	6.507
费县	54929	7.182	沂源	54836	6.374
泰安	54827	7.284	青岛	54857	6.858
徐州	58027	7.014	龙口	54753	8.657
乐亭	54539	7.946	遵化	54429	6.208
阜阳	58203	6.452	日照	54945	7.053

2.3.4　中国北方春玉米因旱减产定量评估

以 EPIC 作物生长模型为工具，在模型参数校准与验证基础上，通过模拟干旱和正常气象条件下作物生长过程，定量评估干旱造成的农业产量损失，构建基于作物生长过程模拟的农作物旱灾损失定量评估方法，具体研究过程包括：1)以改进的 SPEI 为基础，选取最优尺度 SPEI 作为干旱识别指标，提取无干旱条件下的年份，计算得到的北方 34 个春玉米站点的参考产量(表 2.11)和参考生物量；2)以干旱与无干旱下产量的差距为基础，构建春玉米旱灾损失评估方法，评估干旱对春玉米产量的影响；3)基于历史产量统计数据，对构建的春玉米旱灾损失评估方法进行验证。

表 2.11　北方春玉米参考产量(34 站)

站名	站点号	参考产量(t/hm^2)	站名	站点号	参考产量(t/hm^2)
龙江	50739	8.000	赤峰	54218	10.991
富裕	50742	5.562	昌图	54243	7.528
海伦	50756	7.366	辽源	54260	7.704
泰来	50844	9.488	梅河口	54266	8.077
白城	50936	8.330	朝阳	54324	7.383
双城	50955	9.517	建平县	54326	10.542
河曲	53564	6.905	新民	54333	8.609
隰县	53853	9.244	本溪县	54349	6.914
介休	53863	7.650	集安	54377	8.405
长治	53882	9.090	怀来	54405	10.82
平凉	53915	8.116	建昌	54452	7.174
长岭	54049	8.943	绥中	54454	8.804
开鲁	54134	11.142	海城	54472	7.087
双阳	54165	7.380	岫岩	54486	9.524
永吉	54171	6.218	宽甸	54493	8.397
敦化	54186	7.648	辽宁	54563	9.097
翁牛特旗	54213	11.225	庄河	54584	8.031

第3章　遥感信息在干旱灾害监测和评估中的应用

3.1　基于SVDI的吉林省中西部干旱识别及干旱危险性分析

3.1.1　建立SVDI干旱危险性评估模型

SVDI(spatial vegetation drought index)是综合了气象降水数据和遥感NDVI数据的综合性指数。其计算公式为

$$\mathrm{SVDI}=0.5\times\mathrm{VD}+0.5\times\mathrm{MRAI} \tag{3.1}$$

式中，VD为植被干旱程度，MRAI为降水导致的土壤湿润程度。VD和MRAI区间都是[0，100]，数值越大，表示干旱程度越严重。某一像元的SVDI值大于40识别为干旱发生，其等级划分见表3.1。

表3.1　SVDI干旱等级划分

	无灾(0级)	轻度(1级)	中度(2级)	重度(3级)
SVDI	0<SVDI≤40	40<SVDI≤60	60<SVDI≤80	SVDI>80

$$\mathrm{VD}=\frac{\mathrm{NDVI}_{\max}-\mathrm{NDVI}_i}{\mathrm{NDVI}_{\max}-\mathrm{NDVI}_{\min}}\times 100 \tag{3.2}$$

式(3.2)为植被干旱程度VD的计算方法，式中NDVI_i表示某一像元第i个时期的NDVI旬合成数据，$\mathrm{NDVI}_{\max}$和$\mathrm{NDVI}_{\min}$分别表示该像元多年间第i时期NDVI的最大值和最小值。这一公式是由VCI指数延伸而来的：

$$\mathrm{VCI}=\frac{\mathrm{NDVI}_i-\mathrm{NDVI}_{\min}}{\mathrm{NDVI}_{\max}-\mathrm{NDVI}_{\min}}\times 100 \tag{3.3}$$

式(3.3)为VCI指数计算公式。VCI范围为[0，100]，数值越小表示植被的生长情况越差，通常VCI≤50表示植被受旱情况较严重。为了和MRAI一致，数值越大表示干旱越严重，由VCI指数延伸出VD指数表征植被受旱程度。

$$\mathrm{MRAI}=a\times\mathrm{RAI}_1+b\times\mathrm{RAI}_2+c\times\mathrm{RAI}_3 \tag{3.4}$$

式中，RAI_1、RAI_2、RAI_3分别表示该时期的RAI、该时期前一阶段的RAI和该时期前两阶段的RAI，a、b、c是常数，分别取0.7、0.2、0.1。MRAI范围为[0，100]，值越大表示土壤越干。MRAI对研究时段之前临近的降水进行加权分析，考虑到了前期降水对干旱的影响，较之RAI更符合实际情景。

$$\mathrm{RAI}=\left(\frac{\bar{R}-R}{\bar{R}}\times 100+100\right)/2 \tag{3.5}$$

式中，R 表示某一阶段的降水量之和，$\bar{R}$ 表示该阶段多年降水量均值，单位均为 mm。RAI 改进自降水距平百分率指数（Pa），数值范围为（$-\infty$，100]，且数值越大，表示土层越干。由于 VCI 的取值范围为[0，100]，对 RAI 指数进行标准化处理，经处理后 RAI 取值区间为[0，100]，与 VCI 和 VD 取值范围一致：

$$R>2\bar{R}，\mathrm{RAI}<0，定义\ \mathrm{RAI}=0；$$
$$\bar{R}<R\leqslant 2\bar{R}，\mathrm{RAI}\in[0,50)；$$
$$\frac{1}{2}\bar{R}<R\leqslant\bar{R}，\mathrm{RAI}\in[50,75)；$$
$$0\leqslant R\leqslant\frac{1}{2}\bar{R}，\mathrm{RAI}\in[75,100]。$$

利用上述计算公式进行栅格计算，最终得到吉林省中西部 2005—2014 年 5—8 月各旬的 SVDI 分布，共计 120 幅栅格数据图。

针对灾害风险形成的机制，当前主要有“二因子说”“三因子说”和“四因子说”，在农业气象灾害风险研究中，对致灾因子危险性识别和量化是极其重要的一步（张继权 等，2006，2012，2013）。干旱灾害的危险性主要是由干旱强度和干旱发生的频次决定的，SVDI 作为一个连续变化的指数，利用其概率密度曲线可以同时表征干旱发生的强度及频率。干旱危险性计算公式如下：

$$\mathrm{DH}=\sum_{60}^{100}\mathrm{SVDI}\times f(\mathrm{SVDI}) \tag{3.6}$$

式中，SVDI 表示干旱指数，f(SVDI)表示 SVDI 的发生概率频次。分布曲线形状不同，表征干旱灾害的危险性差异，统计区间为 SVDI 在[60，100]范围内，概率密度曲线的获取及危险性的计算通过 R 语言编程实现。

利用 SPEI_{12} 结合中国气象灾害大典及农业干旱灾情数据，最终选取 2007 年为典型干旱年，2013 年为正常年代表，对 SVDI 进行了适用性检验（李丹君 等，2017）。检验结果表明，典型干旱年和正常年份 5—8 月的 SVDI 差别较为明显。因此，利用 SVDI 指数进行干旱识别、程度划分以及区域分布特征获取是可行的，该指数综合了降水和植被生长状态，相较于单独分析加权降水指数（MRAI）和植被状态指数（VCI），该指数能更好地展现干旱灾害空间分布及作物生育期不同阶段的干旱程度变化。

3.1.2 基于 SVDI 的吉林省中西部干旱时空演变特征分析

受到全球气候变化的影响，近 10 年来吉林省气候呈现出干旱加剧的趋势。由于气候变暖导致气温升高、降水减少，农业干旱灾害频发、重发，致使农业生产面临挑战，及时、准确获取灾情信息，完善灾害预警机制，制定合理的防灾、减灾政策显得尤为必要。结合表 3.1 的 SVDI 等级划分，将 SVDI 值在[80，100]间的区域识别为重旱区域，利用 ArcGIS 软件进行单元统计处理，获取重旱面积（图 3.1）。图 3.1a 展示了 2005—2014 年 5—8 月吉林省中西部重旱区域的面积变化情况，可以看出，2005—2014 年，重旱面积变化波动较大，2014 年受旱最轻，重旱面积仅 $1.50\times10^4\ \mathrm{km}^2$，2006 年和 2007 年重旱面积较大，2007 年达到了 $7.61\times10^4\ \mathrm{km}^2$，2006 年为 $7.56\times10^4\ \mathrm{km}^2$。这 10 年间前期干旱发生频率高且强度大，后期干旱发生频率低且强度小。图 3.1b 展示了 2005—2014 年 5—8 月吉林省中西部重旱区域的空间变化，10 年间重旱区域空间变化较大，前期西部地区常年发生重旱，后期重旱区域出现了向中部和东部地区偏移的趋势。由于研究区的西部地区干旱频发，防旱工作准备较好，中部和东部地区的防旱意识不强，减灾措施尚有不足，导致植被受旱严重，进而导致中部和东南部地区SVDI值偏大。

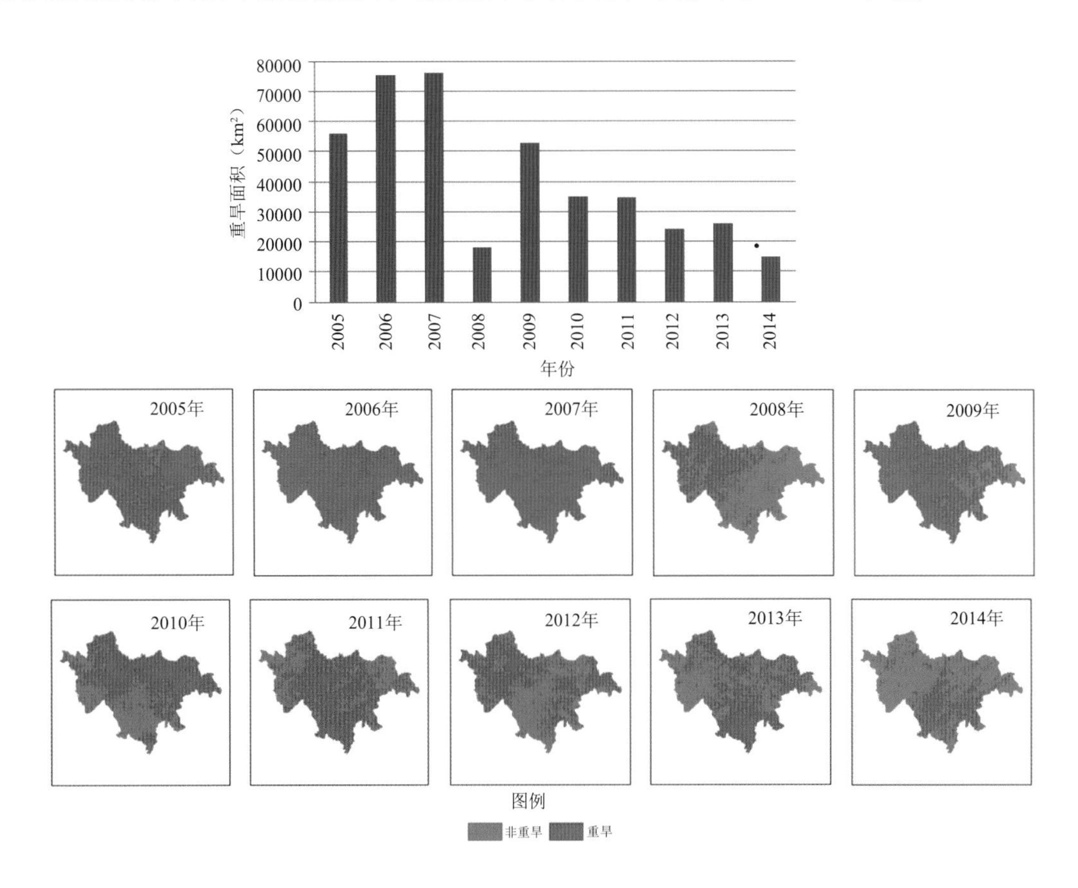

图3.1　吉林省中西部2005—2014年5—8月重旱面积变化
(a)逐年重旱面积；(b)逐年重旱空间分布

3.1.3　吉林省中西部干旱危险性分析

SVDI作为一个连续的数值，分析不同时期的概率密度曲线即可获知该时期内SVDI的强度和频率分布，进而获知该时段内干旱和湿润的趋势变化；利用累积概率即可获得该时期的干旱危险性，在概率层面增加对干旱强度等级的分析，进一步获知不同生育阶段干旱灾害的危险性变化。综合来看，2005—2014年，5月上旬、下旬，6月上旬、中旬、下旬和8月下旬有着明显的右偏趋势，干旱发生的概率较高；7月上旬、中旬、下旬和8月上旬、中旬则有着明显的左偏倾向，表示较为湿润。综合分析干旱的危险性可以看出，8月上旬和6月下旬干旱危险性较大，危险性指数分别为3.59和3.41，5月上旬和6月中旬干旱危险性较小，分别为0.58和0.92。吉林省中西部是重要的玉米种植区，6月下旬正值玉米拔节期，此阶段受旱将导致玉米生长高低不齐，影响后续阳光、水分的吸收；8月上旬是玉米抽雄开花阶段，此阶段受旱将导致花粉死亡，花丝干枯不能授粉，直接影响到当年的玉米产量。因此，要注意这两个阶段的防旱工作，及时识别干旱的发生并采取相应的防灾、减灾措施，使其对农业种植的影响降到最低。

图 3.2 展示了 5—8 月逐月干旱危险性分布情况，可以看出干旱危险性在空间上呈现出较为明显的转移趋势。5 月干旱危险性较高的地区主要在长岭县、通榆县和长春地区，6 月通榆县和双辽市的危险性较高，7 月干旱高危地区转移到了白城市和长岭县，8 月干旱高风险区主要位于通榆县和乾安县。

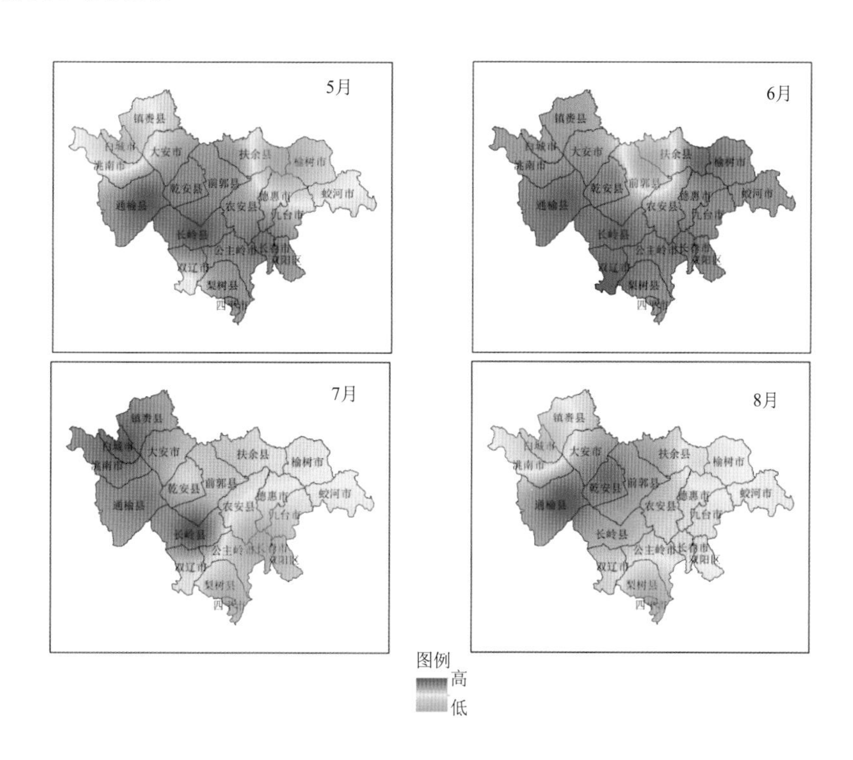

图 3.2　吉林省中西部 5—8 月干旱危险性分布

3.2　遥感信息与作物模型相结合的干旱监测评估技术

3.2.1　遥感信息与春玉米 WOFOST 作物模型同化

使用 MODIS 遥感信息中的叶面积指数产品（MODI15A2）与 WOFOST 作物模型进行同化。以 WOFOST 模型开放的 FORTRAN 源代码为基础，集成集合卡尔曼滤波（EnKF）同化算法与模型源代码，将叶面积指数（LAI）选取为结合点建立 WOFOST-EnKF 同化估产程序。集合卡尔曼滤波方法流程如图 3.3。建立 WOFOST-EnKF 单点模型后，将时间序列为 8 d 的单点 LAI 输入模型运行，即将其作为外部观测对作物模型进行滤波同化（张阳 等，2018）。利用同化后的模拟产量结果与 WOFOST 模型模拟数据及实测数据分别进行比较，检验基于 EnKF 的同化方法建立的单点模型对于作物估产是否有效。

图 3.4 为吉林省榆树和白城春玉米模拟产量、遥感信息同化后模拟产量与实际产量的关系，同化前 WOFOST 模型的模拟产量、同化后模拟产量与实际产量平均相差 15.1%、14.1%，同化前、后的模拟产量和实测产量间的决定系数分别为 0.69 和 0.75。结果表明，同化遥感信

息同化后的模型模拟结果较常规模型模拟结果更接近于实测值。利用同化后的 WOFOST 模型,依据水分控制方案可以开展干旱模拟试验研究。

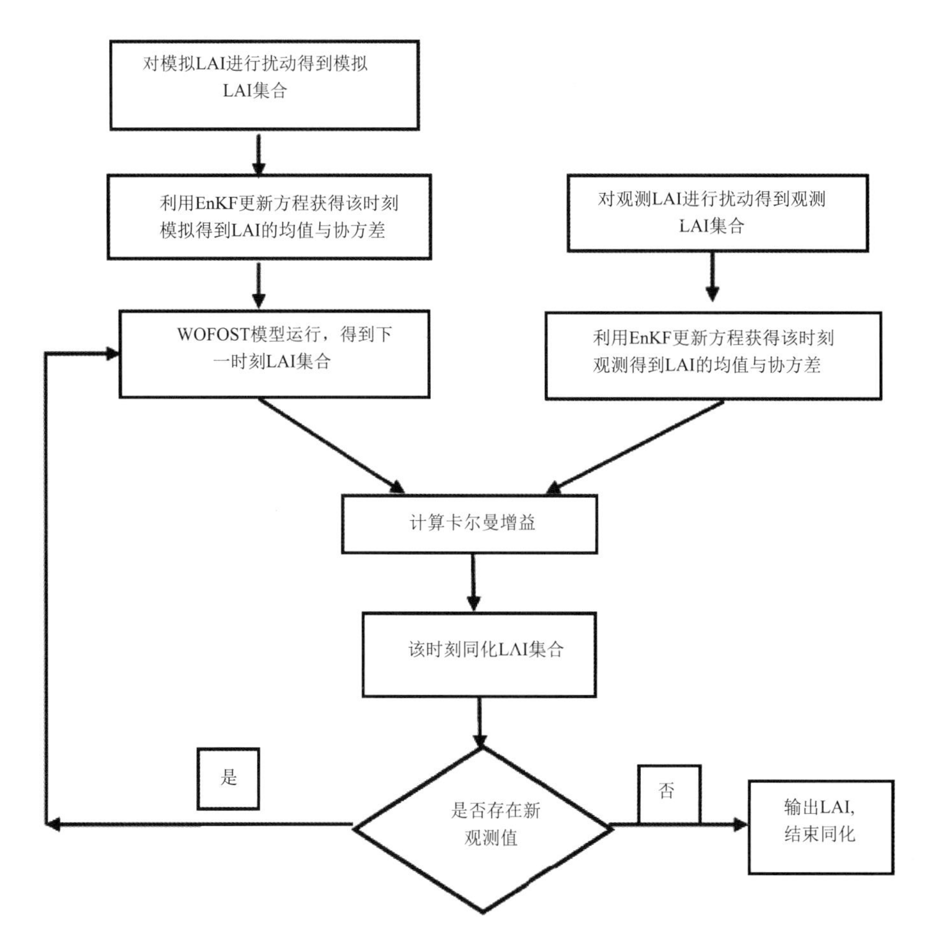

图 3.3　集合卡尔曼滤波方法流程

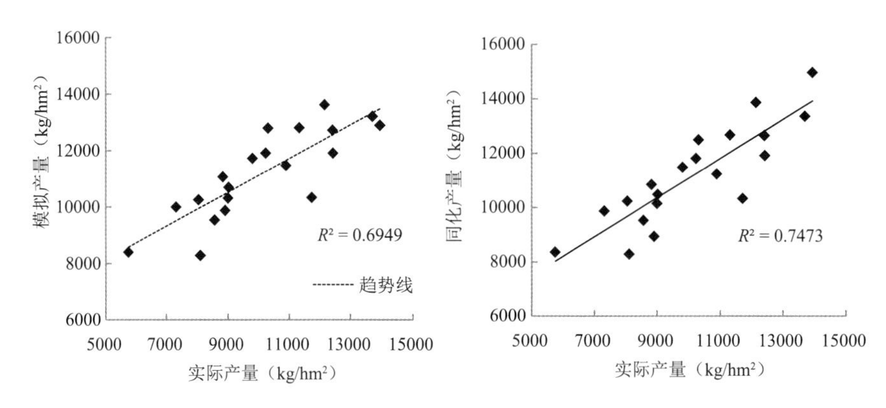

图 3.4　玉米模拟产量(a)、同化模拟产量(b)与实测产量的关系

3.2.2　基于遥感信息的冬小麦 WOFOST 作物模型本地化

选用 WOFOST 模型模拟山东禹城冬小麦生长过程，对该模型做适当改进，并对相关作物参数和土壤参数进行适应性调整。利用遥感信息反演的 LAI 校准作物模型的某些关键过程，重新初始化/参数化作物模型，可以达到对作物模型的优化。利用遥感反演的地表蒸散，通过比较、优化获得作物模型的初始土壤有效含水量或需水关键期灌溉量，可以实现水分胁迫下遥感信息与作物模型的结合。

这里利用联合国粮食及农业组织(FAO)最新推荐的 P-M(1998)公式替换原有的 Penman(1948)公式进行参考作物蒸散的估算。依据同一作物不同生育阶段作物系数不同的规律，将作物系数改为随生育期变化的变量。采用相对蒸腾来修正比叶面积的变化，更好地模拟水分胁迫对比叶面积的影响。

以禹城 2000—2001 年综合观测场冬小麦试验资料校正调整后的 WOFOST 模型(图 3.5a、b)，以禹城 1999—2000 年的试验数据对 WOFOST 模型进行验证(图 3.5c、d)。调整后的 WOFOST 模型可以用来模拟禹城地区冬小麦的生长发育和产量形成过程。

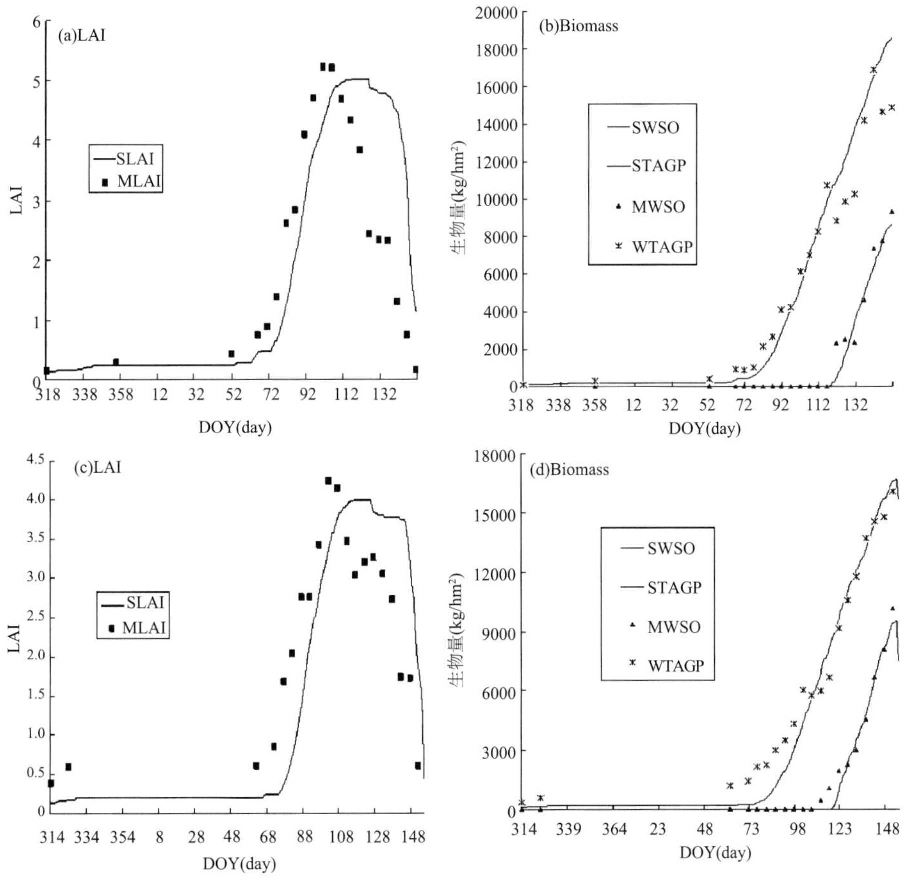

图 3.5　田间试验资料校正 WOFOST 模型的模拟结果

(a、b 为 2000—2001 年，c、d 为 1999—2000 年；SLAI 为 WOFOST 模拟叶面积 LAI，MLAI 为实测 LAI；SWSO 为模拟储藏器官干物重 WSO，MWSO 为实测 WSO；STAGP 为模拟地上部分生物量总干重，MTAGP 为实测 TAGP)

3.2.3　区域日蒸散量计算

利用植被指数-地表温度关系法估算区域蒸散，其计算原理是随着植被指数的增大，潜热传输增加，地表温度呈降低趋势；在某种给定的植被覆盖度条件下，随着地表湿润程度的升高，潜热传输增加，地表温度呈降低趋势。具体算法流程如图 3.6 所示。

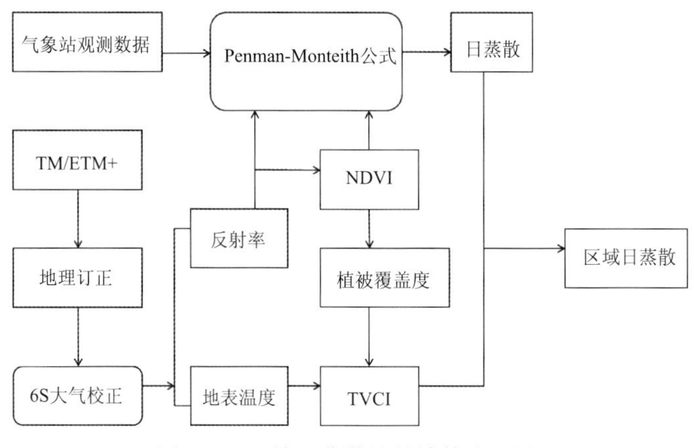

图 3.6　区域日蒸散量的计算流程图

3.2.4　遥感信息与作物模型相结合模拟冬小麦产量

遥感信息与作物模型相结合模拟冬小麦产量的流程如图 3.7 所示（郭建茂 等，2014）。首先利用地理信息系统（GIS）手段获取各网格点上作物生长模拟所需的气象、作物及土壤数据，气象数据采用空间插值法获得，作物遗传参数采用区划法获得，土壤参数采用分类法获得，作

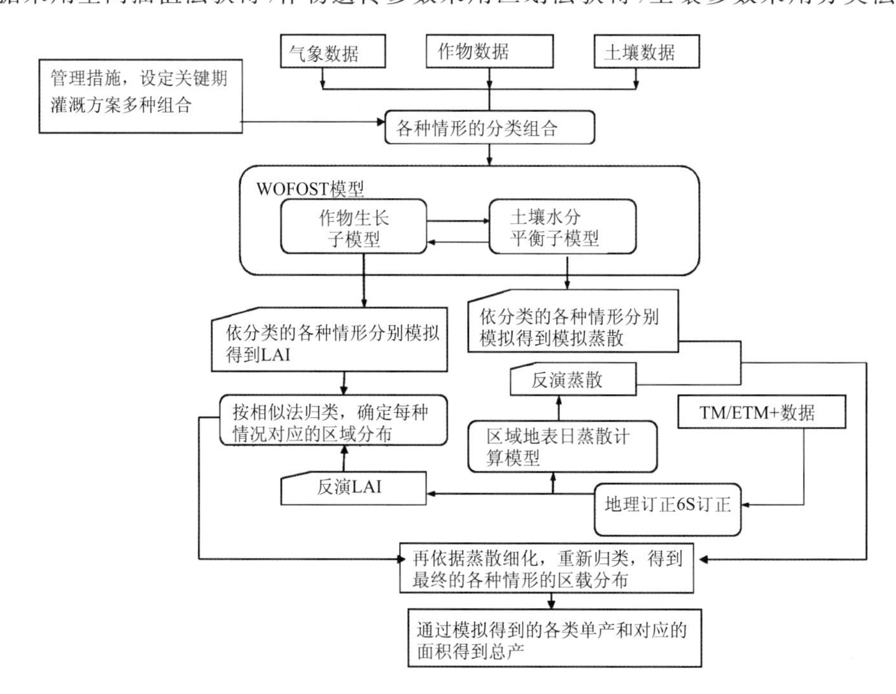

图 3.7　遥感信息与作物模型相结合模拟冬小麦产量流程

物模型初始值采用假定修正法获得，运行模型；然后利用遥感资料对模型的模拟进行调整、优化。

表 3.2 给出了利用遥感信息与作物模型相结合的方法模拟 2001 年山东省禹城地区冬小麦产量。可以看出，利用遥感信息与作物模型相结合的方法可用来监测评价作物的生长状况，开展作物产量预报和干旱影响定量评估等工作。

表 3.2　2001 年山东省禹城地区冬小麦产量模拟结果

	DOY300 潜在生产	DOY310 潜在生产	DOY295 潜在生产	DOY300 水分限制	DOY310 水分限制	DOY295 水分限制
含小麦像元	112921	21448	168050	14238	28788	4461
面积(hm^2)	8784.4	1618.2	1340.7	1155.8	2311.7	231.2
单产(kg/hm^2)	9711	9638	9408	7482	7561	7785
总产(t)	85305.3	15596.2	126139.6	8647.7	17478.8	1799.9
颜色对应	5 类(blue)	2 类(yellow)	1 类(green)	4 类(black)	6 类(red)	3 类(orange)

第2篇

干旱灾害风险评估技术及中国北方旱灾风险评估

第 4 章　干旱灾害风险评估技术和模型

4.1　干旱灾害风险评估技术

4.1.1　什么是灾害风险

风险是指一切对人和人所关心的事物(如生命、健康、财产、环境、安全等)带来损害的事件或行为的可能性。从广义上讲,只要某一事件的发生存在着两种或两种以上的可能性,那么就认为该事件存在风险。风险被视为负面影响的先兆,具有客观性、普遍性、必然性、可识别性、可控性、损失性、不确定性和社会性,本质是不确定性。

气象灾害风险不仅取决于致灾因子(包括极端和非极端天气气候事件)的严重程度,也在很大程度上取决于承灾体的脆弱性和暴露度。

风险产生和存在与否的第一个必要条件是风险源,即致灾因子。致灾因子不但在根本上决定某种灾害风险是否存在,而且还决定着该种风险的大小。当自然界中的一种异常过程或超常变化达到某种临界值时,风险便可能发生。一般来说,致灾因子的变异强度越大,发生灾变的可能性越大或灾变发生的频度越高,该风险的危险性越高。需要说明的是,极端天气气候事件并不必然导致灾害;某些条件下,非极端天气气候事件也可能导致灾害发生。

暴露度可被理解为人员、生计、环境服务和各种资源、基础设施以及经济、社会和文化资产处在可能受到不利影响的位置,是灾害风险大小的决定要素之一。

脆弱性是承灾体内在的一种特性,是指承灾体受到自然灾害时自身应对、抵御和恢复能力的特性,可分为自然脆弱性和社会脆弱性。自然脆弱性是反映承灾体物理性质的特征量,表征不同致灾强度下,承灾体发生自然损坏的可能性,可用随灾害强度变化的承灾体破坏率或损失率来表征,也可用破坏概率矩阵近似表征。社会脆弱性是描述整个社会系统在自然灾害影响下可能遭受损失的一种性质,是社会、经济、政治、文化等多方面因素的复合函数,常用伤亡人数和经济损失量化。20 世纪 80 年代以来,灾害风险相关研究已从单纯注重灾害的自然科学机制和工程建筑,逐渐扩展到关注经济社会系统中存在的脆弱性及其在灾害形成过程中的重要作用,社会脆弱性逐渐成为可持续发展、灾害学和风险等研究的重要内容。有时在分析灾害风险过程中将承灾体社会脆弱性(如防灾减灾能力)单独考虑。

干旱灾害是全球最为常见的自然灾害。据测算,每年因干旱造成的全球经济损失高达 60 亿～80 亿美元,远超过了其他气象灾害。IPCC 在其系列评估报告中指出,未来干旱风险有不断增大的趋势。为了应对未来干旱灾害的影响,各国政府将会开展大量的工程和非工程减灾行动。然而,减灾行动一般都涉及巨额的资金投入或影响广泛的社会系统的调整。显然,盲目的减灾行动必然导致人力、物力和财力等的大量浪费,有悖于减灾的初衷。只有对干旱灾害风险孕育、发生、发展以及可能造成的影响进行科学、系统的分析，才能避免行动的盲目性。干旱灾害风险评估是科学、系统分析干旱灾害风险的一条重要途径，是灾害风险管理过程中的重要环节。因此，开展干旱灾害风险评估技术研究具有重要意义。

4.1.2　干旱灾害风险评估研究回顾

自然灾害风险评估兴起于20世纪70年代，起初人们主要关注地震、洪水、风暴潮等一些突发性灾害的影响。相对这些灾害而言，干旱是一种缓发性的自然灾害，短时间内其破坏和影响程度并不明显，也往往不能引起人们的足够重视。因此，干旱灾害风险评估在20世纪90年代才开始受到关注。

国际上干旱灾害风险评估研究大致经历了两个阶段。第一阶段(1990—2000年)，从应对危机到风险管理意识的转变。这一阶段，几次全球性的干旱引起人们对干旱危害的重新认识，人们开始注意到干旱发展不仅仅是一个自然过程，更与人类自身如何应对灾害的措施有关。在如何应对干旱灾害方面，众多学者特别强调政府在其中的作用，认为政府应制定干旱应急方案，只有认真履行这些方案才能有效缓解干旱和降低区域的干旱脆弱性；随后，一些学者对干旱灾害风险管理具体内容和步骤进行了系统的研究。这一时期主要的研究特点是：从过去的灾害中总结、寻找影响干旱的因素，人们已经意识到干旱风险的存在，认识到一些非自然因素对干旱影响的作用，并开始制定一些计划主动应对干旱的影响。总之，人们从应对危机到风险管理意识的要求日益强烈。第二阶段(2001年—)，研究干旱发生过程，突出非自然因素在减缓干旱影响中的作用。随着全球变化研究的深入，人们的风险意识愈加强烈，主动研究应对未来的灾害风险成为该时期研究的主题。围绕这个主题，在气候变化与干旱发展、区域干旱灾害影响的脆弱性、干旱灾害风险评估方法等领域开展了一系列研究。这些研究大多从定量或半定量角度出发，探求干旱发展规律，强调人类社会、经济和环境面对干旱的压力及其响应，积极开展未来干旱风险的应对措施。

我国在干旱灾害风险评估研究中也做了许多工作。如张继权等(2013)在考虑农业干旱发生概率、抗旱能力、受灾体种植面积比等因子的基础上，通过土壤-作物-大气连续系统中的水分运动变化，建立农业干旱风险评估模型，分析农作物不同生育阶段的干旱反应，并由此测算干旱的可能影响；商彦蕊(2000)以农户调查为基础，从微观的角度反映农户对干旱的敏感性；任鲁川(1999)通过构建承灾体脆弱性指标体系，以干旱灾害的脆弱度来测度区域干旱风险。另外，在技术方法运用方面，一些研究将信息扩散论、GIS、遥感等方法技术用于识别干旱灾害的风险程度和等级，进行干旱的评估或进行旱情的适时监测等。这些研究为我国干旱风险评估打下了坚实的基础。

综观国内外干旱灾害风险评估研究发展，其特点可概括为：(1)干旱灾害风险评估在灾害学研究过程中有了很大发展，但与洪涝、地震等灾害风险研究相比，仍显薄弱；(2)干旱灾害风险研究多以区域农业为评估对象，缺少对区域社会、经济、环境构成的复杂系统影响评估的研究；(3)以欧美为主的发达国家开展的全球干旱灾害风险评估工作正在逐步展开；(4)在区域旱灾风险分析技术中多采用基于大数定理等传统概率统计方法；(5)干旱灾害风险研究逐步与信息扩散论、分形理论、混沌理论等相结合，并得到GIS、遥感等一些应用技术的广泛支持。

4.1.3　干旱灾害危险性评估指标

干旱灾害的危险性是指某种强度的干旱灾害发生的可能性，通常由干旱频繁程度和强度共同决定。一般而言，在假设干旱承灾体脆弱性相同的情况下，干旱灾害强度越大，发生频次越高，灾害的危险程度越高，反之，其危险程度越低。

干旱风险评估以历史资料为依据，从干旱强度和频率两个具体内容着手。历史干旱的强度评估是主要内容。在具体的评估指标选择方面，干旱的频率指标选择较为简单，一般多以次/年为统计单位。历史干旱的强度评估指标选择较为复杂，因为干旱影响程度是分对象的，不同承灾体对同一干旱危险性的反应并不一样，如农业处于干旱时，工业或城市则可能不受影响；另外，干旱影响程度是有时间和空间差异的，干旱发生时间不同，影响结果会不一样，如农作物不同生长期缺水对产量影响会有很大差别，在空间上，由于承灾体所处的空间环境组合因子不同，干旱影响程度也不一样，同样的缺水程度，山区与平原农业影响差异明显。

目前，描述干旱强度的指标有很多，有的以降水量作为构建指标的惟一变量，形成单因子干旱评估指数，如降水距平、累积降水距平、缺水成数等，这一类指标突出降水这一主要影响因子来反映干旱变化，意义明确，计算简单，但不能清楚刻画干旱起讫时间，且进行不同的时、空比较时，缺乏统一的标准。有的从水分平衡角度出发，考虑降水、蒸发、土壤水、地表径流、气温等因素对于干旱的影响，形成由多因子构建的复杂干旱指数，如帕默尔干旱指数、作物水分指数、流域干旱指数等，这类指数强调干旱形成的机理和过程，可以较好地反映各因素干旱过程的综合影响，但这类指数往往涉及多个参数，并需要通过试验确定，因此计算过程烦琐，适用范围受到限制。还有的从河流水文变化的角度，用河流年径流量序列负轮长来考察区域干旱程度，这种水文干旱指标指示明确，能较好表达水文变化的过程，但由于平均负轮长的分布具有明显的区域差异，在具体应用时应十分注意。

4.1.4　干旱灾害危险性评估方法

目前，干旱灾害危险性评估方法大致可分以下三类：

(1)图层叠加法。这类方法通过不同致险度指标的叠加来识别干旱危险性水平。有两种表现形式，一种以等级矩阵的方式，最常见的是用致灾频率与灾害程度构建识别矩阵，即将两种指标不同等级程度加以组合，得到干旱灾害致险程度的不同等级。另一种是运用GIS技术，将不同指标以栅格图层的形式在空间上进行叠加表达，结合图形，以简单的代数运算结果识别各级风险区。这类方法计算简单，空间表达效果好，常用来进行干旱风险区划，但这类方法人为主观性较强，难免具有一定的随意性。

(2)模糊数学法。基于风险的不确定性特征，运用模糊数学理论发展起来的一类评估方法，如模糊综合评判法、模糊聚类分析法以及基于信息扩散理论的评价法等，在干旱风险评估中被经常使用。特别是基于信息扩散理论的评价法，由于它可以通过优化利用样本模糊信息来弥补小样本导致的信息不足，因此，近些年来在干旱风险评估中被广泛使用。

(3)产量损失风险评估法。这类方法着眼于干旱影响结果的研究，将损失程度作为干旱强度的主要指标，结合干旱发生的频率进行干旱的致险度分析。如一些研究通常将作物产量分为气候产量(CY_i)、趋势产量(TY_i)、实际产量(AY_i)，$CY_i=AY_i-TY_i$，实际产量已知，趋势产量(考虑了技术进步等因素)可由历史资料拟合获取，进而可求出气候产量，当CY_i为负时则为干旱影响损失的产量,负的绝对值越大,干旱程度越高,由此来评价干旱风险。该方法评估方便,意义明确,但产量往往是多种因素作用的结果,方法中仅以滑动平均的方式消去其他因素对产量的影响,其结果误差需要进一步验证。

4.1.5　干旱灾害脆弱性评估方法

干旱灾害脆弱性评估是对承灾体干旱敏感性和恢复能力的评价,是干旱影响评价和政策形成的中间过程。目前,在区域干旱脆弱性评估中,大多数研究致力于农业脆弱性评估,关于城市和其他方面干旱脆弱性的评估相对较少。因此,以下仅以农业脆弱性评估为例来综述脆弱性评估指标和方法。

农业干旱脆弱性研究中,由于研究对象和尺度不同,大部分研究选取指标的角度也不尽相同。刘兰芳等(2005)从农业系统自身特性、生态环境和社会经济三个方面来选取指标构建评估体系,认为当地的人口、资源和环境组合,农业政策,经济发展水平,水利设施状况,农业科技管理水平,种植业结构等均是影响农业干旱脆弱性的因素。王静爱等(2005)根据干旱灾害过程中不同承灾体对灾害的响应不同,利用压力响应模式构建指标体系。倪深海等(2005)从水资源供给和保证两方面选择人均水资源量、单位耕地面积水资源量以及灌溉保证率等几个指标来评价农业干旱脆弱性。

承灾体脆弱性评估主要包括承载体暴露度、敏感性和应灾能力三个方面的要素指标。承载体暴露度和敏感性指标设置主要考虑农业干旱承灾体的自身特性和所处的生态环境,反映的是农业的自然属性;应灾能力评估指标主要考察灌溉基础设施和社会经济对干旱的影响,反映的是农业的社会属性。总体而言,农业脆弱性评估指标的选取偏重于社会经济因素的作用,在一些社会人文因素研究方面仍稍嫌不足,如商业贸易、保险、技术、政策等一些人文社会指标没有得到很好的体现。因此,农业干旱脆弱性研究应进一步拓宽研究视野,将农业干旱脆弱性置于更为广阔的社会系统中进行研究。

干旱脆弱性评估方法有许多,如图层叠加法、综合指数评估法、模糊综合评判法、灰色关联分析法、层次分析法等,研究中使用较多的是综合指数评估法。综合指数评估法流程简单易懂,意义明确,便于操作,主要难度在于如何选取一套既能反映事实,又能方便获取数据的合适指标体系。

在具体评估模型研究中,最有代表性的是王静爱等(2005)根据我国农业干旱脆弱性形成过程的区域差异,将农业干旱脆弱性模型分成雨养农业的易损-适应模型(RA)、灌溉农业的生产-生活压力模型(IA)和水田农业的需水-灌水模型(PA)。RA 模型以农业为重心,将区域影响农业干旱脆弱性的所有因素分成正、负两部分,分别代表区域环境和农业生产基础条件对农业干旱脆弱性的影响;IA 模型以农业活动为核心,将农业活动分成农业生产和农民生活两个过程,以农业活动所受到的影响(压力)来反映农业干旱的脆弱性;PA 模型主要从水分平衡的角度,以区域水资源保证和供给能力为线索,从耕地需水、灌溉和农业投入三个方面入手评估区域农业的干旱脆弱性,这些模型在我国区域农业脆弱性评估应用中已取得很好的效果。但是,人类社会因素对农业系统的影响是一个高度复杂的非线性问题,这些模型仅以线性方式描述复杂的非线性过程影响,揭示变量(影响指标)脆弱性的影响结果与实际情况会存在一定的差距,这也是目前承灾体脆弱性评估中亟待解决的问题。

随着社会经济对农业生产影响的不断深入,一些社会、经济、技术等方面的因素越来越成为决定农业脆弱性高低的重要因子。有些研究虽已注意到一些社会、人文因子对农业干旱脆弱性的影响，但由于社会、经济、人文因子对农业承灾体的影响涉及复杂的社会调控反馈系统，其中的过程很难量化，为此，区域农业干旱脆弱性评估还需进一步拓宽视野，从多学科、多层次、更为广泛的社会系统去考察，才能把握其干旱脆弱性特征。

4.1.6　干旱灾害风险评估模型

根据目前比较公认的灾害风险形成理论，灾害风险主要取决于四个因素，即致灾因子的危险性、承灾体的暴露性和脆弱性、防灾减灾能力，如图 4.1 所示。

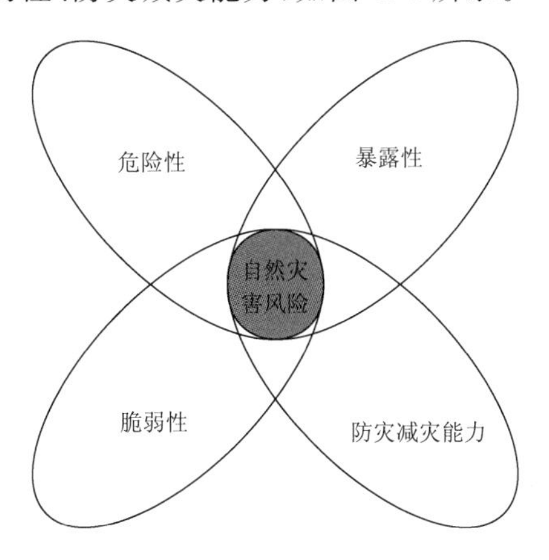

图 4.1　自然灾害风险四要素示意图

灾害风险(R)的形成及其大小，是由致灾因子的危险性(H)、承灾体的暴露性(E)和脆弱性(V)、防灾减灾能力(C)综合影响决定的，即有

$$R=H\cdot E\cdot V\cdot C \tag{4.1}$$

灾害的活动程度即危险性越大，表明灾害活动规模或强度越大，活动频次或概率越高，灾害的可能损失越严重，灾害的风险水平越高；承灾体的种类越多和价值密度越高，对灾害的承受能力越差，灾害造成的损失可能越严重，灾害的风险水平越高；承灾体的易损性越高，抵御灾害能力越差，灾害造成的损失可能越严重，灾害的风险水平越高；防灾、减灾能力越强，灾害造成的损失可能越小，灾害的风险水平越低。

根据上述理论，张继权等(2013)提出了如图 4.2 所示的干旱灾害风险形成机制和概念模型，为建立干旱灾害风险评价指标体系和模型提供了理论依据。

4.1.7　干旱灾害风险评估研究展望

全球变化已成为不争的事实，干旱风险评估应以未来区域的全球变化响应作为其评估的起点，特别是关注全球变化下的区域降水、气温的变化。只有在此基础上，评估结果才有现实意义。

干旱承灾体脆弱性研究仍是未来研究的重点内容。目前，对于承灾体在干旱灾害中的承险过程和机理研究尚不成熟，承灾体脆弱性研究内容并不完善，一些灾害引起的环境学问题、社会心理学问题的研究仍处于起步阶段，这些将是未来研究的重要方向，但也需要相关学科来推动发展。干旱灾害风险研究与信息技术结合是未来研究的必要手段。信息论、控制论、系统论、模糊数学论、分形分维等理论将会进一步推动灾害学的发展，也会使干旱灾害风险研究的

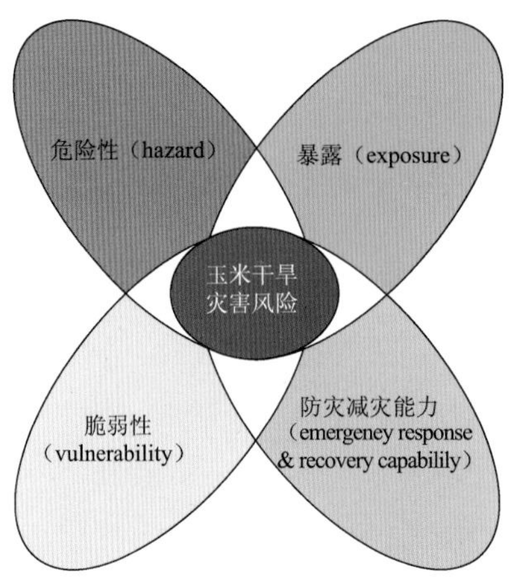

图 4.2　干旱灾害风险形成机制示意图

理论体系更加完善。另外，遥感技术、地理信息系统技术以及一些预测技术的发展将会大幅度提高干旱风险研究的精度。

干旱风险管理系统研究与开发是未来研究的另一个重要课题。干旱风险管理包括干旱风险预测、风险损失评估、风险应对策略、风险民众意识等内容，搞好风险管理是减少风险损失的重要手段。目前，各方面对于干旱风险管理认识不足，大多数部门注重应灾，而忽视防灾，民众风险意识淡漠。因此，如何建立一个从评灾、防灾到应灾的干旱风险评估系统是未来研究的重要课题。

4.2　玉米干旱灾害风险评估模型和方法

4.2.1　玉米干旱灾害风险评估指标体系

玉米干旱灾害的风险形成是多因素综合作用的结果，对于作物干旱来说，除了气候条件外，还有土壤性质、地貌类型、地下水状况、作物本身的需水特征、干旱灾害管理水平、区域的抗旱减灾能力等人为因素都影响其干旱灾害风险的发生及其强度（王春乙，2015a，2015b）。因此，基于图 4.2 所示的玉米干旱灾害风险形成机理，从玉米干旱灾害的发生学角度建立玉米干旱灾害风险概念框架（图 4.3），并在此基础上，选取辽西北作为研究示范对象，建立了玉米干旱灾害风险评价的指标体系（表 4.1）。

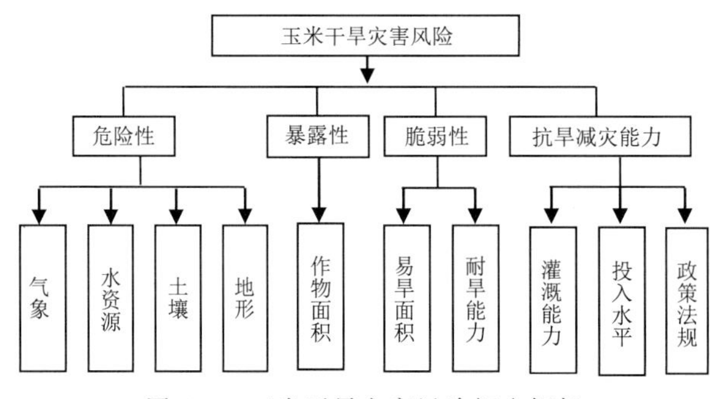

图 4.3　玉米干旱灾害风险概念框架

表 4.1　玉米干旱灾害风险评价指标体系

	因子	副因子	指标
玉米干旱灾害风险评价指标体系	危险性	气象	X_{H1} 4—9月降水量(mm)
			X_{H2} 前期积雪深度(mm)
			X_{H3} 4—9月连续无雨日数(d)
			X_{H4} 蒸发量(mm)
			X_{H5} 干旱指数
			X_{H6} 干旱频率(%)
		水资源	X_{H7} 天然径流量($10^4 m^3/hm^2$)
			X_{H8} 地下水资源量($10^4 m^3/hm^2$)
			X_{H9} 水库供水能力($10^4 m^3/hm^2$)
		土壤	X_{H10} 土壤类型
			X_{H11} 土壤相对湿度(%)
		地形	X_{H12} 地貌类型
	暴露性	作物面积	X_{E1} 作物播种面积(hm^2)
	脆弱性	易旱作物面积	X_{V1} 易旱作物面积与耕地面积比(%)
		耐旱能力	X_{V2} 作物水供需之比(%)
			X_{V3} 作物单产(kg/hm^2)
	抗旱减灾能力	灌溉能力	X_{R1} 电井(眼)
			X_{R2} 耕地灌溉率(%)
		投入水平	X_{R3} 农业抗旱支出(万元)
			X_{R4} 农民人均收入(万元)
			X_{R5} 农业技术人员(人)
		政策法规	X_{R6} 抗旱减灾预案的制定

4.2.2　玉米干旱灾害风险评估模型

玉米干旱灾害风险评价模型(ADRI)是对玉米干旱发生的概率评价和对潜在的损失的综合评价，其大小与危险性、暴露性、脆弱性和抗旱减灾能力有密切关系(Alcántara，2002；姚蓬娟 等，2016)。危险性、暴露性及其脆弱性越大，玉米干旱发生概率及其潜在损失越大，即干旱灾害风险越大；抗旱减灾能力越强，玉米干旱发生概率及其潜在损失越小，即干旱灾害风险越小。根据以上的分析，利用自然灾害风险指数法、加权综合评价法和层次分析法，建立了玉米干旱灾害风险指数，用以表征玉米干旱灾害风险程度，具体计算公式如下：

$$\mathrm{ADRI} = \frac{W_H H(X) \cdot W_E E(X) \cdot W_V V(X)}{1 + W_R R(X)} \tag{4.2}$$

式中，ADRI是玉米干旱灾害风险指数，用于表示玉米干旱灾害风险程度，其值越大，玉米干旱灾害风险程度越大；X 为各评价指标的量化值；$H(X)$、$E(X)$、$V(X)$、$R(X)$的值相应地表示危险性、暴露性、脆弱性和防灾减灾能力大小；W_H、W_E、W_V、W_R 分别为利用层次分析法得到的危险性、暴露性、脆弱性和抗旱减灾能力的权重。

建立的玉米干旱灾害动态风险评估指标体系和模型为进行玉米干旱灾害动态风险评估与区划提供了依据，也可以推广应用到其他农业灾害类型。

4.2.3 玉米干旱灾害风险评估技术路线

玉米干旱灾害风险评估和预警的技术路线如图 4.4。第一步，收集基础数据，调查分析文献，建立干旱风险评估数据库；对典型玉米干旱灾害案例进行分类；制定玉米干旱灾害风险动

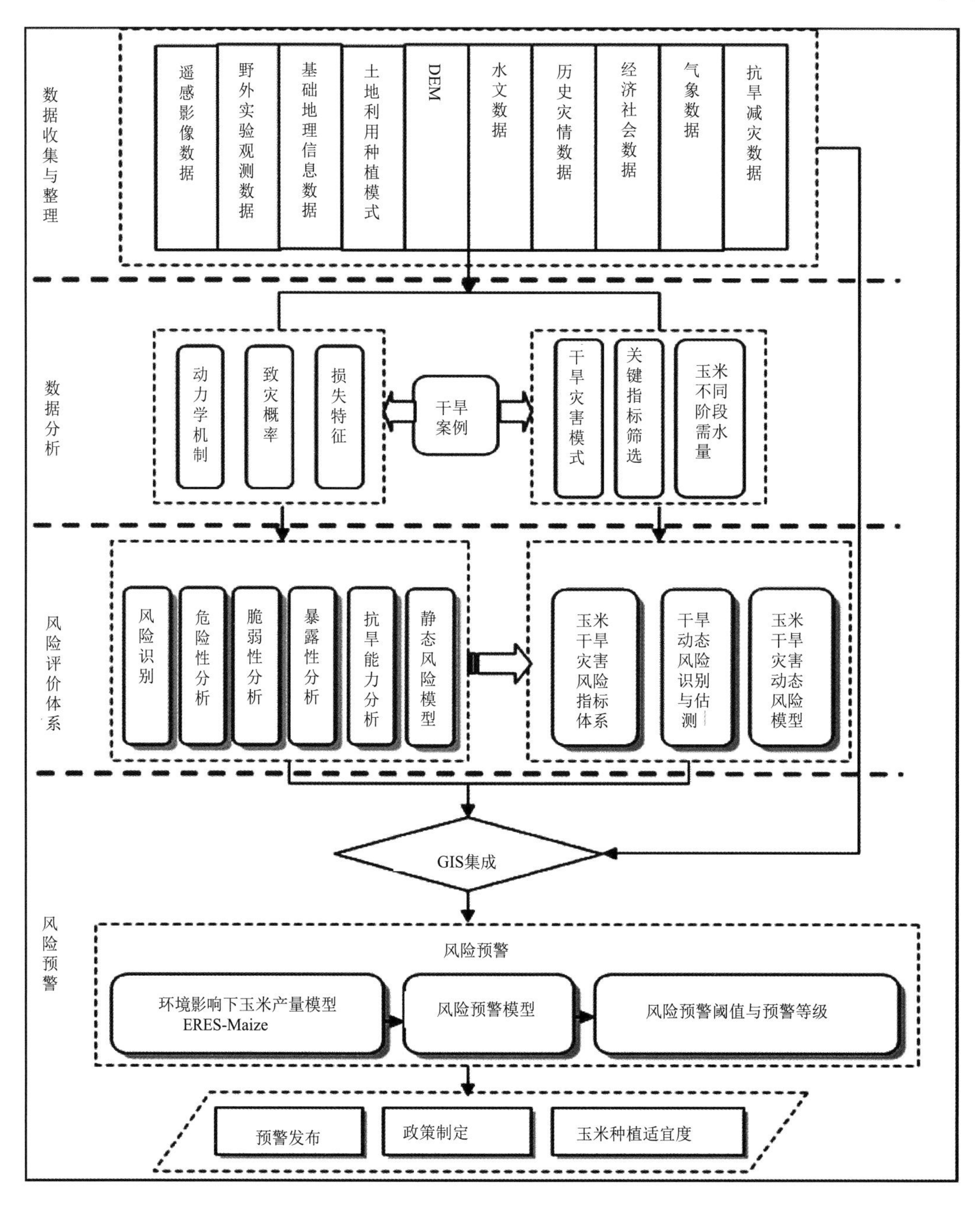

图 4.4 玉米干旱灾害风险评估技术路线

态评估野外定点观测方案；实施定量供水实验方案；开展野外观测及室内测试（光谱测试，大气、土壤水分测试及玉米关键生理指标测试等），分析玉米不同生长阶段的需水量，开展不同生育阶段气象胁迫对农作物关键生理指标影响的研究。

第二步，开展玉米干旱灾害风险快速识别。以地基、空基、天基综合观测站网数据，借助“3S”技术和多源数据挖掘与融合技术，结合野外田间实验、定点观测试验和实验室测试分析和数理分析方法（图4.5），通过对玉米干旱灾害案例的综合分析，从土壤—农作物—大气—水文过程出发，结合区域气候背景和区域抗旱方式，研究玉米干旱灾害的发生、干旱影响程度、玉米品种、所处发育阶段和生长状况及其与玉米干旱灾害风险的关系；分析玉米干旱灾害风险演化的动力学机制；构建玉米干旱灾害风险的概念框架。在上述研究基础上，研究开发玉米干旱灾害风险早期识别、动态分析和区域化模型，构建基于天—空—地一体化的玉米干旱灾害风险快速识别技术。

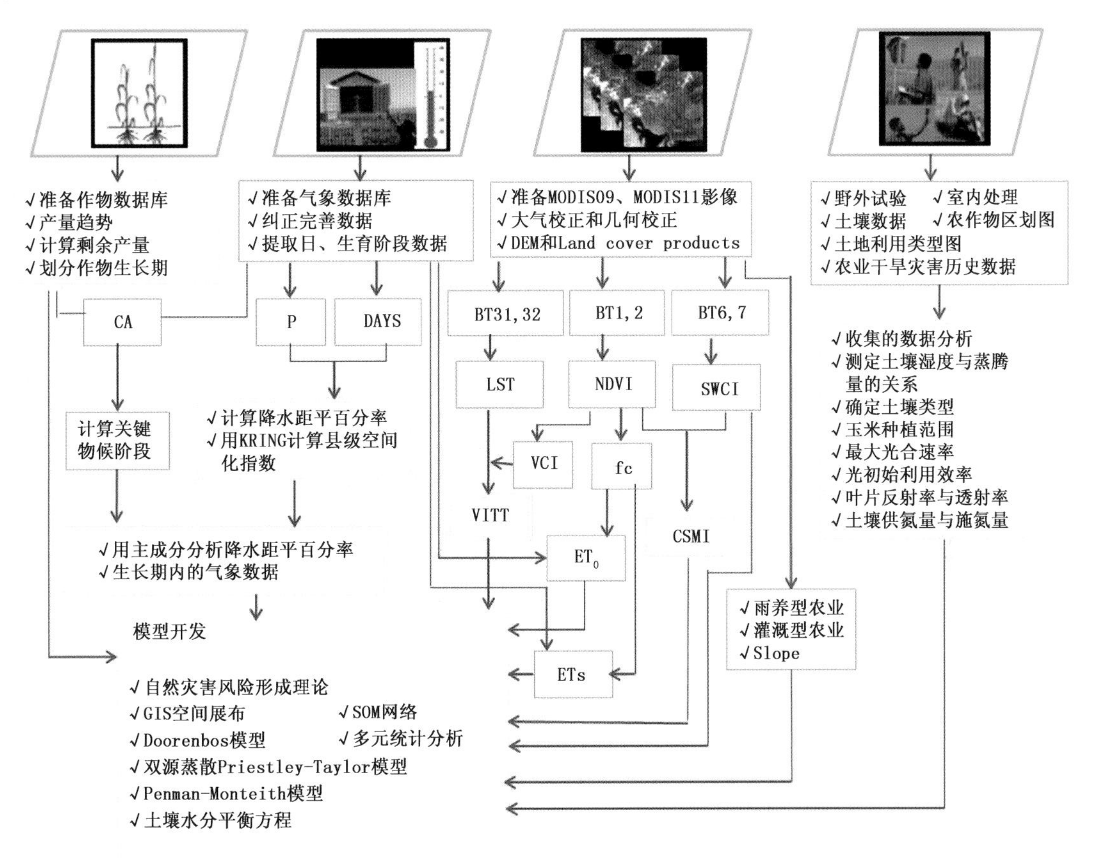

图4.5　多源数据融合技术路线

第三步，开展基于玉米生育全过程的干旱灾害风险动态评估。以农业气象监测、土壤墒情监测、作物生理监测、作物遥感监测为基础，利用作物生长模式、作物种植模式和区域气候模式预测技术，结合野外田间试验、定点观测试验和实验室测试分析，研究作物不同生育期温度和水分等异常气象要素胁迫对玉米生理关键指标的影响，开展基于多源信息的玉米不同生育阶段干旱灾害风险评估。

第四步，开展基于风险动态评估的玉米干旱灾害早期预警。以联合国粮农组织(FAO)推荐的水分-产量关系式为基础，通过野外数据收集与田间水分胁迫模拟试验，建立干旱胁迫下玉米潜在产量损失率模型；构建基于CERES-Maize的不同生育期环境因子影响下玉米产量模型，通过模拟玉米主要的能量合成与能量消耗过程，结合干旱胁迫下潜在产量损失率模型建立干旱胁迫下玉米产量形成模型；以土壤水分平衡和玉米在各生育阶段的需水量为基础，建立玉米灌溉需水量模型；通过对相关数据的动态获取和参数率定，分析和识别玉米干旱灾害风险要素及其风险值与玉米产量构成要素的关系，建立基于玉米干旱灾害风险与玉米产量耦合的风险预警模型，确定玉米干旱灾害风险预警阈值与预警等级；根据风险预警结果，耦合玉米潜在产量损失率模型和灌溉需水量模型，建立玉米抗旱减灾灌溉优化模型。干旱灾害风险预警不仅包括玉米干旱灾害风险的识别、风险评估、警报判断和预警定级，还提出了风险规避对策，实现玉米干旱灾害风险评估、预警和抗旱减灾灌溉优化决策一体化。

第5章　玉米干旱胁迫试验及脆弱性评价

5.1　玉米干旱水分胁迫试验和数据收集

5.1.1　玉米干旱水分胁迫试验

在辽宁锦州，河北0栾城，吉林农安、榆树、白城等地开展实地考察和野外实验观测，并利用CERES-Maize作物生长模型对玉米主要生理指标进行模拟（董姝娜 等，2014；庞泽源 等，2014）。在东北平原选择干旱对玉米影响作为研究案例，进行作物水分胁迫模拟实验示范研究（图5.1、5.2、5.3）。试验内容包括大面积土壤墒情实验，不同生育阶段玉米LAI指数测定实

图5.1　人工玉米干旱胁迫控制实验场

验，玉米灌浆过程田间实验，不同生育阶段玉米生物量、粒重实验，运用 CERES-Maize 模型对玉米主要生理指标进行模拟。

图 5.2　不同生育阶段玉米光合速率测定

图 5.3　不同生育阶段生物量、粒重实验

(1)在吉林榆树、白城，辽宁锦州等实验基地，开展土壤墒情实时动态监测，获得土壤有效水分储存量及土壤湿度观测值(图 5.4)。

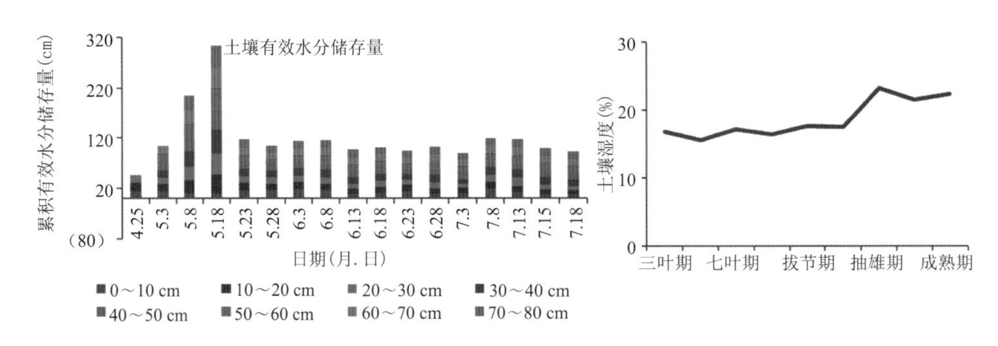

图 5.4　土壤湿度及土壤特征观测

(2)运用植物冠层分析仪精确测定不同生育阶段的叶面积指数，分析玉米叶面积指数和生长率的关系(图 5.5)。

(3)采集玉米不同生育阶段的茎、叶、鞘等主要生理器官，进行烘干实验，测定植株的生长速率以及干物重变化情况(图 5.6)。

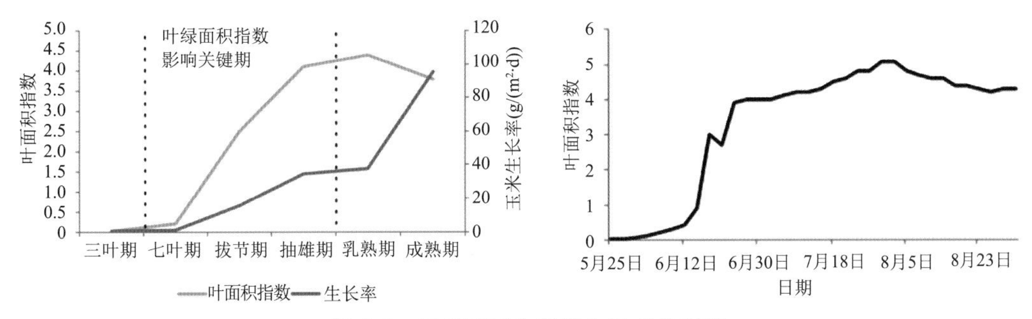

图 5.5 玉米不同生育期 LAI 指数观测

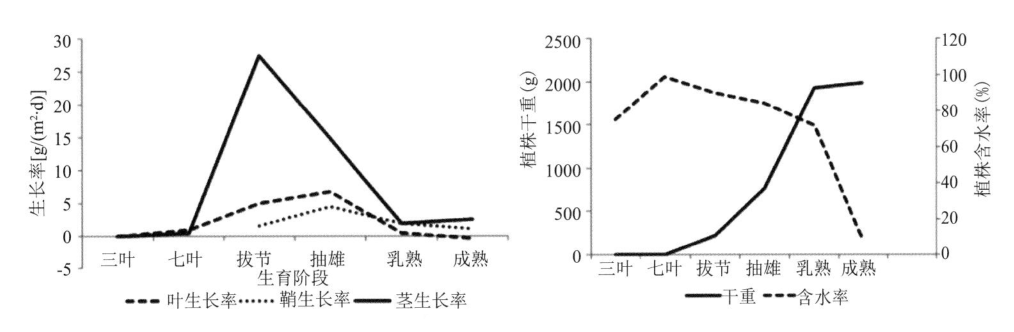

图 5.6 玉米不同生育期生物量观测

(4)在玉米灌浆期后,每隔 5 d 进行采样、处理、烘干,测定灌浆速率,野外调查/样品采集 10 次,共采集 80 个样本(图 5.7)。

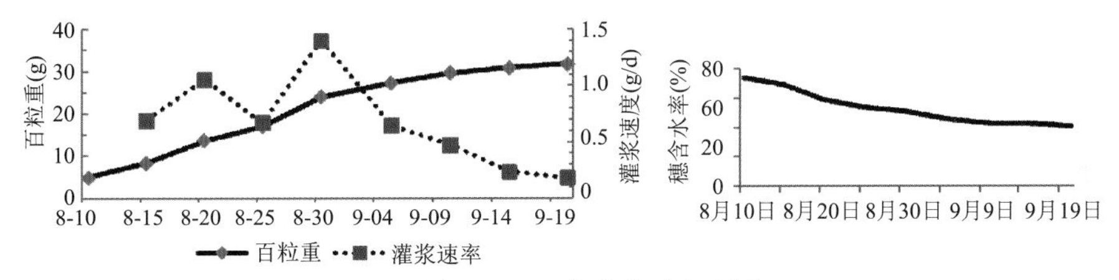

图 5.7 玉米灌浆过程观测

(5)在白城、榆树实验站测量获取玉米表面光谱特征以及热红外光谱特征等(图 5.8)。

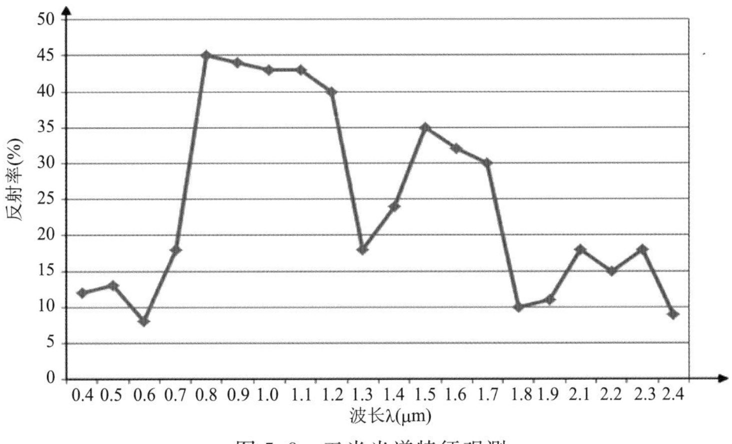

图 5.8 玉米光谱特征观测

5.1.2 农业干旱灾害数据库建设

收集整理了研究示范区辽西北、吉林西部地区以及黑龙江省西南地区的相关研究数据，构建了基于GIS的农业干旱灾害数据库(图5.9)，并将数据以统计资料、分析报告和图件资料的形式存储于数据库中进行管理。数据主要包括气象数据(降雨量、连续无降水日数、水分供求差、相对蒸散量、干旱指数等)；水文数据(地表水、地下水、积雪厚度、径流、降水和水库蓄水等)；基础地理数据(海拔、坡度、地形)；生态环境特征数据(水土流失率、农田受旱率、森林覆盖率等)；土壤特征数据(土壤质地、土壤墒情、土壤水分亏缺量等)；作物特征数据(作物类型、品种、需水量、缺水等)；水利工程与灌溉设施数据(工程类型、供水情况等)；社会经济数据(总人口、人口密度、农业人口、农业生产总值、人均产值、农作物播种面积、产量、单位耕地面积生产总值、农民人均GDP等)；干旱管理(抗旱管理水平的政策、法令的完善程度和执行能力、抗旱剂、坐水种、种植结构、耕作制度、抗旱水资源工程投资、扩灌面积、化肥等投入、饮水井、机动抗旱设备、机动运水车辆、水库蓄水率、耕地灌溉率等资源准备等)；旱灾灾情数据(旱灾发生频率、受灾面积、成灾面积、绝收面积、减产等)；空间数据：遥感数据、地形图(DEM)、作物区划图、土地利用图等。

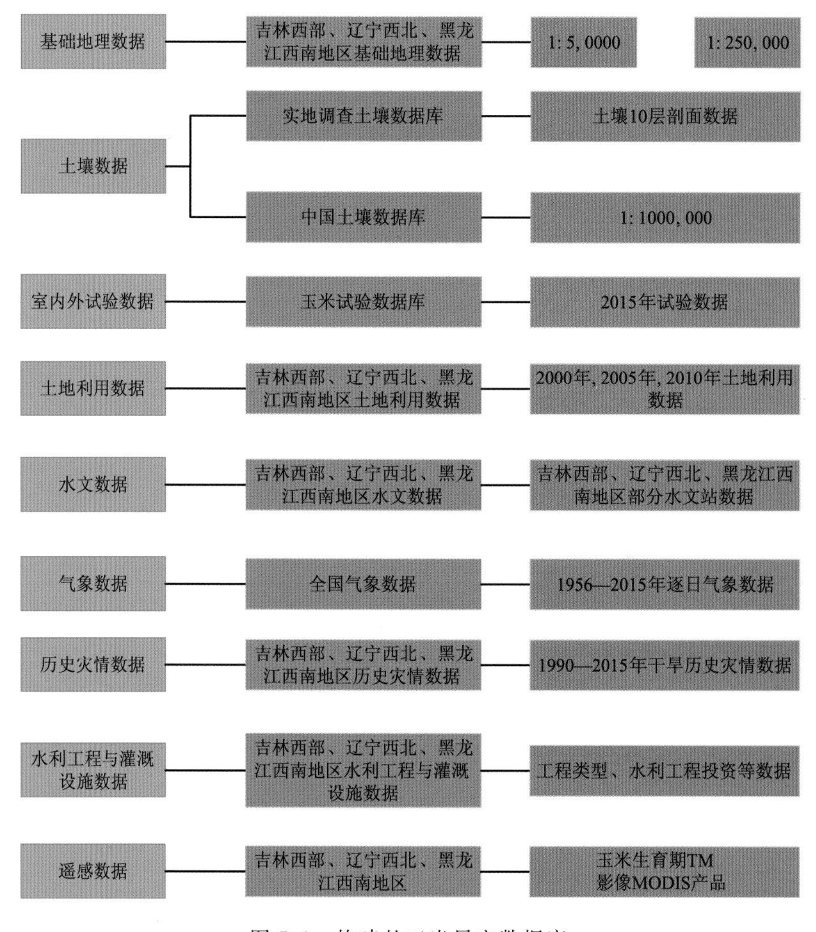

图5.9　构建的玉米旱灾数据库

5.2 基于CERES-Maize模型的吉林西部玉米干旱脆弱性曲线研究

在全面收集研究区气象、土壤、土地类型、田间管理数据等资料的基础上，以吉林西部玉米干旱灾害作为研究对象，选取了2001年、2002年、2004年以及2006—2009年7个干旱年案例，将这7年的干旱致灾强度作为输入，运用CERES-Maize模型，模拟和计算出不同干旱致灾强度下不同生育期对最终产量起主要影响的关键指标的损失率，并且拟合出脆弱性曲线。

5.2.1 CERES-Maize模型介绍

在玉米研究领域中应用比较多的模型是CERES-Maize，此模型是DSSAT模型中的一部分。DSSAT是在农业技术转移国际基准网(International Benchmark Sites Network for Agro-technology Transfer，IBSNAT)项目支持下，由美国农业部组织佛罗里达州立大学、佐治亚州立大学等高校和国际上的相关研究机构联合开发的一个计算机模型，其中的谷类作物模型为CERES系列模型，模型中可以模拟的作物包括玉米、小麦、水稻等(Abedinpour，2012；Boomiraj，2012)。DSSAT模型具有功能比较全面、操作简便以及应用范围比较广的优点。从20世纪80年代开始，DSSAT在世界许多国家进行了评估和应用，经过长期的改进和完善，模拟的准确程度得到了很大的提高。DSSAT的应用主要包括以下几方面：诊断产量相关问题、精准农业、水分和灌溉管理、土壤肥力管理、作物育种、作物管理中的产量预测、气候变化预测与管理措施适用性、气候变化、土壤碳库、陆地应用改变分析、预警、生物燃料生产、风险分析等。在模拟玉米生育和生产管理方面，该模型研究得比较深入，能以日为步长动态地、定量地描述玉米生长发育过程和产量形成，以及土壤水分、氮素的动态变化过程，通过模拟玉米干物质累积与分配、叶面积与根系扩大、分阶段发育来计算每平方米穗数、穗粒数和粒重，最后获得玉米经济产量。该模型是迄今为止描述“玉米-土壤-气候-管理”系统最复杂的模型，包含300多个变量和250多个方程式。

CERES-Maize作物生长模型运行主要需要气象、土壤、耕种管理等数据(表5.1)。CERES-Maize模型所需的以日为单位的气象数据包括最高气温、最低气温、降水量、太阳辐射，数据来自于研究区气象站点的观测。模型所需的土壤属性数据来自于FAO提供的土壤数据集。耕作管理制度采用热量控制单元自动实施，在进行模拟试验时将施肥设定为自动施肥，病虫害管理也采用自动设置，做到对作物产量不产生影响。

表5.1 CERES-Maize模型基础数据库列表

数据库名称	数据内容	数据来源	数据时段
地面气象观测数据库	吉林西部8个气象站点逐日数据：降水量、最高气温、最低气温、日照时数	中国气象局国家气象信息中心	1960—2012年
中国土地利用图	1:100万土地利用数据，包括水田、旱地、草地、林地等	中国科学院	2000年
土壤理化属性数据库	包括土层分布、机械组成和有机碳含量等	联合国粮农组织(FAO)；《吉林土壤》	1998年

续表

数据库名称	数据内容	数据来源	数据时段
农作物田间观测数据库	白城观测站玉米生长发育过程数据	吉林省农业科学研究院	2008—2012 年
吉林西部分县统计农业数据库	各市、县玉米产量、化肥施用量等	《吉林省统计年鉴》	2000—2012 年

5.2.2　玉米作物参数的确定和模型空间尺度的校验

检验 CERES-Maize 模型在吉林西部的适应性和模拟能力。在模型运行过程中，作物的遗传参数直接影响到模拟效果，因此确定作物参数尤为重要。选取吉林西部种植面积较大的“郑单 958”品种作为代表性作物，进行作物遗传参数的本地化。按照模型所需要的数据，将白城实验点 2008—2012 年的日气象数据、土壤数据和这 5 年的田间管理数据输入设置好的站点 CERES-Maize 模型中，将输出的作物产量与在白城实验点实际测得的作物产量进行拟合。通过反复运行模型，运用遗传算法调整主要参数值，直到模拟值与实测值在趋势上比较一致，数值也比较接近(图 5.10)，最后拟合的平均误差为 0.095。基于校验好的遗传参数和已有的基本输入数据，对研究区 8 个站点 2007 年的统计产量和模型模拟的产量进行对比验证(图 5.11)，相关系数为 0.8969，说明模型在空间尺度上的精度已经达到了满意水平。

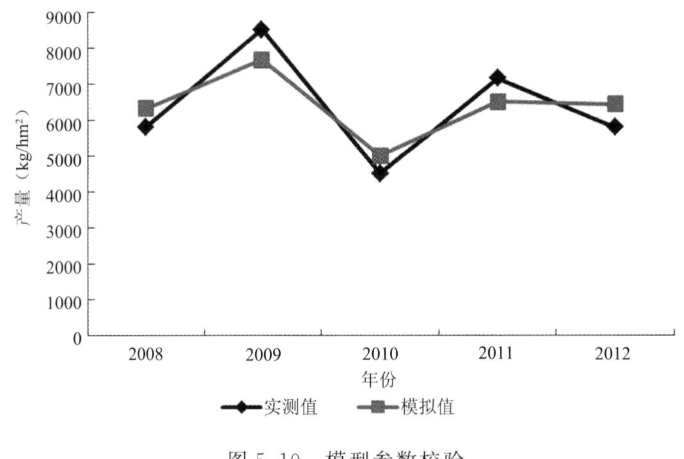

图 5.10　模型参数校验

5.2.3　脆弱性曲线的概念

自然灾害风险是灾害损失的可能性，主要取决于致灾因子、脆弱性、暴露性以及防灾减灾能力四个因素(Challinor et al，2009；张继权，2012)。脆弱性可以衡量承灾体遭受损害的程度，是灾损估算和风险评估的重要环节，是联系致灾因子与灾情的桥梁(Cutter，2003；石勇等，2011；胡定军，2012；龙鑫，2010)。当承灾体脆弱性侧重于因灾造成的灾情水平时，脆弱性通常可用致灾(h)与成害(d)的关系曲线来表示，该曲线又叫脆弱性曲线或灾损(率)曲线(函数)，可以用来衡量不同灾种的强度与其相应损失(率)的关系。

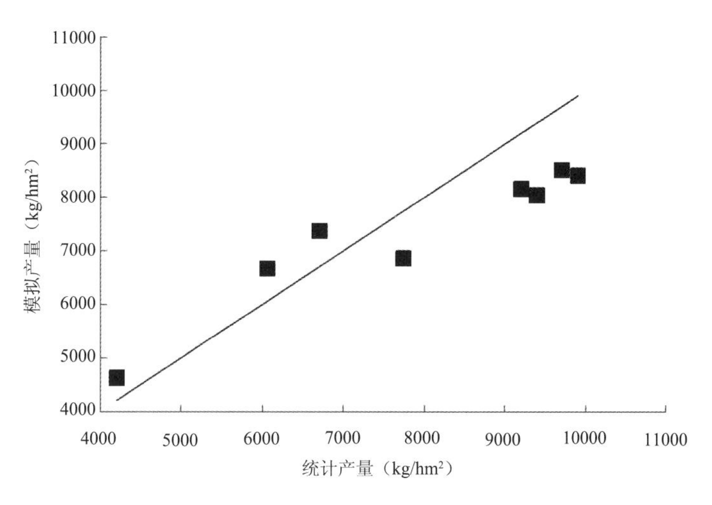

图 5.11　模型空间尺度校验

5.2.4　基于 CERES-Maize 模型的计算流程

（1）干旱致灾强度评价

采取将 CERES-Maize 模型进行空间栅格化运行的模式，在雨养条件下，通过模型模拟研究区内 5 km 网格单元上玉米的生长过程。将水分胁迫作为描述干旱致灾因子强度的主要因子。水分胁迫的大小和胁迫的天数共同影响作物在一个生育期内的干旱强度，因此，从模型雨养条件下的日输出结果中提取每个生育期内受水分胁迫影响的当天的水分胁迫值和天数，构建 HI 指数作为玉米旱灾致灾因子评价的指标：

$$\mathrm{HI}_{xy}=\frac{\sum_{i=1}^{n}(1-Z_i)-\min Z_i}{\max Z_i-\min Z_i} \tag{5.1}$$

$$Z_i=P/\mathrm{ET}_C \tag{5.2}$$

$$\mathrm{ET}_C=K_C\times \mathrm{ET}_0 \tag{5.3}$$

$$\mathrm{ET}_0=\frac{0.408\Delta(R_n-G)+900\gamma\cdot(e_s-e_a)/(T+273)}{\Delta+\gamma(1+0.34u_2)} \tag{5.4}$$

式中，HI_{xy} 为 x 年第 y 网格的干旱致灾强度指数，Z_i 为第 i 天受水分胁迫影响的当天的胁迫值，n 为生育期内受水分胁迫影响的天数，$\max Z_i$ 和 $\min Z_i$ 分别为所模拟的某一网格所有模拟年份内 $\sum_{i=1}^{n}(1-Z_i)$ 的最大值和最小值，P 为逐日降水量，ET_C 为潜在蒸散量，K_C 为玉米某时段的作物系数，ET_0 为逐日参考作物蒸散量（mm/d），采用 Penman-Monteith 公式计算，R_n 为地表净辐射，G 为土壤通量[MJ/(m² · d)]，T 为日平均气温（℃），u_2 为距地表 2 m 高处风速（m/s），e_s 为饱和水汽压（kPa），e_a 为实际水汽压（kPa），Δ 为饱和水汽压曲线斜率（kPa/℃），γ 为干湿表常数（kPa/℃）。

（2）不同生育期损失指标的选取

根据我国学者在水分胁迫对玉米影响方面的研究，分别选取每个生育期对最终产量起主要影响的关键指标作为因旱损失指标。因为一般情况下都能保证出苗，所以从出苗以后开始研究。出苗—拔节期，玉米植株矮小，生长缓慢，叶片蒸腾少，耗水量较少，这一时期如果水分胁迫过重或蹲苗时间过长，都会抑制玉米的生长发育，形成弱苗，延迟生育期，变成小老苗。叶面指数(LAI)控制植被的各种生物、物理过程，如光合作用、呼吸作用、植被蒸腾、碳循环和降雨截留等，因此这一生育期选择 LAI 作为因旱损失指标。拔节—抽雄期，是玉米生长最旺盛的阶段，植株的生理机能加强，雄、雌蕊逐渐分化形成，同时气温上升明显，无论是田间蒸发还是植株蒸腾，水分消耗都变得十分强烈，该期遭遇干旱会严重影响玉米小穗小花分化，降低形成籽粒的数量。籽粒的数量是形成最终产量的要素之一，因此这一生育期选择籽粒的数量作为因旱损失指标。抽雄—乳熟期，是玉米对水分最敏感的时期，对水分的需求更加迫切。此期干旱，易造成植株早衰，叶片的光合速率下降，花粉和花丝的寿命缩短，授粉受精条件恶化，秃顶缺粒现象严重，最终导致籽粒不饱满而严重减产，因此这一生育期选择粒重作为因旱损失指标。乳熟—成熟期，是玉米生长发育的后期，也是产量形成的关键时期，适宜的水分供给十分重要。这一时期玉米植株的光合作用和蒸腾作用仍在旺盛地进行，大量的营养物质从茎叶向果穗中运输，这些生理活动都必须在适宜的水分条件下才能顺利进行。适宜的水分条件能延长和增强绿叶的光合作用，促进灌浆饱满。反之，会使叶片过早衰老，同化物供应不足，胚乳细胞分裂受抑制，籽粒有效灌浆期缩短，导致源不足，流不畅，造成粒重降低，最终影响产量和质量，因此这一生育期也选择粒重作为因旱损失指标。运行模型时，先控制养分、通气性以及病虫害等胁迫，使得水分是惟一胁迫因素，然后设定在完全满足养分、水分(M1 情景)和完全满足养分且雨养即不灌溉(M2 情景)状态下，分别进行模拟，可认为达到了排除温度胁迫对作物生长的影响，即 M1 情景下与 M2 情景下不同生育期相应指标的差值为受干旱影响的损失程度。利用每个网格 M1 情景下某一生育期某一指标的数值减去 M2 情景下相应的数值作为受干旱影响的损失，该值与该网格的多年最大数值的比率作为相应指标的损失率，即

$$S_{xy}=\frac{Y_1-Y_2}{\max Y_1} \tag{5.5}$$

式中，S_{xy} 为 x 年第 y 网格的某一生育期某一指标因旱损失率；Y_1 和 Y_2 分别为 M1 和 M2 情景下的某一指标的数值；$\max Y_1$ 为该网格所模拟年份中 M1 情景下的某一指标的最大值。

5.2.5　玉米不同生育期干旱脆弱性模型构建及评价分析

由于“郑单 958”是 2001 年开始重点推广的品种，因此在参考以往历史的灾情数据时，选取了 2001 年以来的 2001 年、2002 年、2004 年以及 2006—2009 年 7 个案例干旱年，将这 7 年的干旱致灾强度作为输入，运用 CERES-Maize 模型，模拟出不同干旱致灾强度下不同生育期对最终产量起主要影响的关键指标的损失率，并且拟合出自然脆弱性曲线(图 5.12～5.15)，每个生育期都通过了 $\alpha=0.05$ 的 F 检验(4 个生育期的 R^2 值分别为 0.8592、0.6994、0.662、0.7304，$P<0.05$)。整体而言，在 4 个生育期中，随着干旱致灾强度的增大，相应指标的损失率都呈上升趋势。从图 5.12 中可以看出，出苗—拔节期各个致灾强度的干旱均有发生，干旱致灾强度达到 0.5 以上时，LAI 的损失率才显著上升。从图 5.13 中可以看出，拔节—抽雄期只要受到干旱不论强度如何都会对穗粒数造成较大的损失，而且随着致灾强度的增大，损失率越来越大，说明这一时期玉米植株对水分胁迫比较敏感。从图 5.14 中可以看出，抽雄—乳熟期干旱致灾强度在 0.5 以上的点居多，说明即使降水主要集中在这一时期，但是由于这一时期是玉米需水的高峰期，降水仍然很难满足玉米充分生长的需要，当干旱致灾强度大于 0.5 时，

粒重的损失率迅速升高。从图 5.15 中可以看出，乳熟—成熟期干旱致灾强度在 0.5 以上的点占大多数，这与吉林西部降水主要集中在 7—8 月，进入 9 月后降水减少是相符的，在这一时期受到干旱胁迫仍然会造成粒重的损失，影响最终的产量，因此农谚有“前旱不算旱，后旱减一半”之说。根据不同生育期对最终产量起主要影响的关键指标和模型模拟出的各网格在案例年内的两种情景下的玉米产量，计算并选取相应年份的玉米因旱减产损失率与各个生育期相应指标的脆弱性进行相关分析，得到玉米的出苗—拔节期、拔节—抽雄期、抽雄—乳熟期、乳熟—成熟期的指数关系式：

$$y_1=0.0246e^{7.6199x}\quad(R^2=0.4245\quad P<0.05\quad \text{达到显著水平})\tag{5.6}$$

$$y_2=0.2624e^{1.7603x}\quad(R^2=0.6034\quad P<0.05\quad \text{达到显著水平})\tag{5.7}$$

$$y_3=0.0813e^{6.0579x}\quad(R^2=0.6327\quad P<0.05\quad \text{达到显著水平})\tag{5.8}$$

$$y_4=0.095e^{5.4048x}\quad(R^2=0.5055\quad P<0.05\quad \text{达到显著水平})\tag{5.9}$$

证明所选的不同生育期对最终产量起主要影响的关键指标能够较好地反映玉米不同生育期的脆弱性。在出苗—拔节期、拔节—抽雄期、抽雄—乳熟期、乳熟—成熟期相关系数分别达到 0.4245、0.6034、0.6327、0.5055，显然抽雄—乳熟期玉米的干旱脆弱性最严重，其次是拔节—抽雄期、抽雄—乳熟期，出苗—拔节期相对较轻。

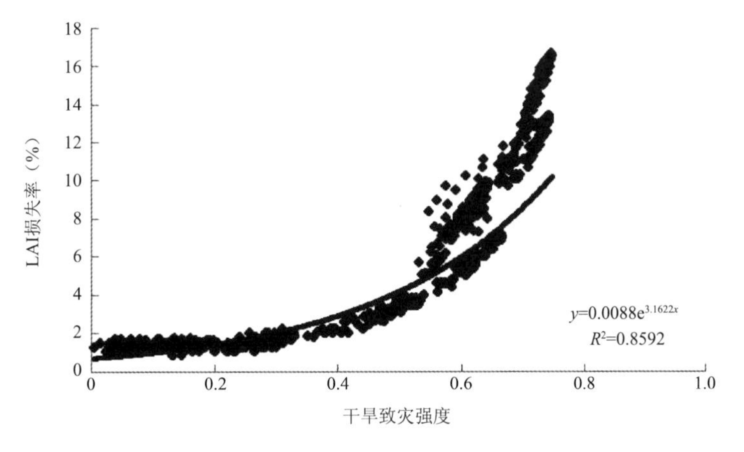

图 5.12　出苗—拔节期脆弱性曲线

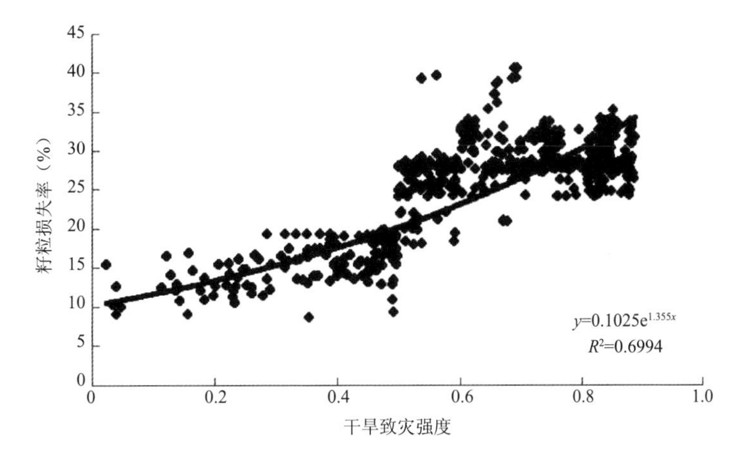

图 5.13　拔节—抽雄期脆弱性曲线

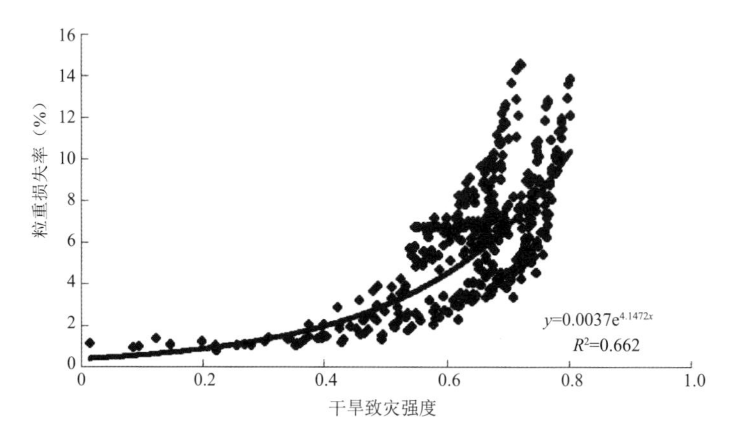

图 5.14　抽雄—乳熟期脆弱性曲线

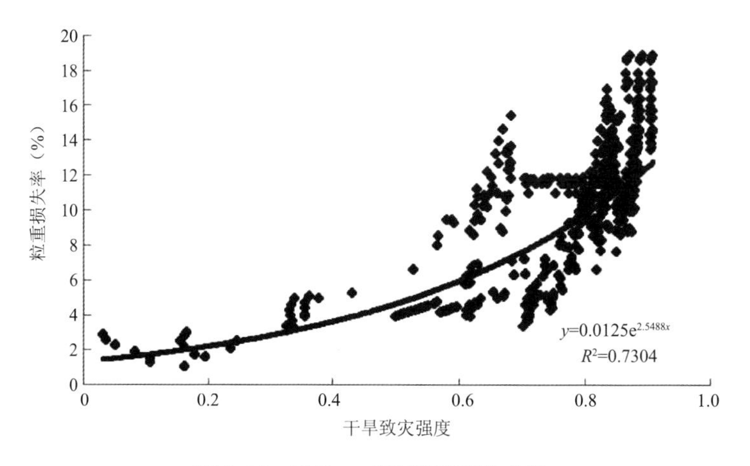

图 5.15　乳熟—成熟期脆弱性曲线

玉米干旱脆弱性的强、弱是影响玉米因旱减产的主要原因之一，近些年越来越引起学者们的关注。这里打破了主要应用最终产量和干旱的关系来建立脆弱性曲线的传统方法，应用CERES-Maize模型以日为步长逐网格地模拟吉林西部玉米的生长过程，并通过野外试验对模型进行校正，选择了不同生育期对玉米干旱脆弱性产生影响的关键指标，在指标的处理上更加接近玉米生理特性，在计算不同生育期致灾强度的基础上，建立了不同生育期相应指标的干旱脆弱性曲线，使得对玉米脆弱性的研究更加细化。运用此方法对7个案例干旱年进行了研究，结果表明得到的不同生育期关键指标的脆弱性和玉米最终产量减产率存在着明显的相关，达到了检验显著水平，可以用来评价和预测玉米干旱脆弱性以及因干旱造成的玉米产量损失。从相关系数以及脆弱性曲线中可以看出，抽雄—乳熟期和拔节—抽雄期干旱是导致玉米减产的主要原因，因此应着重加大抽雄—乳熟期和拔节—抽雄期防灾减灾的投入。

5.2.6　吉林西部典型干旱年玉米不同生育期干旱脆弱性分析

选取2004年、2006年以及2007年3个案例干旱年，将这3年的干旱致灾强度作为输入，运行CERES-Maize模型，模拟出不同干旱致灾强度下不同生育期对最终产量起主要影响的关键指标的损失率，并且拟合出自然脆弱性曲线，通过玉米干旱脆弱性评价模型，得到3个典型干旱年份的吉林省西部地区玉米不同生育期干旱脆弱性等级空间分布。从整体上来看，3 年中玉米干旱脆弱性较强的区域主要集中在白城洮北、洮南、镇赉等地区，各个生育期发生重度以及严重脆弱性概率较高，与此相对应，研究区玉米干旱脆弱性较弱的区域主要集中在松原宁江、扶余等地区，各个生育期发生轻度或中度脆弱性概率较高。从整个生育期来看，随着玉米的生长，发生重度及以上脆弱性的区域在不断扩大，发生中度及以下脆弱性的区域在不断减小，以 2004 年为例(图 5.16)，各个生育期重度及以上脆弱性的区域分别占 17.8%、26.8%、31.6%、31.9%。从各个生育期来看，出苗—拔节期，2004 年轻脆弱性区域所占面积最大，2006 年和 2007 年研究区大部分区域为轻脆弱性或中度脆弱性，3 年都轻脆弱性的区域主要集中在松原宁江区、前郭县以及白城洮南市的西北部；拔节—抽雄期，2004 年中脆弱性区域所占面积最大，2006 年(图 5.17)和 2007 年(图 5.18)重脆弱性区域所占面积最大。抽雄—乳熟期，2004 年和 2006 年中脆弱性区域所占面积最大，2007 年重脆弱性及严重脆弱性区域达到了 77.1%；乳熟—成熟期，2004 年轻、中、重及以上脆弱性区域面积分别为 32.9%、39.2%、31.9%，2006 年轻脆弱性以上的区域所占面积较大，2007 年重脆弱性及严重脆弱性区域达到了 83.1%。以上结果与历史灾情以及研究区典型干旱年玉米不同生育期缺水情况比较吻合。

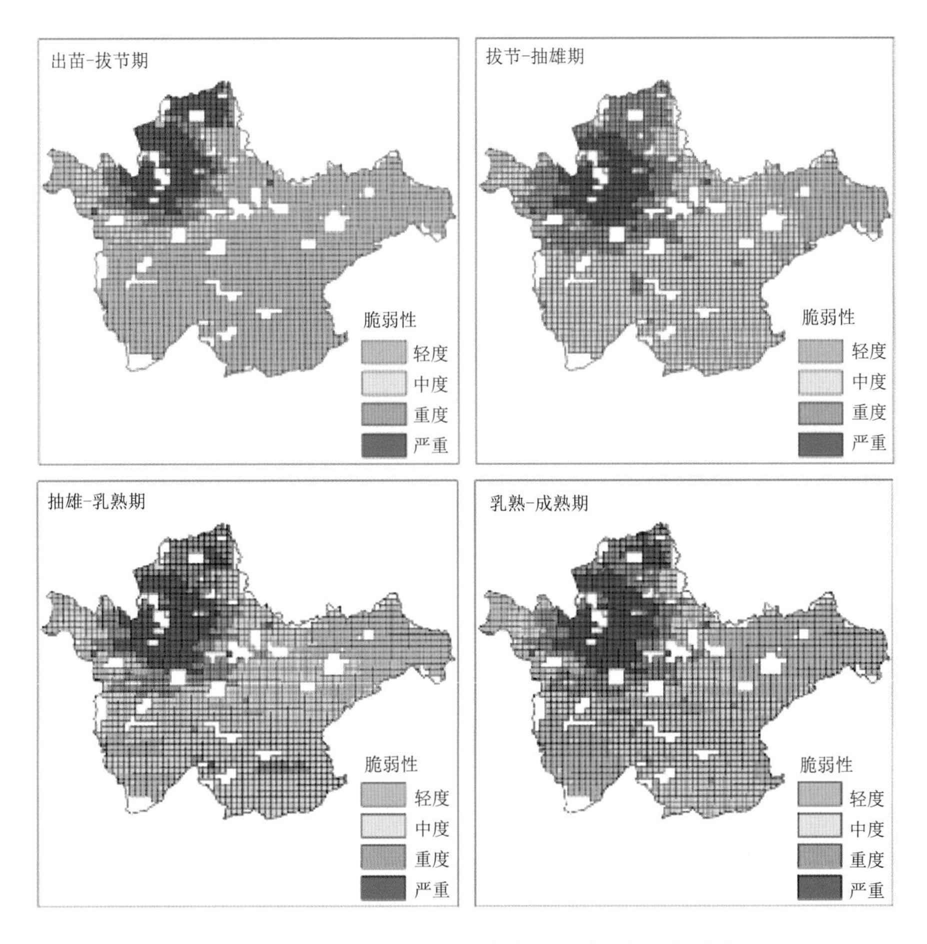

图 5.16　2004 年玉米不同生育期干旱脆弱性空间分布

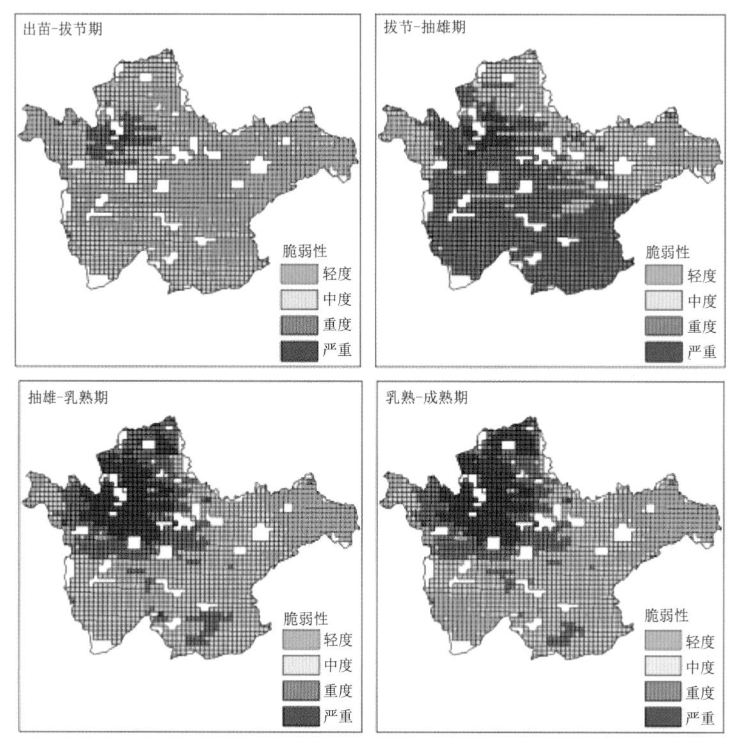

图 5.17　2006 年玉米不同生育期干旱脆弱性空间分布

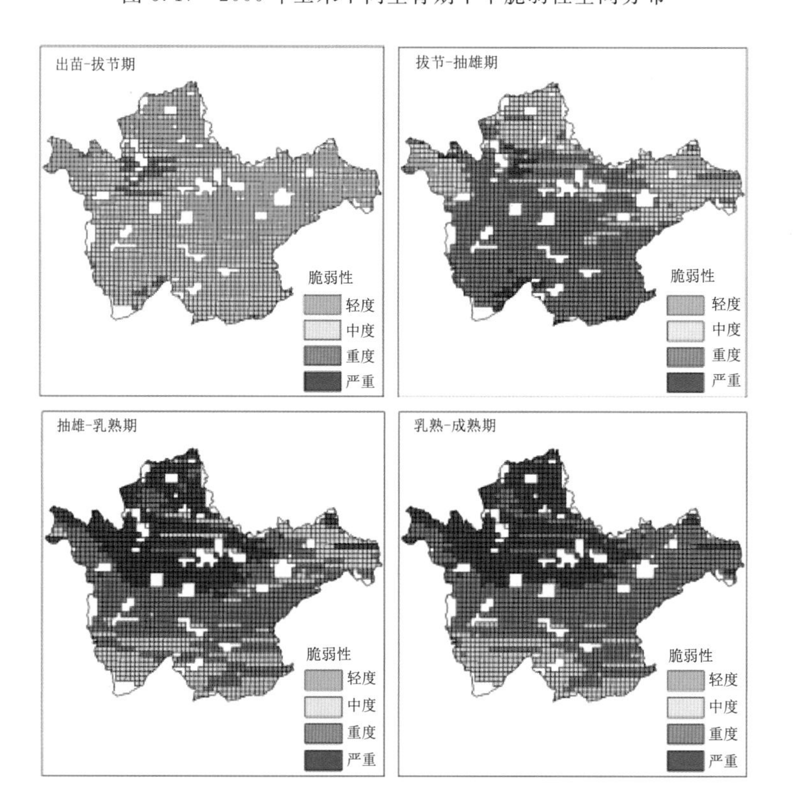

图 5.18　2007 年玉米不同生育期干旱脆弱性空间分布

第 6 章　中国北方地区农业干旱灾害风险评估

6.1　中国北方农业干旱脆弱性分析

6.1.1　评价指标体系的建立

通过分析中国北方地区农业干旱风险特征，基于全面性、系统性和可操作性原则构建了干旱脆弱性评价指标体系（表 6.1）。水资源脆弱性主要选择了单位面积地表水资源量、地下水资源量和年均降水量作为评价指标，这些指标主要反映了一个地区可供利用或有可能被利用的水资源数量，其数量越大，水资源脆弱性越低。经济脆弱性主要选择了人均地区生产总值、第一产业和第一产业增加值在经济中的比重以及农村居民自身收入情况作为评价指标，人均地区生产总值和农村居民人均纯收入越高，抵御干旱风险的能力越强，脆弱性程度越低，第一产业所占比重和第一产业增加值占地区总产值比重越高，说明该地区经济结构中以利用自然力为主，生产不必经过深度加工就可消费的产品或工业原料的比例越高，对自然环境的依赖性

表 6.1　研究区干旱脆弱性评价指标

<table>
<tr><th>目标层</th><th>准则层</th><th>指标层</th></tr>
<tr><td rowspan="16">北方农业干旱脆弱性</td><td rowspan="3">水资源脆弱性</td><td>地表水资源/总面积(X_1)</td></tr>
<tr><td>地下水资源/总面积(X_2)</td></tr>
<tr><td>年平均降水量(X_3)</td></tr>
<tr><td rowspan="4">经济脆弱性</td><td>人均地区生产总值(X_4)</td></tr>
<tr><td>第一产业所占比重(X_5)</td></tr>
<tr><td>第一产业增加值占地区总产值比重(X_6)</td></tr>
<tr><td>农村居民家庭平均每人纯收入(X_7)</td></tr>
<tr><td rowspan="2">社会脆弱性</td><td>人口密度(X_8)</td></tr>
<tr><td>乡村人口/总人口(X_9)</td></tr>
<tr><td rowspan="4">农业脆弱性</td><td>旱地比例(X_{10})</td></tr>
<tr><td>农作物播种面积/总面积(X_{11})</td></tr>
<tr><td>夏收粮食单产(X_{12})</td></tr>
<tr><td>秋收粮食单产(X_{13})</td></tr>
<tr><td rowspan="3">防旱抗旱能力脆弱性</td><td>耕地灌溉面积/耕地面积(X_{14})</td></tr>
<tr><td>节水灌溉面积/耕地面积(X_{15})</td></tr>
<tr><td>水库库容/总面积(X_{16})</td></tr>
</table>

越强，脆弱性程度越高。社会脆弱性主要选择了人口密度和乡村人口比例作为评价指标，人口密度越高，对水资源的需求量越大，并会由此产生各种内部摩擦，脆弱性程度增大，乡村人口所占比例反映了一个地区的城镇化水平，该比例越高，说明城镇化水平越低，对农业的依赖性越强，脆弱性程度越高。农业脆弱性主要选择了旱地比例、农作物播种面积比例和粮食单产作为评价指标，旱地比例越高，说明该地区耕地的灌溉率越低，农业生产对天然降水的依赖性越强，脆弱性越高，农作物播种面积比例和单位面积产量越高，说明暴露在干旱风险下的农业价值越高，脆弱性越高。防旱、抗旱能力脆弱性选择了耕地灌溉率、节水灌溉率和单位面积水库库容作为评价指标，耕地灌溉率反映了耕地质量和农村水利水电工程建设情况，节水灌溉率反映了提高单位灌溉水量的农作物产量和产值的能力，单位面积水库库容代表了供水能力，这些指标的值越高，脆弱性越低。

6.1.2 农业干旱脆弱性评价

通过主成分分析法获得各指标权重（舒晓慧 等，2004），并以 4 个主成分的方差贡献率为系数，建立我国北方地区农业干旱脆弱性评价模型：

$$Y=\frac{44.44\%\times W_1+21.39\%\times W_2+16.04\%\times W_3+8.14\%\times W_4}{90.01\%} \tag{6.1}$$

将标准化无量纲的 16 个原始指标代入式(6.1)，得到北方地区农业干旱脆弱性评价结果。对 16 个省（区、市）的干旱脆弱性评价结果进行正态分布检验，结果 P 值大于 0.05，表明估计值落在 95%的置信区间内，总风险指数服从正态分布。根据脆弱性阈值划分标准，将北方地区水资源、经济、社会、农业、防旱抗旱能力和农业干旱脆弱性划分为低、较低、较高和高 4 个区域（王莺 等，2019）。

北方地区水资源的低脆弱区主要位于安徽、北京、河南和山东，较低脆弱区主要位于辽宁和吉林，较高脆弱区主要位于河北、山西、黑龙江、陕西和天津，高脆弱区主要位于青海、宁夏、新疆、甘肃和内蒙古（图 6.1a）。农业经济的低脆弱区主要位于北京和天津，较低脆弱区主要位于山东、内蒙古、山西、河南和安徽，较高脆弱区主要位于宁夏、辽宁、吉林、陕西和河北，高脆弱区主要位于青海、甘肃、黑龙江和新疆（图 6.1b）。社会低脆弱区主要包括北京、辽宁、黑龙江、天津、吉林和内蒙古，较低脆弱区主要位于山西、河北和山东，较高脆弱区主要位于宁夏和陕西，高脆弱区主要位于青海、河南、新疆、安徽和甘肃（图 6.1c）。防旱抗旱能力的低脆弱区主要位于北京、天津、河南、安徽和辽宁，较低脆弱区主要位于山东和河北，较高脆弱区主要位于吉林，高脆弱区主要位于新疆、宁夏、山西、青海、黑龙江、陕西、内蒙古和甘肃（图 6.1d）。综合来看，农业干旱脆弱性从小到大依次为北京、天津、山东、辽宁、吉林、山西、内蒙古、安徽、河北、河南、陕西、宁夏、青海、黑龙江、新疆和甘肃（图 6.1e）。

6.2 中国北方地区冬小麦干旱灾害风险评估

6.2.1 北方冬小麦区干旱灾害风险评估

基于干旱对冬小麦产量的影响，建立冬小麦减产风险评价模型，开展北方冬小麦干旱灾害风险评估。针对冬小麦不同发育阶段抵御干旱能力的差异，综合考虑干旱频率、强度以及敏感

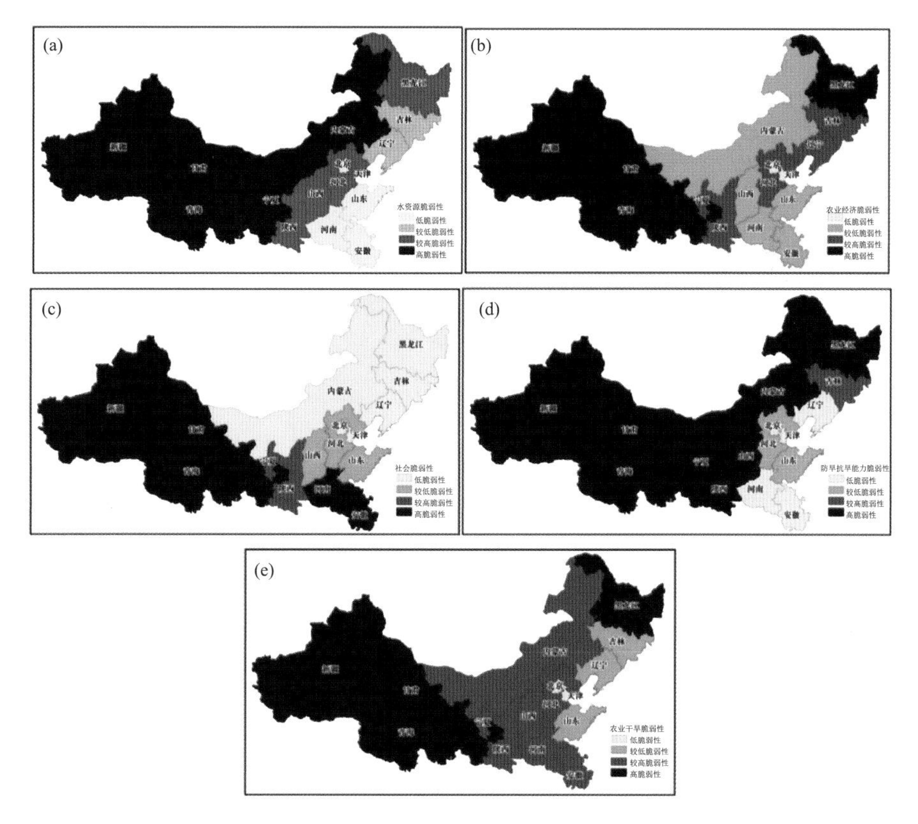

图 6.1　中国北方不同准则层(a. 水资源,b. 农业经济,c. 社会,d. 防旱抗旱能力)脆弱性及其构建的农业干旱脆弱性(e)

性和脆弱性等因素,实现对冬小麦干旱灾害风险的动态评估。在致灾临界阈值方面,以往致灾危险性指数依据气象要素本身概率确定,这里以冬小麦减产程度作为干旱灾害风险致灾因子等级阈值,避免了以气象要素自身属性划分致灾因子等级的主观性。此外,干旱成因及影响复杂,单一干旱指标难以满足监测、评估需求。这里基于 5 种干旱指数开展对比分析和适应性研究,在此基础上选取的指数将更客观,风险评估的结果更可靠(张存杰 等,2014)。

(1)研究区域

北方冬小麦区包括西北地区东部、华北中南部、黄淮、江淮北部等地,占我国小麦总产量的 65%以上。北方冬小麦区境内有黄河及淮河两大水系。该区域内除甘肃南部和东部、陕西中部及秦岭、山西太行山等地海拔超过 1800 m,没有冬小麦种植外,其他大部分地区地势低平,主要麦区海拔均不及 100 m,气候适宜冬小麦生长(图 6.2)。冬小麦种植区受季风气候影响,冬小麦生长季干旱容易发生,干旱灾害是造成冬小麦减产的主要因素。

(2)研究方案

基于自然灾害风险系统,以干旱持续期内单位时段旱灾风险的累加反映其累积效应,从干旱致灾因子危险性及承载体脆弱性角度出发,建立旱灾风险识别指数。通过冬小麦干旱减产率与干旱指数[包括气象干旱综合监测指数(MCI)、水分亏缺率(CWDIa)、累积湿润度指数(Ma)、综合气象干旱指数(CI)及降水距平百分率(Pa)]的相关性,选取相关系数最高的指标,构建减产率与干旱指标的定量关系模型。在此基础上,依据冬小麦减产程度划分干旱强度等

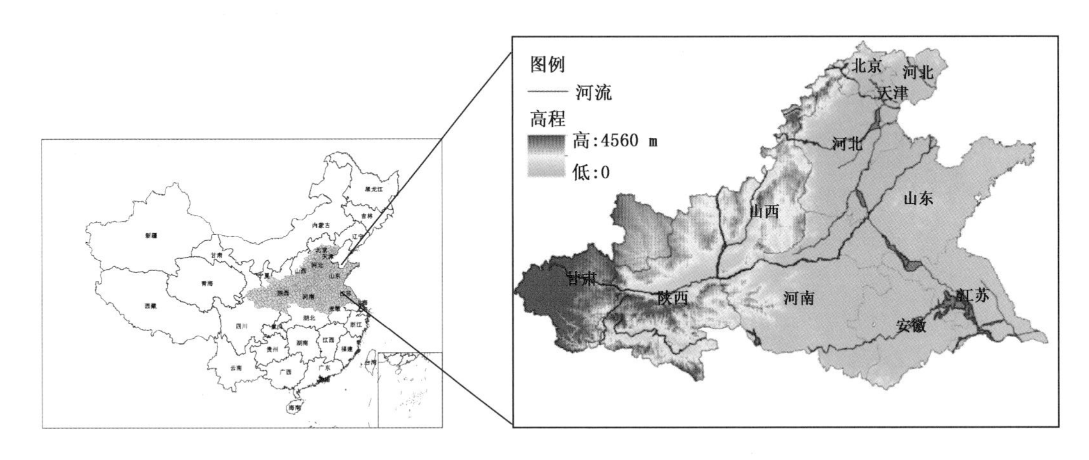

图 6.2　中国北方冬小麦种植区

级，计算超越致灾临界值（或不同干旱强度等级）出现频次，结合承灾体的脆弱性构建风险评价指标，开展干旱灾害风险评估和区划研究。

(3)资料及来源

气象资料选取我国北方冬小麦区 604 个气象站气候要素以及部分农业气象站冬小麦生育期资料，其中气候要素包括降水量、气温（平均温度、最高温度及最低温度）、日照时数、水汽压、相对湿度、平均风速。冬小麦统计资料包括冬小麦区各市、县的国土面积、耕地面积、冬小麦播种面积及产量等，来自历年各省统计年鉴和农业统计报表。干旱灾情资料来自《中国气象灾害大典》及《中国气象灾害年鉴》。

(4)冬小麦气候产量及减产率

同一地区、同一种作物年际间的产量变化主要是由于气候因子的波动造成的，作物的最终产量形成是受生产力发展水平决定的趋势产量和气候因子决定的气候产量共同决定的：

$$Y=Y_c+Y_t+\varepsilon \tag{6.2}$$

式中，Y 为作物实际产量，Y_c 为气候产量，Y_t 为滑动 5 年趋势产量，ε 是受随机因素影响的产量分量（常忽略）。冬小麦减产率：

$$R=\frac{Y_c}{Y_t}\times 100\% \tag{6.3}$$

根据相关文献、数据分布情况以及实际减产情况，确定相对减产率(%)≤10%的年份为轻度减产年，10%～25%为中度减产年，25%～35%为重度减产年，大于 40%为严重减产年。

(5)冬小麦不同生育期水分胁迫系数

我国北方冬小麦区位于 31°～40°N，跨越 9 个纬度，不同地区生育期略有差别。这里将冬麦区划分为南(31°～34.5°N)、中(34.5°～37°N)、北(37°～40°N)三片区域，分别取三片区域内生育期水分胁迫系数的平均值作为区域水分胁迫系数。南片区冬小麦 10 月中旬播种至次年 6 月上旬收获，全生育期约 240 d；中片区 10 月上旬播种至次年 6 月中旬收获，全生育期约 260 d；北片区 9 月下旬播种至次年 6 月下旬收获，全生育期约 280 d。

水分敏感系数是衡量作物对干旱胁迫响应程度的指标。冬小麦水分敏感系数 λ(表 6.2)依据相关研究成果确定，孕穗—扬花期对水分亏缺最为敏感；其次为返青—拔节期；越冬期及乳熟—成熟期需水较少，耐旱能力较强，尤其是乳熟—成熟期对水分最不敏感，在干旱风险评估过程未予考虑。

表 6.2　不同生长期冬小麦水分敏感系数

	生长期	播种—出苗期	分蘖期	越冬期	返青—拔节期	孕穗—扬花期	乳熟—成熟期
南片	月/旬	10/中—11/上	11/中—12/中	12 下/—1/下	2/上—3/下	4/上—5/上	5/中—6/上
	λ	0.229	0.112	0.092	0.445	0.712	−0.139
中片	月/旬	10/上—10/下	11/上—12/上	12/中—2/下	3/上—4/上	4/中—5/中	5/下—6/中
	λ	0.342	0.275	0.092	0.543	0.934	−0.065
北片	月/旬	9/下—10/中	10 下/—11/下	12/上—3/上	3/中—4/中	4/下—5/下	6/上—6/下
	λ	0.233	0.150	0.089	0.255	0.376	0

(6)干旱灾害危险性指数选取

基于逐日 MCI、CWDIa、CI、Pa 指数及逐旬 Ma 指数，分析南片 1981—2010 年冬小麦全生育期不同强度等级的干旱发生频率。结果表明，轻旱以上发生频率 Pa 最高，为 31.6%(76.8 d)，CI 次之(28.6%，69.4 d)，Ma 最低(24.6%)；中旱以上、重旱以上及特旱频率均为 CWDIa 最高，Ma 较低(表 6.3)。

表 6.3　冬小麦全生育期各指数不同等级干旱频率(%)

干旱等级	轻旱以上	中旱以上	重旱以上	特旱
MCI	26.3	12.1	3.7	0.6
CWDIa	27.9	19.8	13.1	8.0
CI	28.6	15.4	6.7	2.3
Pa	31.6	19.1	10.4	4.6
Ma	24.6	10.6	7.6	5.3

从各生育期干旱频率看，冬小麦不同生育期 MCI、CWDIa、CI 干旱发生频率分布较为一致，即越冬期频率最低，其他生育期干旱频率相对较高；Pa 干旱频率播种—拔节期逐渐增大，孕穗—成熟期减少；Ma 干旱频率播种—拔节期较低(不足 30%)，孕穗－成熟期干旱频率超过 60%(图 6.3)。总体来看，CWDIa 各生育期干旱频率变幅最小(26%～30%)，MCI 次之(17%～36%)，Pa 干旱频率差异大(26%～64%)。

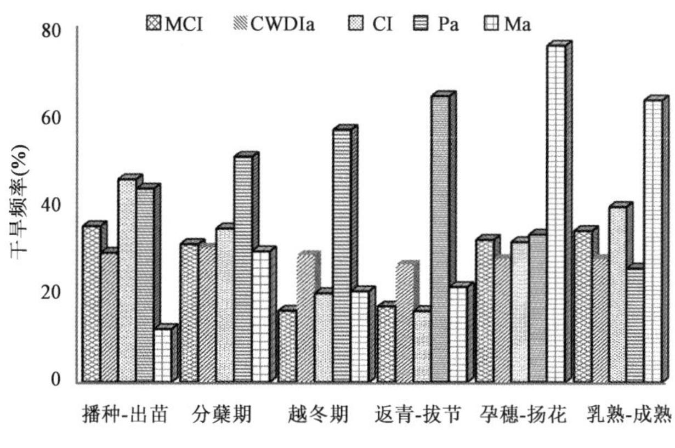

图 6.3　冬小麦不同生育期干旱频率分布

选取冬小麦区安徽寿县站 2001 年春夏秋连旱、安徽蒙城站 2010/2011 年秋冬春连旱典型过程，开展各指数对比分析(图 6.4)。干旱过程前中期 MCI、CWDIa、CI 和 Pa 对降水的敏感性较一致，但 Pa 在整个干旱过程中出现多次不合理跳跃，而 MCI、CWDIa 几乎没有；干旱过程中间出现降水，Pa 反映的气象干旱立即解除，降水过后又跳跃发展，MCI、CWDIa 相对迟缓；干旱过程后期 MCI 对降水较敏感。

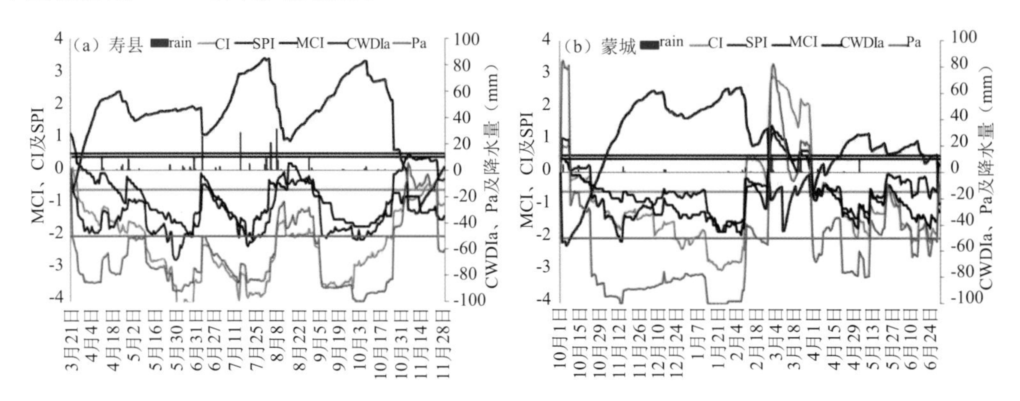

图 6.4　2001 年寿县(a)及 2010/2011 年蒙城(b)典型干旱过程干旱指数对比

根据气象干旱的发生发展机制，认为干旱的解除是可以跳跃性的，但发展应当是逐渐加重的，即气象干旱可以快速解除，但发生发展是一个缓慢渐进的过程。当出现轻度以上干旱(如当天 CI<－0.6)，且相邻两天干旱等级增加一级以上(即当天与前一天的 CI 之差≤－0.6)，则认为是一次不合理的跳跃。分别计算 1961—2012 年冬小麦生育期 36 个气象台站逐日 5 种干旱指标值，并统计各站历年累计不合理跳跃次数。由图 6.5 可知，近 52 年 MCI 不合理跳跃次数最少，累计 186 次；CWDIa 不合理跳跃次少，为 276 次；Pa 累计不合理跳跃达 3565 次。因此，对冬小麦实际干旱监测业务来说，MCI 明显要优于其他干旱指标。

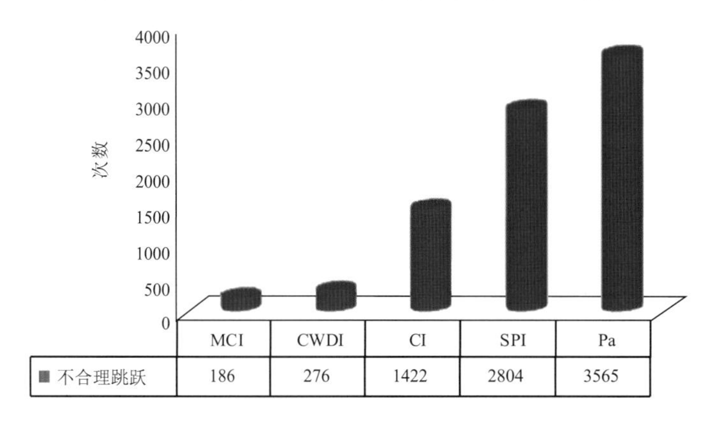

图 6.5　1961—2012 年不同干旱指数干旱不合理加重次数

总体来说，MCI 指数均呈锯齿状，能够较好描述“发展缓慢，缓解迅速”的干旱特点。故这里选取 MCI 指数作为干旱灾害风险危险性指数，以此为基础开展冬小麦干旱灾害风险评估研究。

(7)我国北方冬小麦区干旱背景及脆弱性分析

1981—2010 年我国北方冬小麦全生育期降水量为 252 mm，呈北少南多分布，冬小麦区北部不足250 mm,南部在250 mm以上,江淮地区400～670 mm(图6.6a)。基于Penman-Monteith模型计算近30年作物潜在蒸散量(ET_0)(图6.6b),结果表明,冬小麦区ET_0平均为391 mm,呈北多南少、东多西少分布,冬小麦区东北部460～623 mm,陕甘地区229～340 mm,其他地区340～460 mm。利用冬小麦全生育期潜在蒸散量除以降水量得到干燥度指数(图略),可见冬小麦区中北部为气候干旱区,南部为半湿润到湿润区。

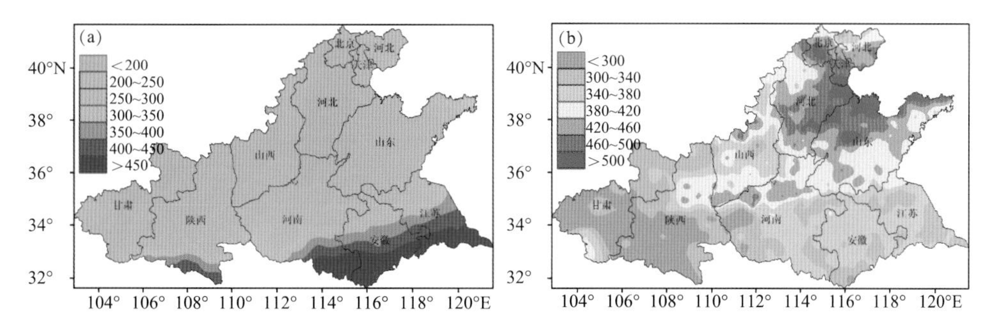

图6.6 北方冬小麦全生育期降水量(a)及潜在蒸散量(b)(单位:mm)

基于MCI指数,分别计算1981—2010年冬小麦全生育期干旱日数及干旱发生频率,结果表明,冬小麦全生育期平均干旱日数95 d,干旱发生频率为29%,干旱日数及发生频率总体呈北多(高)南少(低)分布,冬小麦区东北部干旱发生频率最高,江淮地区干旱频率最低(图6.7)。

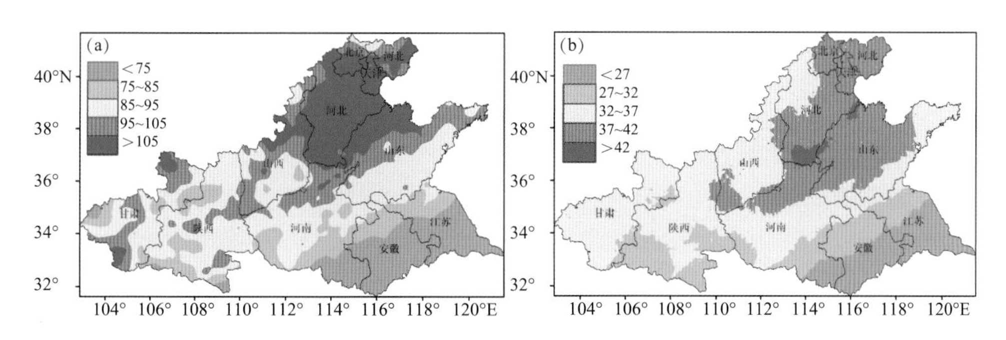

图6.7 冬小麦全生育期干旱日数(a,单位:d)及频率(b,单位:%)

冬小麦从播种至拔节各生育阶段干旱发生频率总体上也呈北高南低分布,但孕穗—成熟期干旱发生高频率区向中西部转移(图6.8)。

干旱承灾体脆弱性主要考虑土壤有效持水量、有效灌溉面积、干燥度以及河网水系等。土壤有效持水量指土壤水分能被作物利用的数量。土壤有效持水量的大小取决于作物根毛吸水力和土壤吸水力的大小。土壤吸水力大小与土壤持水量有关,如在相同条件下,土壤水分愈多,土壤吸水力愈小,有效水含量愈多。冬小麦区中东部土壤有效持水量较高,河南东南部最高;西部土壤普遍较低,尤其是陕甘南部最低(图6.9a)。有效灌溉面积是指灌溉工程设施基本配套,有一定水源、土地较平整,一般年景下当年可进行正常灌溉的耕地面积,能反映抵御干旱的能力。冬小麦区中东部大部分地区均具有一定的灌溉能力,西部基本无有效灌溉用地(图6.9b)。

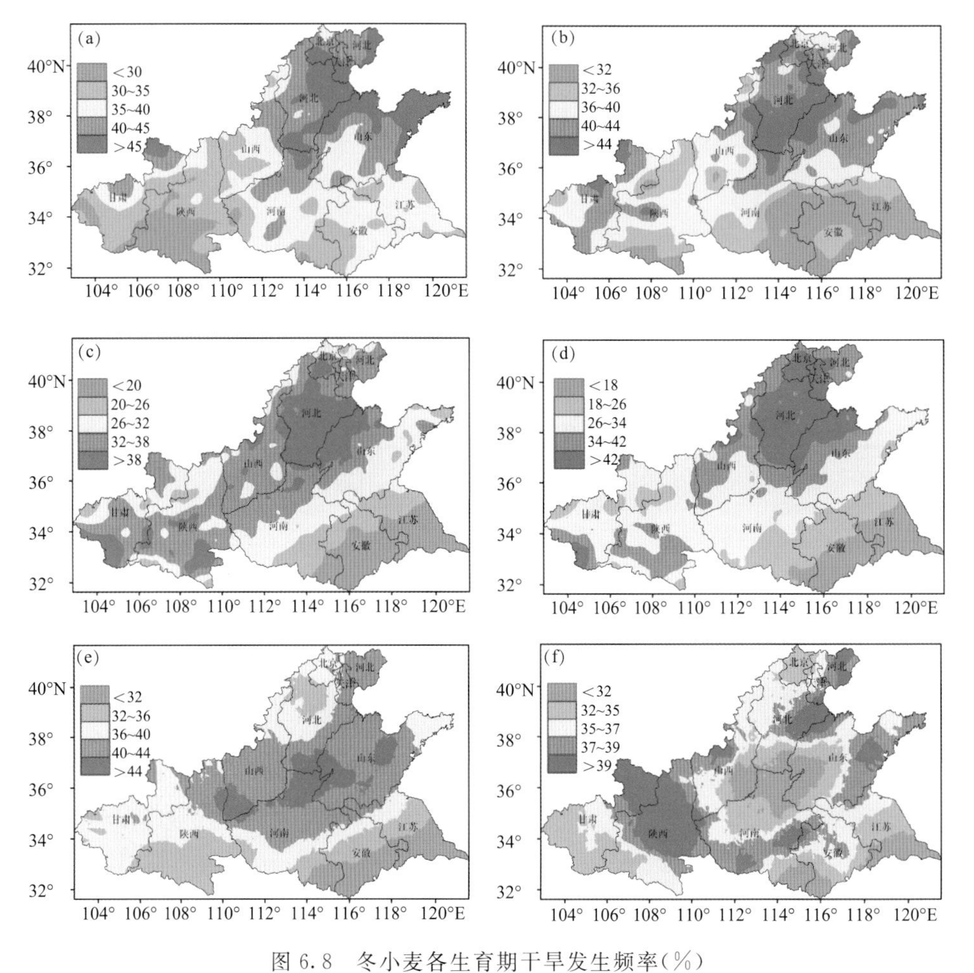

图 6.8　冬小麦各生育期干旱发生频率(%)

(a)播种—出苗期；(b)分蘖期；(c)越冬期；(d)返青—拔节期；(e)孕穗—扬花期；(f)乳熟—成熟期

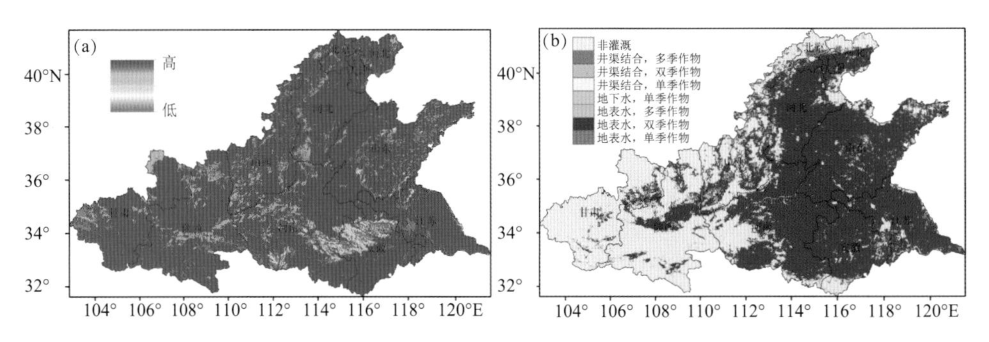

图 6.9　北方冬小麦区土壤有效持水量(a)及有效灌溉用地类型(b)

(8)中国北方冬小麦区干旱灾害危险性分析

利用《中国气象灾害大典》以及民政部门灾情资料，选取冬小麦全生育期干旱年，结合 85 个有产量记录的市、县资料，根据 MCI 干旱指数(这里指轻旱以上的日数)与减产率的相关程度，最终挑选 10 个代表年份(表 6.4)。

表 6.4　MCI 干旱指数与冬小麦减产率相关系数

年份	1961	1973	1976	1980	1981	1987	1995	2001	2007	2010
R	0.41**	0.47**	0.48*	0.43**	0.34	0.32*	0.59**	0.31*	0.34	0.40*
样本	79	34	20	43	24	45	28	43	26	23

注：* 表示通过 0.05 显著性检测，** 表示通过 0.01 显著性检验。

利用上述年份的冬小麦减产率与干旱指数作散点图，分析冬小麦减产率与 MCI 指数的定量关系，结果见图 6.10。

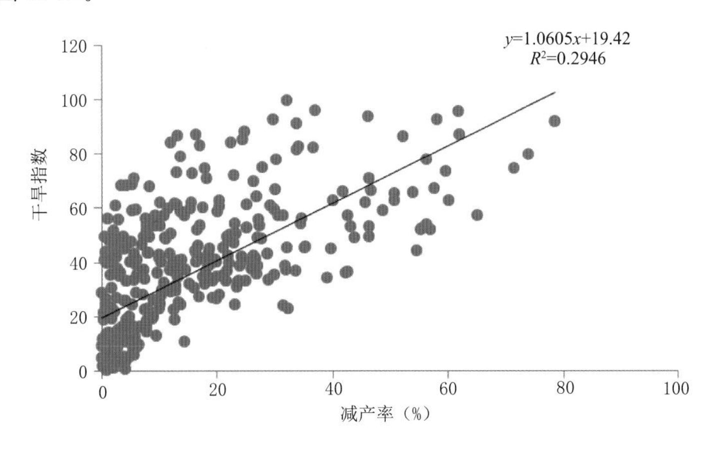

图 6.10　北方冬小麦减产率与 MCI 指数散点图

由图 6.10 可见，干旱指数与冬小麦减产率呈极显著的线性关系（$P=0.001$），据此构建冬小麦减产率与干旱指数的回归模型：

$$y=1.0605x+19.42 \tag{6.4}$$

式中，x 为冬小麦减产率（%），y 为 MCI 干旱指数。

根据冬小麦减产率与干旱指数的线性关系，利用冬小麦减产率确定干旱不同风险等级阈值（Y_m）（表 6.5）。

表 6.5　冬小麦全生育期减产率对应干旱灾害不同风险等级阈值

指标	危险性等级			
	轻度	中度	重度	特重
减产率 x_m（%）	$x_m<10$	$10\leqslant x_m<25$	$25\leqslant x_m<35$	$x_m\geqslant 40$
风险阈值 Y_m	$Y_m<30.0$	$30.0\leqslant Y_m<45.9$	$45.9\leqslant Y_m<61.8$	$Y_m\geqslant 61.8$

基于划定的干旱灾害风险阈值，对每个台站求出各强度干旱的总次数，除以该站的观测年数得到干旱频率。统计 1961—2012 年冬小麦全生育期不同等级危险性指数出现频率（图 6.11）。由图可见，不同强度干旱危险性等级出现频率空间差异显著，轻度发生频率以冬小麦区东北部最低，江淮地区最高；中度、重度及特重频率与轻度频率基本相反，冬小麦区东北部危险性指数发生频率最高，而江淮地区频率最低。

（9）我国北方地区冬小麦干旱灾害风险评估

选取我国粮食重要生产区——北方冬麦区作为研究区，基于干旱灾害对作物产量的影响开展冬小麦干旱灾害风险评估和区划。在确定干旱灾害危险性指标过程中，对多种干旱指数

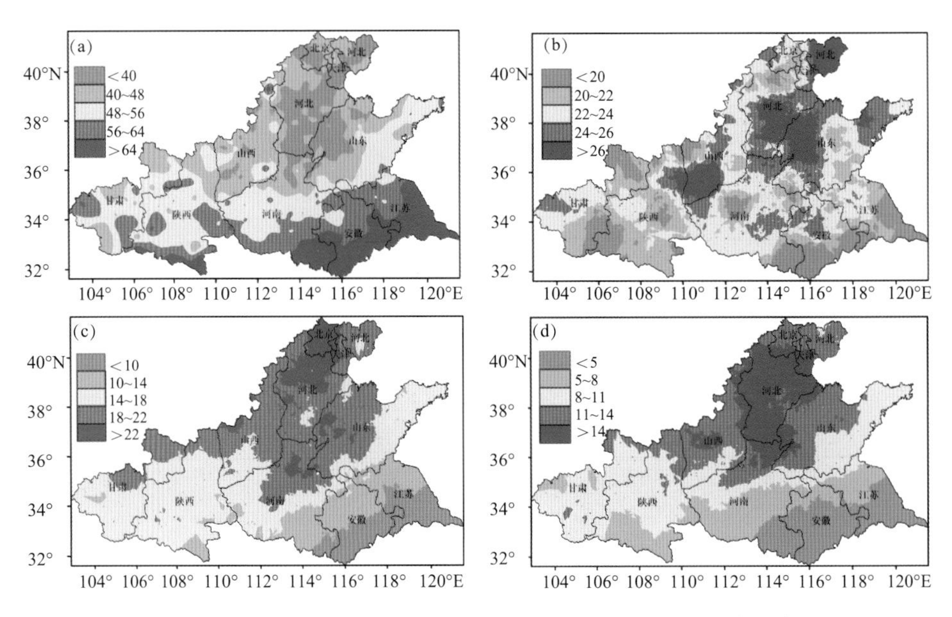

图 6.11 北方冬小麦区不同强度干旱危险性等级出现频率分布
(a)轻旱,(b)中旱,(c)重旱,(d)特旱

进行了对比研究,发现气象干旱综合指数(MCI)更能反映北方冬小麦区干旱的特征,因此选取 MCI 作为干旱灾害风险危险性指数。在分析北方冬小麦区干旱背景和脆弱性时,考虑了冬麦区的地形、土壤类型、土壤有效持水量、河网水系、灌溉条件、降水量及干燥度等环境因素,以及不同地区冬小麦耕地面积、播种面积、主要生育期的水分敏感系数、历史产量等情况。与以往致灾因子危险性分析方法不同,这里首先建立了干旱指标与冬小麦减产率的关系,通过减产率等级来确定干旱致灾临界阈值,在此基础上分析了冬小麦全生育期和 6 个关键生育期不同等级干旱发生的频率。综合考虑干旱发生的危险性、不同地区干旱背景和脆弱性,建立了北方冬小麦区 6 个关键生育期和全生育期干旱灾害风险评估模型和区划方法。

冬小麦不同生育期减产贡献率取决于水分敏感系数,利用水分敏感系数推算各生育期减产贡献率。利用减产贡献率及干旱指数定量关系,分别构建不同生育期干旱危险性指数模型,划分相应生育阶段不同干旱致灾风险强度等级阈值,计算超越阈值频率,考虑土壤有效持水量、灌溉条件、河流水系、干燥度等因子的综合影响,得到冬小麦不同生育期干旱灾害风险区划结果(图 6.12)。冬小麦处于播种—出苗期以及分蘖期时,河北大部、山东北部、山西部分地区发生干旱灾害的风险较高;江苏和安徽中部、河南东南部及陕西南部干旱灾害风险较低。越冬期及返青—拔节期冬小麦需水量较少,干旱较高风险区位于河北大部、山东北部、山西部分地区;低风险区仍位于江苏和安徽中北部。冬小麦孕穗—扬花期,干旱发生频率高,同时该生育期冬小麦需水量大,河北大部、山东中北部、山西及陕西中部、甘肃东北部等地发生干旱灾害的风险较高;江苏和安徽中部干旱灾害风险较低。

我国北方冬小麦全生育期干旱高风险区位于河北中南部、山西中部及甘肃东北部等地(图 6.13);较高风险区位于河北中北部、山东和河南北部、山西南部、陕西中北部及甘肃东部和中部局地;中等风险区位于山东中南部、河南中部、安徽北部、山西南部、陕西南部及甘肃东南部

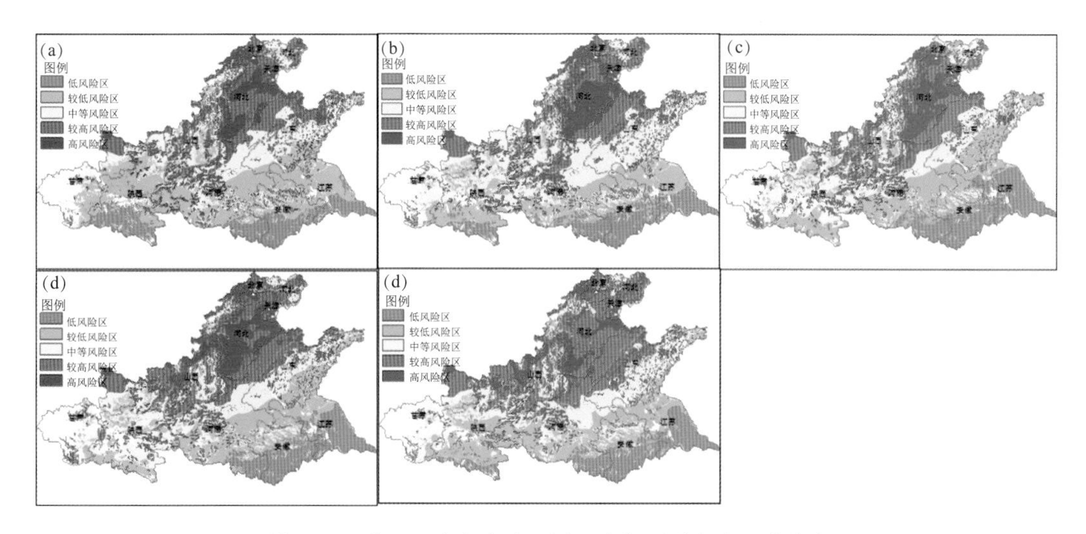

图 6.12　中国北方冬小麦不同生育期干旱灾害风险分布
(a)播种—出苗期;(b)分蘖期;(c)越冬期;(d)返青—拔节期;(e)孕穗—扬花期

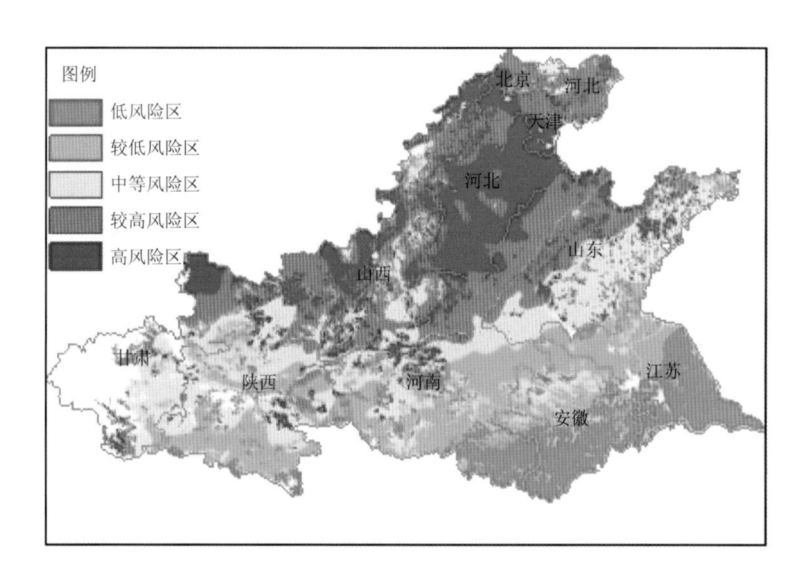

图 6.13　中国北方冬小麦干旱灾害风险区划

等地;较低风险区位于江苏和安徽北部、河南南部、陕西南部;低风险区位于江淮地区及河南东南部。

总体来看,我国北方冬小麦区干旱灾害风险空间差异较大,总体呈北高南低、西高东低分布,中北部地区干旱灾害风险明显高于南部地区,应加强防旱抗旱设施建设。

6.2.2　黄淮海区域冬小麦干旱灾害风险评估

(1)致灾因子危险性评估

基于层次分析法、加权综合评价法分别对干旱风险评估模型的 4 个影响因子进行评估。致灾因子危险性评估结果见图 6.14。在播种—出苗期,致灾因子危险性(H)分为 5 个等级:$H<0.24$ 为低危险区,$0.24\leqslant H<0.41$ 为次低危险区,$0.41\leqslant H<0.55$ 为中等危险区,$0.55\leqslant H$

<0.69 为次高危险区，$H \geqslant 0.69$ 为高危险区。由图 6.14a 可知，高、次高危险区位于黄淮海区域的北部及中部地区，主要是河南、安徽、江苏三省的交界处，包括河南开封、商丘，安徽亳州、砀山、宿县、蚌埠，江苏徐州、宿迁、赣榆。低危险区位于黄淮海区域北部和南部的部分地区，主要是河北北部、河南西部、安徽南部，包括遵化、三门峡、卢氏、栾川、黄山。其余地区为中等及次低危险区。

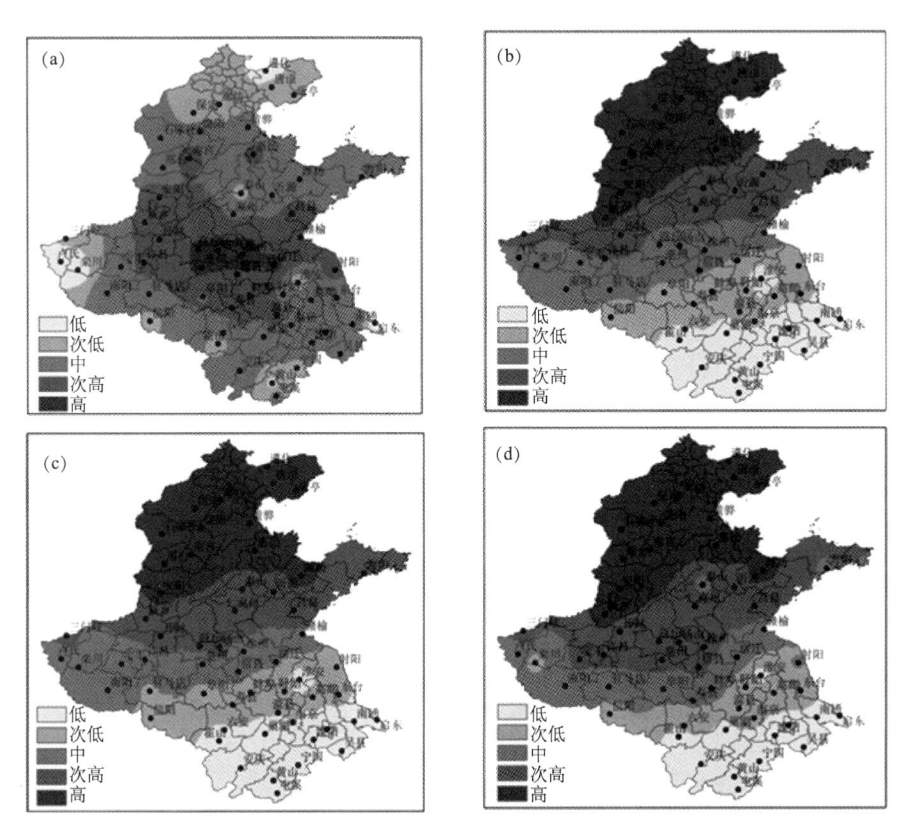

图 6.14　黄淮海区域冬小麦不同生育期致灾因子危险性

(a)播种—出苗期；(b)出苗—拔节期；(c)拔节—抽穗期；(d)抽穗—成熟期

出苗—拔节期，致灾因子危险性 5 个等级：$H<0.27$ 为低危险区，$0.27 \leqslant H<0.47$ 为次低危险区，$0.47 \leqslant H<0.65$ 为中等危险区，$0.65 \leqslant H<0.8$ 为次高危险区，$H \geqslant 0.8$ 为高危险区。由图 6.14b 可知，高、次高危险区位于黄淮海区域北部，主要包括河北省、河南北部的安阳和新乡、山东西北部的惠民。低危险区位于江苏、安徽两省的南部地区，以及江苏北部的淮安。其余地区为中等及次低危险区。

拔节—抽穗期，致灾因子危险性 5 个等级：$H<0.25$ 为低危险区，$0.25 \leqslant H<0.44$ 为次低危险区，$0.44 \leqslant H<0.64$ 为中等危险区，$0.64 \leqslant H<0.82$ 为次高危险区，$H \geqslant 0.82$ 为高危险区。由图 6.14c 可知，高、次高危险区位于黄淮海区域北部，主要包括河北省、河南省北部的安阳、山东省西北的惠民和潍坊。低危险区与出苗—拔节期的低危险区相同。

抽穗—成熟期，致灾因子危险性 5 个等级：$H<0.25$ 为低危险区，$0.25 \leqslant H<0.46$ 为次低危险区，$0.46 \leqslant H<0.64$ 为中等危险区，$0.64 \leqslant H<0.81$ 为次高危险区，$H \geqslant 0.81$ 为高危险区。分布规律与出苗—拔节期、拔节—抽穗期基本相同，危险性由黄淮海区域北部向南部逐渐

降低，次高危险区范围为 4 个生育期中最大(图 6.14d)。

(2)孕灾环境脆弱性评估

将减产年型频率、减产率变异系数进行综合加权，得到干旱灾害孕灾环境脆弱性指数(E)，并划分为 5 个等级：$E<0.32$ 为低脆弱区，$0.32\leqslant E<0.39$ 为次低脆弱区，$0.39\leqslant E<0.46$ 为中等脆弱区，$0.46\leqslant E<0.54$ 为次高脆弱区，$E\geqslant 0.54$ 为高脆弱区。由图 6.15 可知，高、次高脆弱区位于河北省和山东省交界处的饶阳、惠民一带，山东的海阳，山东与江苏交界处的莒县和赣榆，河南西部的卢氏、三门峡、栾川一带，河南、安徽、江苏三省交界处一带。低脆弱区位于河北北部的唐山、河南中东部的新乡、安阳、开封，山东西部的泰山和兖州，江苏东北部的射阳和东台。总体来看，高脆弱区分布在冀南、鲁西北、鲁南、豫西、皖北地区，呈零星点状分布，次高脆弱区分布在高脆弱区的四周，比重也较小，中等及次低脆弱区的分布最广，黄淮海地区的脆弱性以中等和次低为主。综合来看，高、次高脆弱区位于冀、鲁交界处，鲁、苏交界处，豫、皖、苏三省交界处，以及豫西的部分地区；低脆弱区分布在冀中、豫中北、鲁西、苏北。

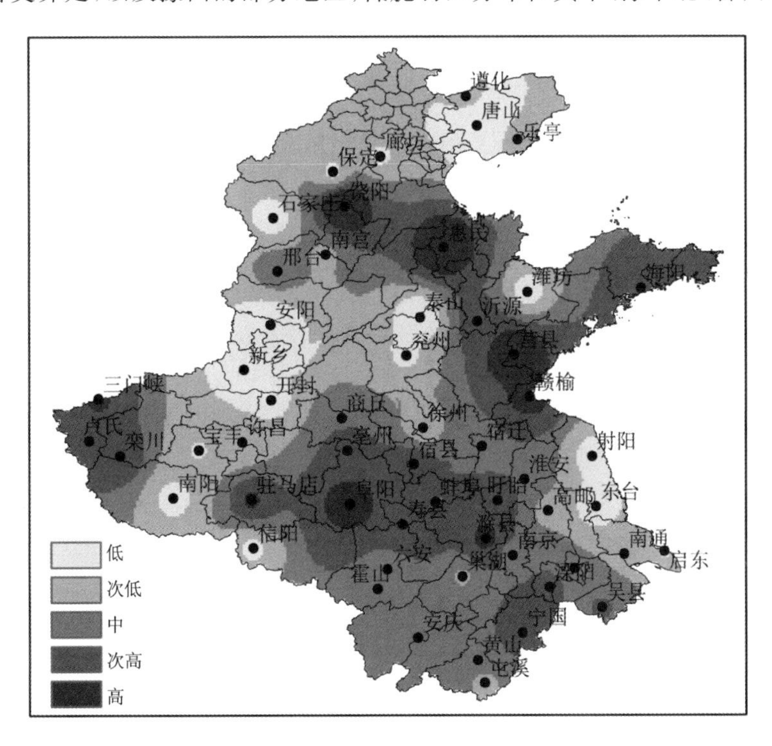

图 6.15　黄淮海区域冬小麦生长季孕灾环境脆弱性评估

(3)承灾体暴露性评估

将种植面积与区域面积相除，得到种植面积比，作为干旱灾害承灾体暴露性指数(S)，并划分为 5 个等级：$S<0.24$ 为低暴露区，$0.24\leqslant S<0.36$ 为次低暴露区，$0.36\leqslant S<0.5$ 为中等暴露区，$0.5\leqslant S<0.68$ 为次高暴露区，$S\geqslant 0.68$ 为高暴露区。由图 6.16 可知，高、次高暴露区位于河北省西部的保定、饶阳、南宫和东北部的乐亭，山东省西北部的惠民，河南省中部的宝丰和东部的商丘，江苏北部的宿迁。低暴露区分布在河北南端的邢台、东南部的黄骅，河南西部的三门峡、卢氏、栾川和中北部的安阳、新乡、开封、许昌，山东西部的泰山和中部的潍坊，安徽和江苏两省的中南部。总体来看，高暴露区分布在冀东、冀北、鲁西北、豫中、豫东、皖北、苏北

地区，呈零星点状分布，次高脆弱区分布在高脆弱区的四周，比重也较小，低及次低暴露区的分布最广，黄淮海地区的暴露性以低、次低为主。

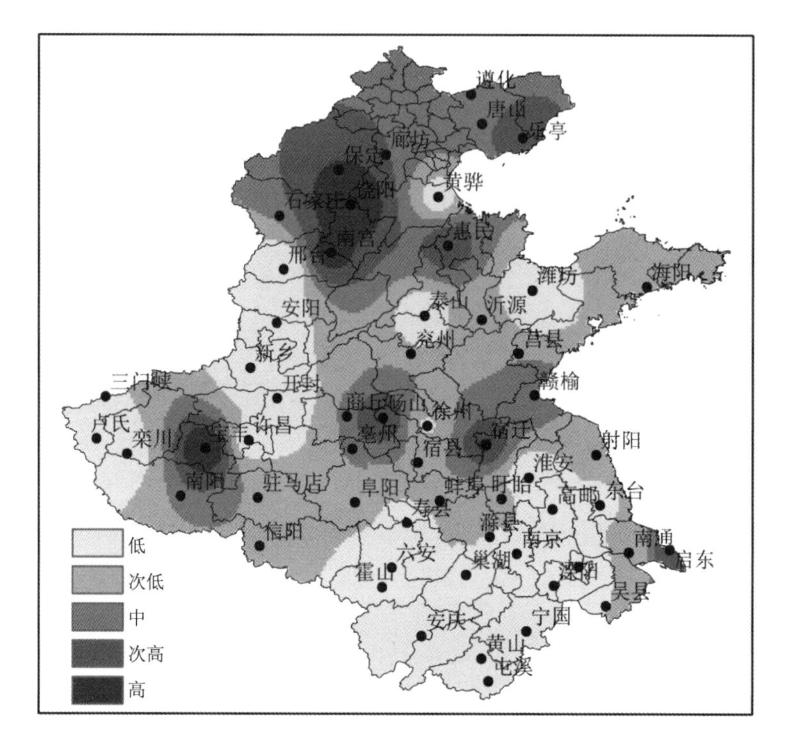

图 6.16　黄淮海区域冬小麦生长季承灾体暴露性评估

(4)防灾减灾能力评估

将人均 GDP、有效灌溉面积、农业机械总动力进行综合加权，得到防灾减灾能力指数(R)，并划分为 5 个等级：$R<0.23$ 为低防灾减灾能力区，$0.23\leqslant R<0.33$ 为次低防灾减灾能力区，$0.33\leqslant R<0.43$ 为中等防灾减灾能力区，$0.43\leqslant R<0.55$ 为次高防灾减灾能力区，$R\geqslant 0.55$ 为高防灾减灾能力区。由图 6.17 可知，高、次高防灾减灾能力区位于河北东北部的遵化、唐山、乐亭，西部的保定，东南部的黄骅；山东中部的潍坊；河南西部的商丘以及南部的驻马店。低防灾减灾能力区位于河南西部的三门峡、卢氏、栾川，安徽北部的寿县和南部的黄山、屯溪、宁国地区。总体而言，高防灾减灾区位于冀中、冀东北、鲁中、豫南、豫东地区，低防灾减灾区位于豫西、皖西北、皖南地区，高、低防灾减灾面积极少，黄淮海地区以次低和中等防灾减灾能力区为主。

(5)干旱灾害综合风险评估

基于以上 4 个因子定量分析的结果，计算黄淮海干旱灾害风险指数，并在 ArcGIS 中空间插值，再利用自然断点法分级，得到黄淮海区域冬小麦不同生育期干旱灾害风险评估结果(图 6.18)。播种—出苗期，风险划分为 5 个等级：$F_a<0.2$ 为低风险区，$0.2\leqslant F_a<0.26$ 为次低风险区，$0.26\leqslant F_a<0.32$ 为中等风险区，$0.32\leqslant F_a<0.54$ 为次高风险区，$F_a\geqslant 0.54$ 为高风险区。从图 6.18a 中可以看出，高风险区位于河北南部的饶阳、南宫，山东西北的惠民和南部的莒县，江苏北部的徐州、宿迁、赣榆一带；次高风险区包裹着高风险区，包括河南西北部、安徽北部、江苏北部、山东东部和北部；低风险区位于河北省大部分区域，山东的潍坊和泰山，其余地区都为中等、次低风险区。总体而言，播种—出苗期，黄淮海干旱高风险区位于冀南、鲁西北、鲁南、苏

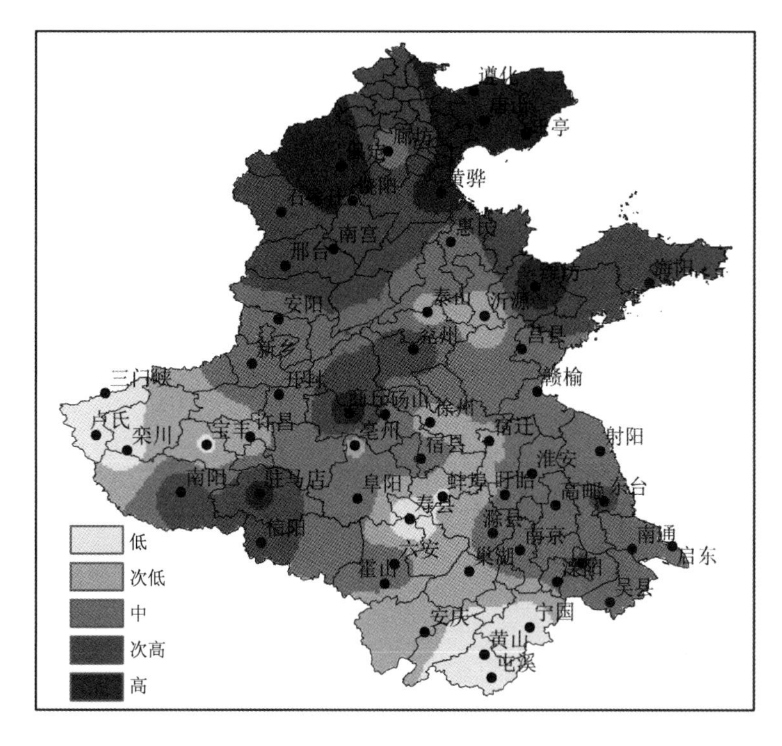

图 6.17　黄淮海区域冬小麦生长季防灾、减灾能力评估

北地区，低风险区位于冀、鲁中、鲁西。出苗—拔节期，风险划分为 5 个等级：$F_b<0.24$ 为低风险区，$0.24\leqslant F_b<0.32$ 为次低风险区，$0.32\leqslant F_b<0.39$ 为中等风险区，$0.39\leqslant F_b<0.47$ 为次高风险区，$F_b\geqslant 0.47$ 为高风险区。从图 6.18b 中可以看出，高风险区位于河北乐亭、南宫、饶阳以及山东惠民；次高风险区分布在高风险区周围以及河南北部的新乡、开封，山东和江苏交界的莒县、赣榆；低风险区位于河北东部的唐山和东南的黄骅、山东潍坊、江苏省淮河以南、安徽省南部、河南省南部的南阳和信阳。总体而言，出苗—拔节期，黄淮海干旱高风险区位于冀东、冀南、鲁西北、鲁东，低风险区位于冀东南、鲁中、豫南、皖北、苏中北。拔节—抽穗期，风险划分为 5 个等级：$F_c<0.24$ 为低风险区，$0.24\leqslant F_c<0.32$ 为次低风险区，$0.32\leqslant F_c<0.39$ 为中等风险区，$0.39\leqslant F_c<0.48$ 为次高风险区，$F_c\geqslant 0.48$ 为高风险区。从图 6.18c 中可以看出，高风险区位于河北南部的饶阳、南宫和东部的乐亭，山东西北的惠民；次高风险区位于河北东部、河北与山东交界处、山东的东部和南部、河南中部的宝丰、江苏北部的宿迁和赣榆；低风险区位于河北的唐山和黄骅，江苏、安徽、河南三省的南部地区。总体而言，拔节—抽穗期，黄淮海干旱高风险区位于冀南、冀东、鲁西北；低风险区位于冀东南、豫南、苏南、皖南地区。抽穗—成熟期，风险划分为 5 个等级：$F_d<0.26$ 为低风险区，$0.26\leqslant F_d<0.35$ 为次低风险区，$0.35\leqslant F_d<0.42$ 为中等风险区，$0.42\leqslant F_d<0.49$ 为次高风险区，$F_d\geqslant 0.49$ 为高风险区。从图 6.18d 可以看出，高风险区位于河北南部的饶阳、南宫，山东西北部的惠民，河南中北部的新乡、开封、商丘以及安徽北部的砀山；次高风险区以条状分布在山东西部，河南与河北交界一带；低风险区位于河北黄骅、唐山，山东泰山，河南南阳，江苏和安徽的南部地区。总体而言，抽穗—成熟期，黄淮海干旱高风险区位于冀南、鲁西北、豫中北、豫东，低风险区在冀、鲁、豫零星分布，主要分布在苏南、皖南地区。

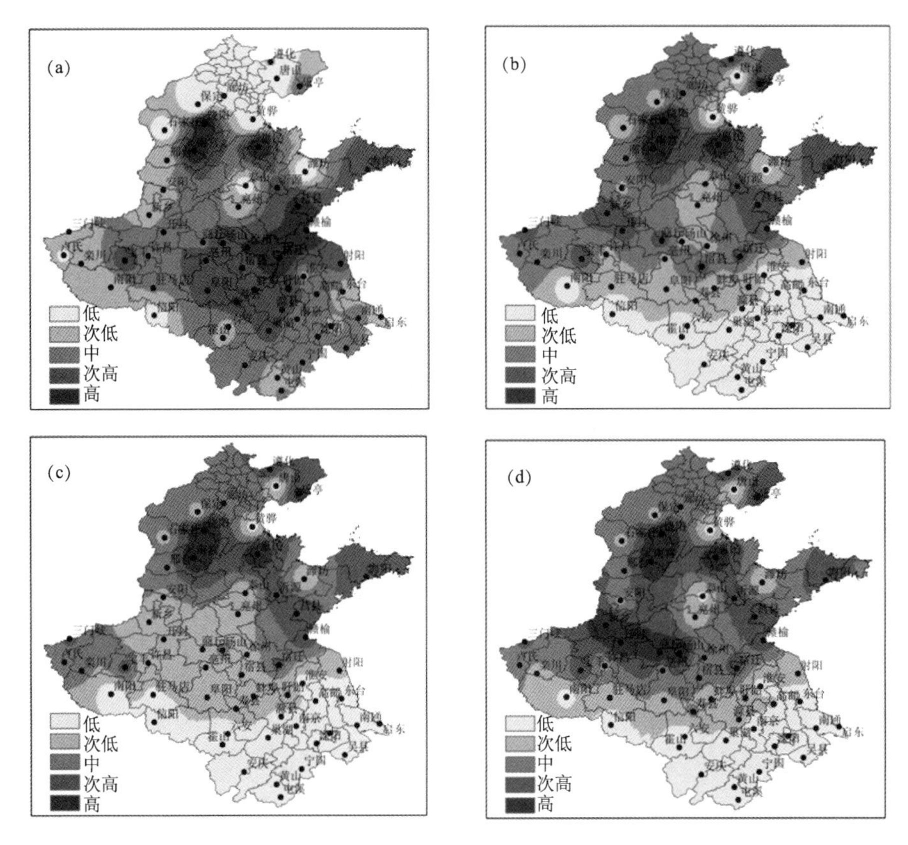

图 6.18　黄淮海区域冬小麦不同生育期干旱灾害风险

(a)播种—出苗期;(b)出苗—拔节期;(c)拔节—抽穗期;(d)抽穗—成熟期

将 4 个生育期的风险指数相加,得到全生育期的干旱风险指数,在 ArcGIS 中进行插值,并运用自然断点法进行区域划分,得到黄淮海区域冬小麦干旱灾害风险评估区划(图 6.19)。风险区划分为 5 个等级:$F<0.98$ 为低风险区,$0.98\leqslant F<1.24$ 为次低风险区,$1.24\leqslant F<1.48$ 为中等风险区,$1.48\leqslant F<1.78$ 为次高风险区,$F\geqslant 1.78$ 为高风险区。从图 6.19 中可知,干旱高风险区位于河北南部的南宫、饶阳和东部的乐亭,山东西北部的惠民、东部的海阳、南部的莒县,河南中东部的开封、商丘,安徽北部的亳州,江苏北部的宿迁和赣榆;次高风险区以高风险区为中心,向四周扩散,分布在河北南部、山东除中部以外地区、河南东北部、安徽北部、江苏北部;低风险区位于河北唐山、黄骅,山东潍坊、泰山,河南南阳、信阳,江苏和安徽两省的南部地区。总体而言,黄淮海全生育期干旱风险指数高值区位于冀南、鲁西北、豫北、豫东地区,低值区位于冀东、鲁中、鲁西、豫南、苏南、皖南地区。

6.2.3　陕西省冬小麦干旱灾害风险评估

(1)冬小麦干旱发生频率

经统计,陕北、关中、陕南 3 个地区冬小麦全生育期的干旱发生频率分别为 99.57%、96.42%和 51.18%,大致呈纬向分布,由北向南干旱频率递减。陕北以重旱与极端干旱为主,关中地区以中旱和重旱为主,陕南地区以轻旱和无旱为主。陕北和关中地区受旱相对严重,陕

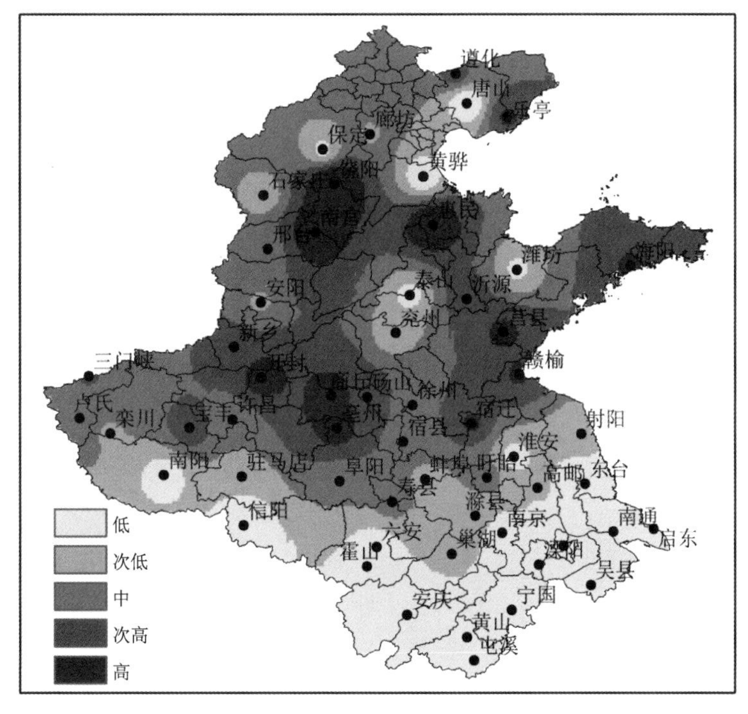

图 6.19　黄淮海区域冬小麦干旱灾害风险评估区划

南相对较轻，这应该与陕南地区降水丰沛，基本能够满足冬小麦生长发育有关。陕西省冬小麦全生育期干旱频率呈北高南低分布，且拔节—抽穗期受旱相对严重。

从不同生育期看，以陕北地区为例，冬前生长期(I_1)、拔节—抽穗期(I_4)、抽穗—灌浆期(I_5)、灌浆—成熟期(I_6)是冬小麦干旱减产的关键时期(表 6.6)。冬前生长期以轻旱和无旱为主，共占 97.4%，说明冬小麦苗期生长缓慢，需水量较小，此时降水基本能满足其生长需要。拔节—抽穗期和抽穗—灌浆期均以重旱及以上干旱为主，分别占 89.61% 和 92.21%，在这一时期，由于作物生长速度加快，需水量迅速增加，降水不能满足其生长发育需要，限制其生长，是生长发育的关键时期。灌浆—成熟期以中旱和轻旱为主，共占 75.76%，这一时期，陕北逐渐进入汛期，降水量逐渐增加但仍不能满足其生长发育需要，水分仍然是冬小麦生长发育的重要制约因素。

表 6.6　陕西省冬小麦各生育期干旱发生频率(%)(王连喜 等，2016)

生育期		无旱	轻旱	中旱	重旱	特旱
陕北	冬前生长期(I_1)	48.48%	48.92%	2.60%	0.00%	0.00%
	拔节—抽穗期(I_4)	1.73%	0.87%	7.79%	89.61%	0.00%
	抽穗—灌浆期(I_5)	1.73%	2.16%	3.90%	34.63%	57.58%
	灌浆—成熟期(I_6)	24.24%	31.17%	44.59%	0.00%	0.00%
关中	冬前生长期(I_1)	86.07%	13.93%	0.00%	0.00%	0.00%
	越冬—返青期(I_2)	44.49%	55.51%	0.00%	0.00%	0.00%
	返青—拔节期(I_3)	37.50%	62.50%	0.00%	0.00%	0.00%
	拔节—抽穗期(I_4)	19.07%	72.47%	8.46%	0.00%	0.00%

续表

生育期		无旱	轻旱	中旱	重旱	特旱
陕南	越冬—返青期(I_2)	75.32%	24.68%	0.00%	0.00%	0.00%
	返青—拔节期(I_3)	18.61%	47.62%	33.77%	0.00%	0.00%
	拔节—抽穗期(I_4)	24.68%	70.13%	5.19%	0.00%	0.00%
	抽穗—灌浆期(I_5)	31.60%	64.07%	4.33%	0.00%	0.00%

关中地区干旱程度较陕北地区有明显下降，冬前生长期以无旱为主，占86.07%；越冬—返青期、返青—拔节期、拔节—抽穗期均以轻旱为主，分别占55.51%、62.5%、72.47%。拔节—抽穗期中旱仅占8.46%，越冬—返青期和返青—拔节期基本不发生中旱及以上旱情，说明这3个生育期的干旱情况对关中地区产量有一定影响，拔节—抽穗期是容易发生干旱的关键时期。

陕南地区越冬—返青期以无旱为主，占75.32%，这一时期冬小麦生长缓慢，需水量较少，陕南地区降水较为充沛，因此很少会出现干旱而影响其产量。返青—拔节期以轻旱和中旱为主，共占81.39%；拔节—抽穗期和抽穗—灌浆期以轻旱为主，分别占70.13%和64.07%。

(2)冬小麦干旱减产率分析

干旱减产率表示农作物受干旱影响而造成减产的结果。根据干旱指数与气象产量关系式计算可得，陕北地区多年平均干旱减产率为23.01%～39.66%，平均33.64%，除延安和洛川外，减产率均在33.30%以上，干旱频率相对较高；关中地区年均干旱减产率为10.11%～17.88%，平均13.16%；陕南地区为4.56%～1.54%，平均2.84%。综合陕西全省来看，干旱减产率从大到小依次为陕北地区(33.64%)、关中地区(13.16%)、陕南地区(2.84%)，有明显的北高南低分布趋势，其空间分布与干旱频率的分布类似(图6.20)。

将冬小麦各生育期的多年平均减产率进行统计，可得冬小麦各生育期干旱减产率分布(图6.20).拔节—抽穗期、抽穗—灌浆期平均减产率较高且分布较广，分别达到40.57%和41.53%。越冬—返青期虽然干旱分布范围较广，但减产率仅为16.81%，这应该是因为在这一时期，天气寒冷，冬小麦生长速度减缓甚或是停止生长，需水量大幅度下降，水分对产量的影响作用也大为降低。拔节—抽穗期等生育期是其生长发育的关键时期，因此充足的水分至关重要。关中地区，拔节—抽穗期和抽穗—灌浆期平均减产率相对较高，分别为22.25%和21.18%，越冬—返青期的平均减产率最小，仅为5.89%。陕南地区，返青—拔节期和拔节—抽穗时期减产率相对较高，分别为8.00%和7.19%，最低的仍然是越冬—返青期，为1.69%。

(3)冬小麦干旱风险评估与区划

干旱风险度是综合考虑陕西省冬小麦干旱强度与干旱概率，评价干旱风险的重要指标。由图6.21a可知，陕西省冬小麦干旱风险度呈现一定的纬向分布规律，由北向南逐级递减。陕北地区风险度值主要分布在－68.95～－55.16之间，干旱风险度最高；关中地区主要分布在－52.28～－27.58之间，干旱风险度次之；陕南地区主要分布在－32.32～－12.68之间，干旱风险度最小。干旱风险度高与中高值区主要集中在陕北与关中的铜川地区。铜川地处陕西中部渭北高原南端，属半干旱半湿润易旱区，因此冬小麦受旱风险增加。干旱风险度中与中低值区主要分布在关中大部与陕南北部，低风险区主要分布在陕南中南部，汉中与安康大部受旱风险较低。

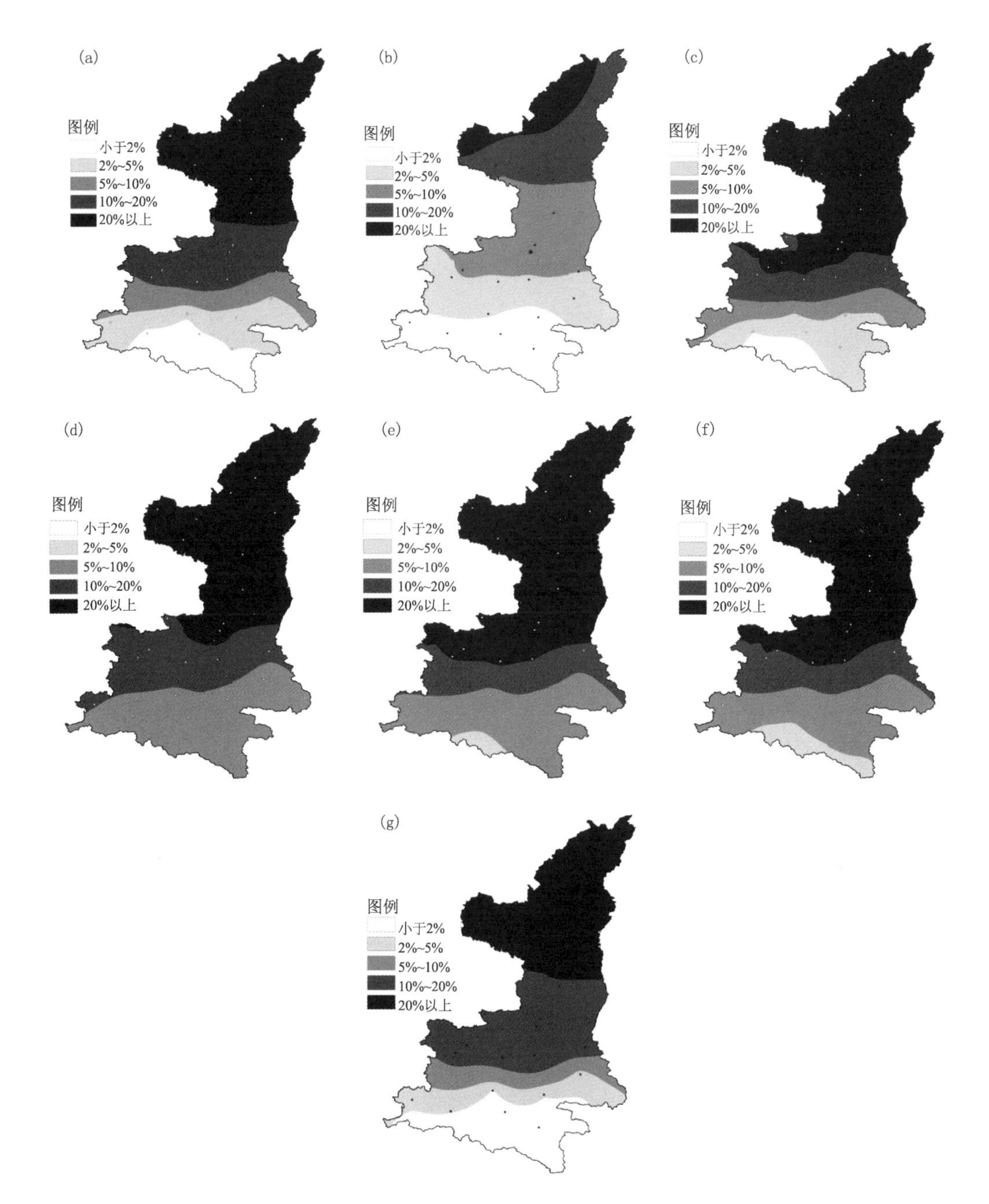

图 6.20　陕西省冬小麦不同生育期干旱减产率分布

(a)全生育期;(b)冬前生长期;(c)越冬—返青期;(d)返青—拔节期;(e)拔节—抽穗期;(f)抽穗—灌浆期;(g)灌浆—成熟期

陕西省冬小麦干旱灾损风险可用产量风险指数表示,产量风险指数越大,冬小麦灾损风险越大。首先筛选出干旱的年份,得到其多年平均减产率,作为冬小麦产量风险指数。陕西省冬小麦产量风险指数分布如图 6.21b 所示。总体上看,陕西省灾情损失风险存在由北向南逐级降低的分布规律,陕北、关中、陕南的平均冬小麦产量风险指数分别为 0.25、0.16、0.12。关中

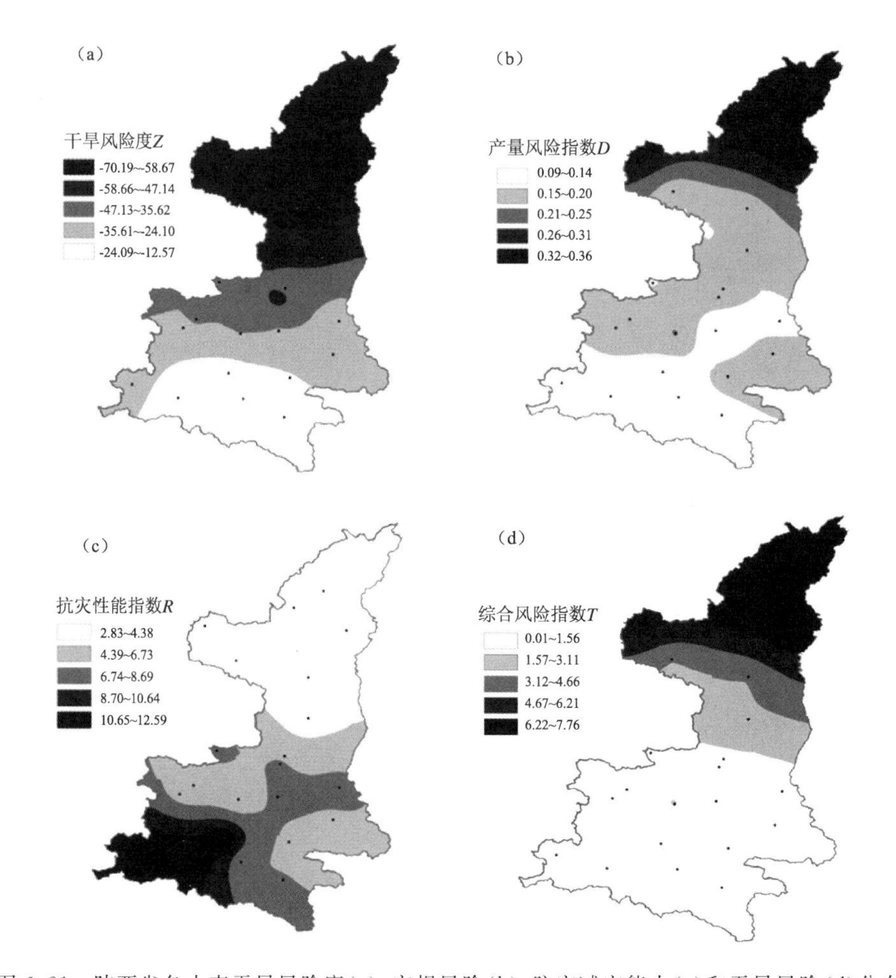

图 6.21　陕西省冬小麦干旱风险度(a)、灾损风险(b)、防灾减灾能力(c)和干旱风险(d)分布

地区地形复杂,灾害分布形式较为多样。秦岭横贯陕西中部,所在地区多为山地,灾损风险相对较大。关中东部地区(如西安、渭南等),由于地处关中平原,地势相对平坦,气候条件适合小麦生长,因此播种区域相对广泛,灾损风险相对较低。

陕西省冬小麦抗灾性能指数分布如图 6.21c 所示。总体上看,抗灾性能指数也存在由北向南纬向分布规律。平均抗灾性能由北向南逐渐增强,陕北、关中、陕南分别为 3.07、6.30 和 9.07。将抗灾能力分为 5 个等级,高抗灾能力区主要分布在陕南西部的汉中地区,中高抗灾能力区主要分布在关中的渭南、西安等地,低抗灾能力区主要分布在陕北地区。

陕西省冬小麦干旱风险评估是灾害风险度、灾情损失风险、防灾减灾能力综合影响的结果。对陕西省 22 个站点 1987—2013 年的综合风险指数划分等级,可得陕西省冬小麦干旱风险区划(图 6.21d)。由图可知,陕西省冬小麦干旱风险总体上存在由北向南逐渐降低的趋势。陕北、关中、陕南地区的平均综合风险指数分别为 5.55、1.00、0.35,陕北地区冬小麦干旱风险远远大于关中和陕南地区。高风险区主要分布在陕北榆林地区,该区地处黄土高原,气候严寒、地势复杂,冬小麦播种面积小且产量极不稳定,容易造成冬小麦减产。中等风险区主要分布在延安地区,陕南地区与关中大部均为低风险区,该地区降水相对充沛,适宜冬小麦生长,其气候条件基本可满足冬小麦生长发育需求。

6.2.4　河南省冬小麦干旱灾害风险评估

河南省冬小麦轻旱频率高发区集中于豫南及豫西南一带，由南向北轻旱频率逐渐降低。中旱频率高发区集中在豫东、豫中及豫西北，其分布主要是北高南低。重旱发生区主要集中于豫北及三门峡，由北向南重旱频率逐渐降低(王连喜 等，2019)。特旱发生频率较低，主要发生在新乡、安阳及开封，呈北、东部高，西、南部低分布(图 6.22)。

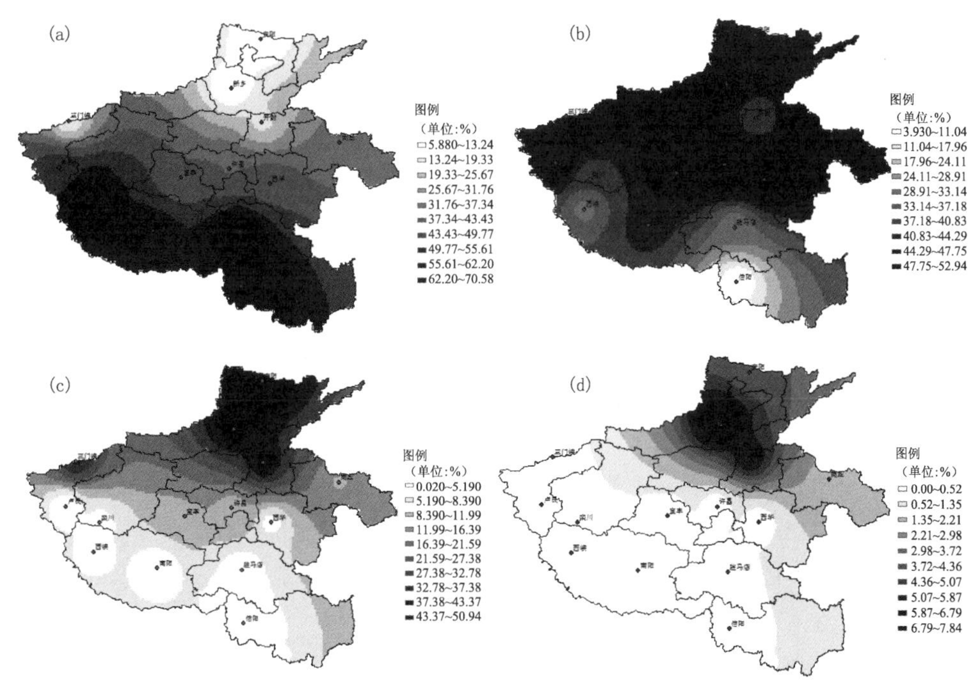

图 6.22　河南省冬小麦不同等级干旱频率的空间分布

(a)轻旱；(b)中旱；(c)重旱；(d)特旱

河南省冬小麦全生育期干旱风险重度区分布较广，包括三门峡、卢氏、宝丰、商丘等区域，极重区集中在豫北地区，中度风险区分布在豫西及豫南部分区域，轻度风险区主要分布于信阳(图 6.23)。

6.2.5　山东省冬小麦干旱风险性分析

对山东省冬小麦干旱危险性分析(图 6.24)发现，冬小麦返青期，惠民、朝阳、菏泽、临沂干旱危险性指数较高，分别达到 26.97、25.38、27.69、25.36。拔节—孕穗期，大部分地区的干旱危险指数有所下降，干旱范围与上一生育期一致，即山东北部、西部、南部干旱危险指数偏高。抽穗—开花期，惠民干旱危险性指数升高，菏泽等呈下降趋势，即抽穗—开花期发生干旱的区域位于山东北部和西部。

总体而言，山东省冬小麦干旱危险性指数由西向东逐渐减小，高危险发生区主要集中在山东西部、北部、中西部以及南部，山东半岛、沿海地区干旱危险发生的可能性相对较小。全省除山东半岛和沿海地区外，均处于干旱危险中高值区。冬小麦返青期和抽穗—扬花期比较容易出现干旱危险，这可能与降水随时间呈不均匀分布有关。

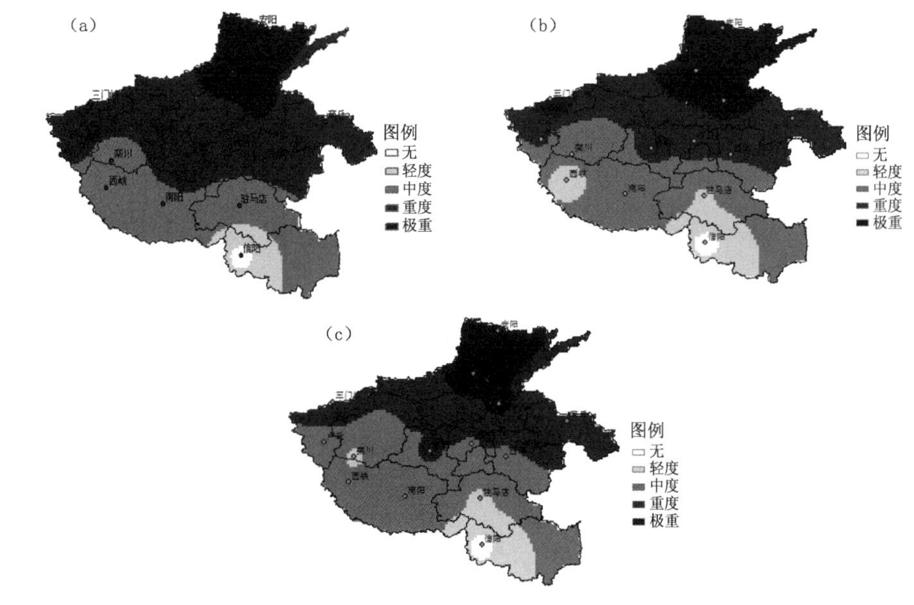

图 6.23　河南省冬小麦干旱风险度分布

(a)全生育期；(b)拔节—抽穗期；(c)乳熟—成熟期

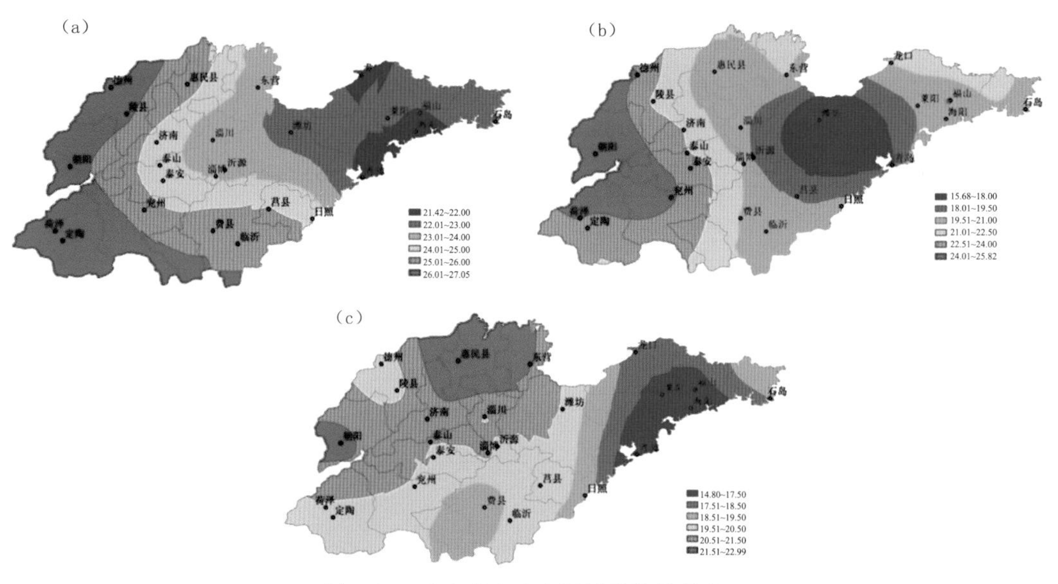

图 6.24　山东省冬小麦干旱危险性分布

(a)返青期；(b)拔节—孕穗期；(c)抽穗—开花期

6.3　中国北方地区玉米干旱灾害风险评估

6.3.1　北方春玉米干旱灾害风险评估

我国是世界玉米生产大国，春玉米种植面积约占全国玉米种植面积的 36%，产量占全国玉米产量的 40%，在我国玉米产业中占据重要地位，而干旱是造成春玉米产量不高不稳的主要原因。这里以北方春玉米为研究对象，利用北方各地春玉米产量和气象数据，以及地形、土壤土地利用和有效灌溉面积等数据，基于自然灾害风险评估原理，构建北方春玉米干旱灾害危险性指数（王有恒 等，2012），在地理信息系统（GIS）平台下结合春玉米种植的暴露度和其他影响抗灾能力因子，对我国北方春玉米干旱灾害进行风险评估。

我国春玉米种植区主要集中在东北地区和华北平原，西北地区也有少量分布，因此根据玉米种植分布图，将春玉米种植区分为北方春玉米种植区和西北内陆春玉米种植区。春玉米种植区内除沙漠、戈壁、草原及高海拔地区不适宜种植春玉米外，大部分地区地势、气候均适宜春玉米种植（图6.25）。春玉米种植区横跨中国东西大部，不同地区生育期存在一定差别。北方春玉米区4月下旬播种至9月中旬成熟，全生育期约140 d；西北内陆玉米区4月中旬播种至9月上旬成熟，全生育期约150 d。

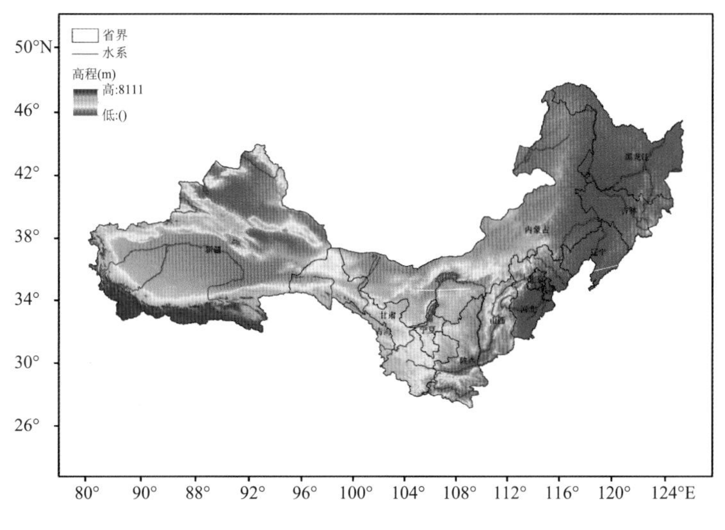

图6.25　北方春玉米种植区分布

（1）北方春玉米干旱指数构建

选用标准化降水指数（SPI）作为表征春玉米区干旱灾害的指标，参照《气象干旱等级》（GB/T 20481—2017），以 SPI≤－0.5 作为1个干旱日，计算常年（1981—2010年）北方春玉米生育期内干旱日数，进而与生育期日数相比，计算干旱频率：

$$\text{干旱频率}=\frac{\text{生育期内干旱日数}}{\text{生育期日数}}\times 100\% \tag{6.5}$$

春玉米不同发育阶段对水分敏感程度存在差异。水分敏感系数反映了作物对缺水的敏感程度，其值越大越敏感，我国北方春玉米水分敏感系数见表6.7。

表6.7　不同生育期春玉米水分敏感系数

生育期	出苗期	拔节期	抽雄期	成熟期
λ	0.1899	0.2751	0.3211	0.1856

根据上述计算分析，北方春玉米全生育期干旱累积指数为各生育期气象干旱频率乘以水分敏感系数的累积量。

(2)玉米干旱灾害危险性评估方法

致灾因子与承灾体脆弱性相互作用决定了干旱致灾阈值，在此基础上可分析干旱发生频率，进而构建干旱灾害危险性指标。作物因灾减产率可用来衡量脆弱性的高低。利用 5 a 滑动平均计算春玉米气候产量，在此基础上，计算历年各市、县春玉米减产率。其计算公式如下：

$$Y=Y_c+Y_t+\varepsilon \tag{6.6}$$

$$R=\frac{Y_c}{Y_t}\times 100\% \tag{6.7}$$

式中，Y 为作物实际产量，Y_c 为气候产量，Y_t 为 5 a 滑动趋势产量，ε 是受随机因素影响的产量分量(常忽略)，R 为春玉米减产率。参考其他学者研究成果和数据分布情况，以及中国春玉米实际减产情况，相对减产率(%)≤10%的年份为轻度减产年，减产率 10%～25%为中度减产年，25%～40%为重度减产年，大于 40%为严重减产年。

根据春玉米干旱指数与减产率的相关程度，分别挑选出两种植区的 10 个典型干旱年。利用典型干旱年份的春玉米减产率与干旱指数进行线性回归分析，模拟春玉米减产率与干旱指数的定量关系，确定不同等级干旱阈值。统计分析全生育期内不同等级干旱发生频率。不同等级干旱对玉米生产影响程度不同，对轻、中、重、特旱不同等级干旱出现频率赋予不同权重，计算北方春玉米干旱灾害危险性指标。计算方法如下：

$$\text{干旱危险性指数}(I_D)=\text{轻旱频率}\times\frac{1}{10}+\text{中旱频率}\times\frac{2}{10}+\text{重旱频率}\times\frac{3}{10}+\text{特旱频率}\times\frac{4}{10} \tag{6.8}$$

(3)玉米干旱灾害风险评估方法

农作物干旱灾害风险由干旱致灾因子、承灾体脆弱性、暴露度及抗灾能力共同决定(IPPC，2012；高晓容 等，2014)。干旱危险性指标是致灾因子和脆弱性相互作用的结果，在以行政区域为研究单元时，农作物承灾体暴露度常用作物种植面积表达，反映作物暴露于灾害的程度，这里在格点尺度上以玉米潜在种植来表达暴露度；作物的生长环境和人为措施都影响抗灾能力，就北方春玉米来说，影响干旱抗灾能力的环境和人为因素有气候干燥度、土壤有效持水量和灌溉保障情况(张存杰 等，2014)。由此农作物全生育期干旱灾害风险评估模型计算公式如下：

$$R=I_D\times E\times K\times S_m\times I_m \tag{6.9}$$

式中，R 为全生育期干旱综合风险指数，I_D 为致灾因子与承灾体脆弱性(灾损)相互作用的干旱危险性指数，E 为暴露性指数，K 为气候干燥度，S_m 为土壤有效持水量，I_m 为有效灌溉面积。

由于各指标间的量纲和数量级都是不同的，为了消除这种差异，需要对每个指标做规范化处理。

(4)北方玉米干旱致灾阈值确定

利用 155 个市、县产量资料，根据 SPI 与减产率的相关程度，分别挑选出两种植区的 10 个典型干旱年，分析春玉米减产率与干旱累积指数的定量关系(图 6.26)。

根据图 6.26，北方春玉米种植区春玉米干旱累积指数和减产率相关系数为 0.71($P=0.001$)，西北内陆春玉米种植区干旱累积指数和减产量相关系数为 0.68($P=0.001$)，两种植区春玉米减产率与干旱累积指数的回归模型：

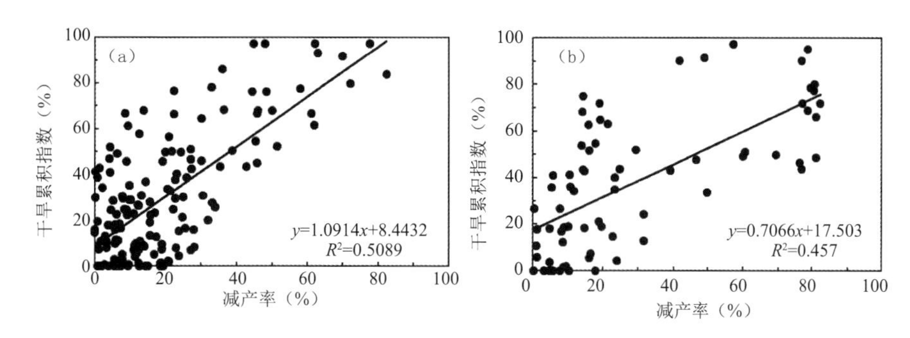

图 6.26　春玉米生育期典型干旱年减产率与干旱累积指数散点图
(a)北方种植区;(b)西北内陆种植区

$$y=1.0914x+8.4432 \tag{6.10}$$

$$y=0.7066x+17.503 \tag{6.11}$$

式中,x 为冬小麦减产率(%),y 为 SPI 计算得到的干旱累积指数,式(6.10)适用于北方春玉米种植区,式(6.11)适用于西北内陆玉米种植区。根据春玉米减产率与干旱累积指数的线性关系,利用春玉米减产率确定不同干旱等级阈值 Y(表 6.8)。

表 6.8　北方春玉米全生育期减产率对应干旱累积指数阈值

强度指标	轻度	中度	重度	特重
减产率(%)	$x<10$	$10\leq x<25$	$25\leq x<40$	$x\geq 40$
指标阈值(北方)	$y<19.4$	$19.4\leq y<35.7$	$35.7\leq y<52.1$	$y\geq 52.1$
指标阈值(西北)	$y<25.2$	$25.2\leq y<35.2$	$35.2\leq y<45.8$	$y\geq 45.8$

(5)北方玉米干旱危险性分析

基于确定的干旱灾害风险阈值,对每个台站求出春玉米各强度干旱的总次数,除以该站的观测年数得到干旱频次(图略)。轻旱和特旱频率呈西高东低的特征,新疆、甘肃、宁夏三省区的大部分地区轻旱频率在 50%以上,东北大部及内蒙古、陕西、山西、河北北部等地轻旱频率在 50%以下;新疆大部、甘肃北部和南部、宁夏、内蒙古中部等地特旱频率在 25%以上。中旱和重旱频率呈现东高西低的特征,新疆、甘肃、宁夏等地中旱频率不足 15%,东北地区及山西、陕西、内蒙古等地中旱频率在 15%以上,局部地区超过 25%;新疆、宁夏、甘肃南部、陕西中部等地重旱频率在 11%以下,东北大部、山西、内蒙古及陕西大部、河北大部等地重旱频率超过 11%。

根据干旱危险性指数计算公式(式(6.8))计算北方春玉米生育期内干旱危险性空间分布,结果如图 6.27 所示。宁夏、内蒙古中部、新疆西部和北部、甘肃北部和南部及辽宁、吉林、黑龙江北部等地干旱危险性指数较高,山西、陕西及新疆东部等地干旱危险性指数较低。

(6)北方玉米暴露度及抗灾能力分析

暴露度是承灾体受到致灾因子不利影响的范围和数量。这里提取我国土地利用/覆被类型中的耕地数据作为春玉米潜在种植区来描述暴露度。

环境条件及人为措施是影响抗灾能力的主要因素,结合北方春玉米生产实际,这里主要从气候、土壤和灌溉措施方面考虑影响抗灾能力的因子。土壤有效持水量指土壤水分中能被作物利用的水分数量,其大小取决于作物根毛吸水力和土壤吸水力的大小。春玉米区中东部土

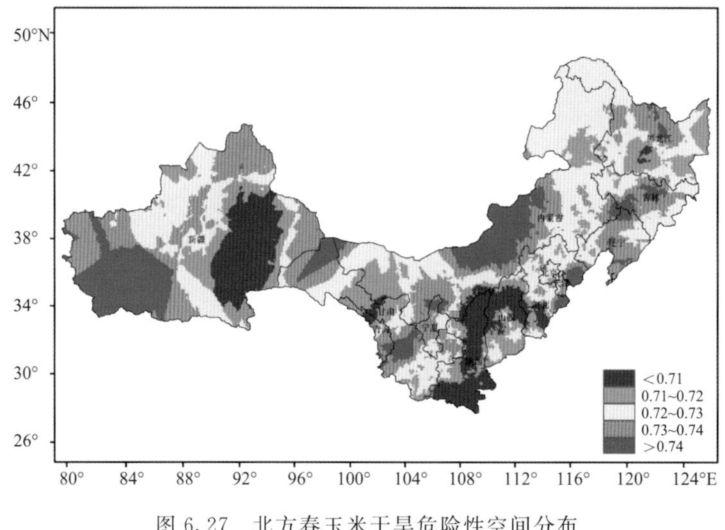

图 6.27　北方春玉米干旱危险性空间分布

壤有效持水量较高，新疆塔克拉玛干沙漠边缘绿洲地区、东北北部、内蒙古东北部最高；西部土壤有效持水量普遍较低，新疆南部(塔克拉玛干沙漠)、内蒙古西部最低(腾格里沙漠)(图 6.28a)。有效灌溉面积是指灌溉工程设施基本配套，有一定水源、土地较平整，一般年景下当年可进行正常灌溉的耕地面积，能反映抵御干旱的能力。春玉米区灌溉区主要集中在华北东南部和东北部分地区，西部除新疆西北部外基本无有效灌溉耕地(图 6.28b)。

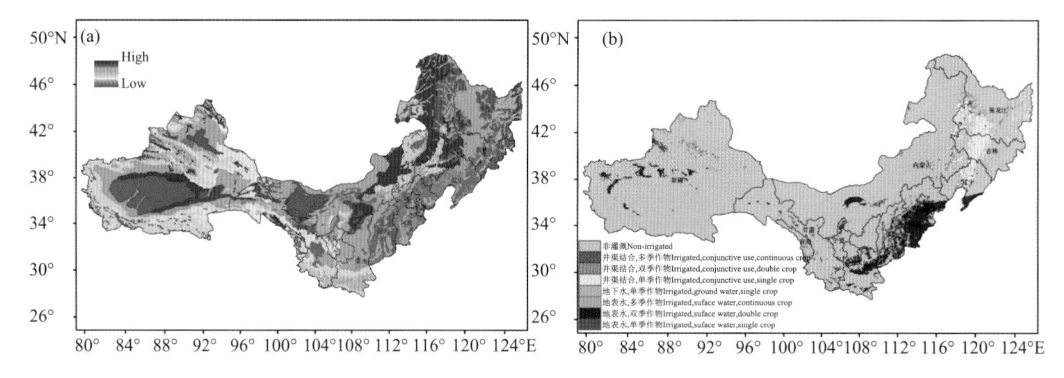

图 6.28　春玉米区土壤有效持水量(a)和土壤有效灌溉(b)

(7)北方玉米干旱灾害风险分析

基于干旱致灾因子和春玉米灾损脆弱性关系构建的干旱危险性指标，结合潜在种植区暴露度及影响抗灾能力的因子相互作用及其归一化处理，根据式(6.9)开展我国北方春玉米干旱灾害风险评估，空间分布结果如图 6.29 所示(王有恒 等，2018)。从图中可以看出，我国春玉米种植区干旱灾害风险空间差异较大，干旱低风险区位于黑龙江西南部、吉林中部和辽宁中部，较低风险区位于河北南部、山西、陕西中部，中等风险区位于黑龙江北部、吉林西部和东部、辽宁西部、河北北部、甘肃河东地区及新疆北部，较高和高风险区位于内蒙古中西部、宁夏、甘肃河西地区及新疆大部。

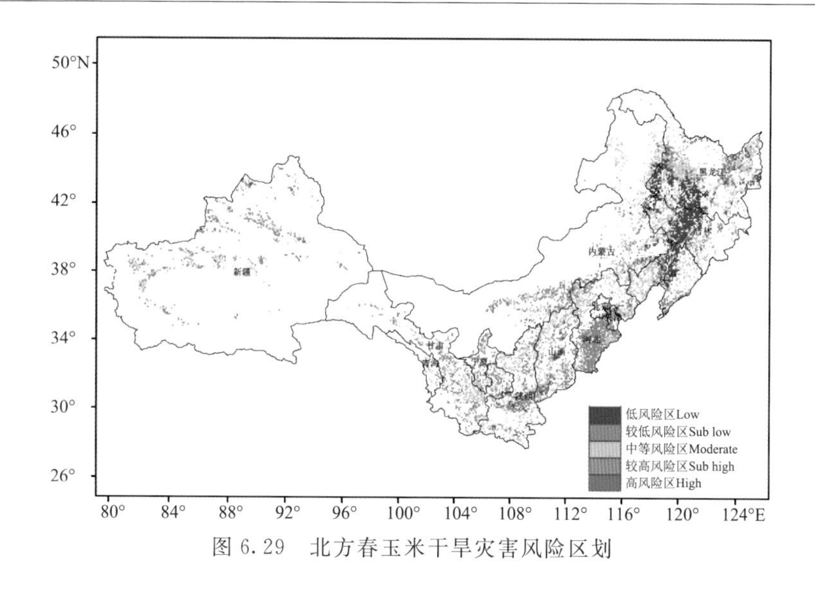

图6.29 北方春玉米干旱灾害风险区划

6.3.2 东北地区玉米干旱灾害风险评估

(1)东北地区玉米干旱灾害危险性评价

利用干旱指数和危险性评价模型，得到不同生长阶段玉米干旱的发生情况(图6.30)(Zhang et al, 2018)。从时空分布上看，玉米生长前期，干旱主要发生在辽宁西北部、吉林西北部和黑龙江西南部，黑龙江东北部绥滨一带也有干旱发生；后期，辽宁西北部干旱有所减弱，吉林西部干旱迅速发展。从干旱程度上看，后期干旱危险性远大于前期，前期危险性最大值为0.15，后期可超过0.4，这与玉米的生长发育机理是契合的，玉米生长后期，特别是抽雄到乳熟阶段是水分临界期，对水分需求较多，如果出现水分供应不足，则干旱的危险性便会加大；整个生长阶段干旱分布与玉米生长后期相似，主要集中在吉林西北部和辽宁西部，东北地区东南部干旱危险性较小。

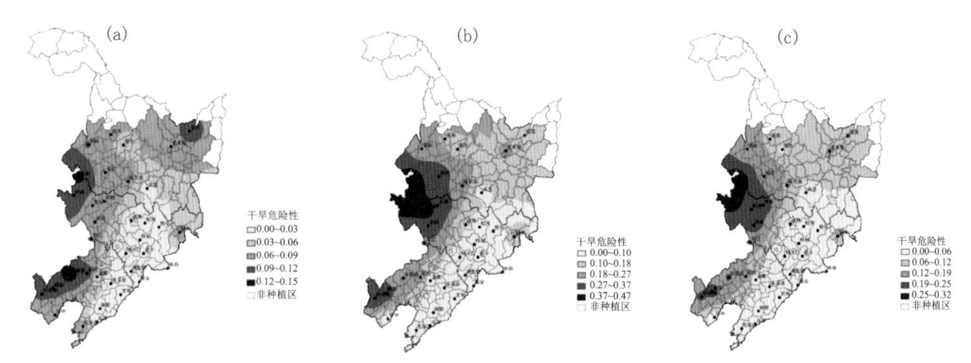

图6.30 东北地区玉米不同生长阶段干旱危险性
(a)生长前期；(b)生长后期；(c)全生长期

(2)东北地区玉米干旱灾害脆弱性评价

脆弱性指标的筛选是在原有数据的基础上，综合考虑东北地区玉米干旱脆弱性的自然因素以及当前的农业生产状况，结合作物自身的生理特征，选用多年平均减产率、气候敏感性指

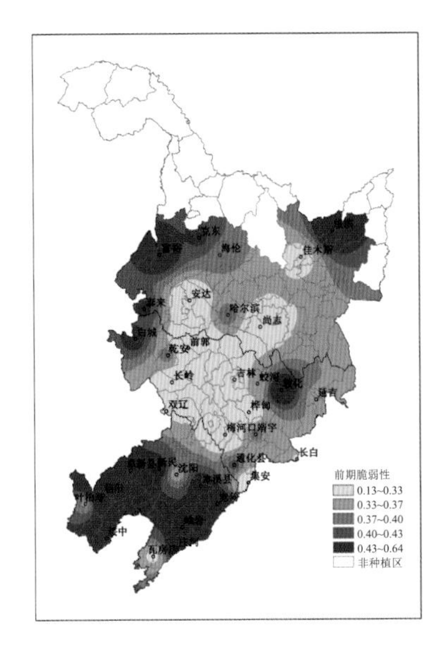

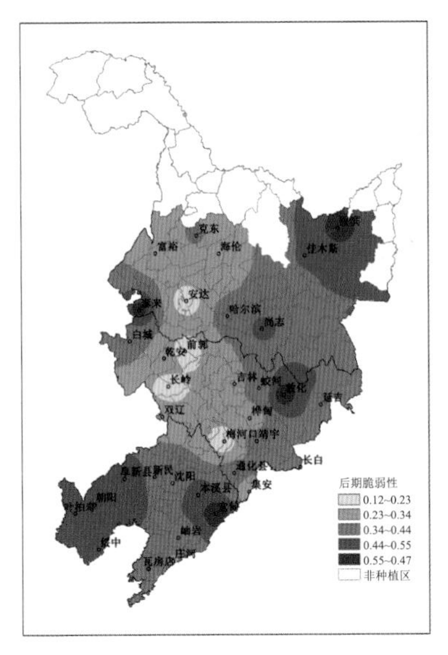

图 6.31　东北地区玉米不同生长阶段干旱脆弱性

数和环境适应性指数，作为脆弱性评价的指标。利用加权综合评分法计算东北玉米脆弱性，结果如图 6.31 所示，由图可见，前期辽宁绝大部分地区、黑龙江西北部和东北部脆弱性较明显，黑龙江中部、吉林中部脆弱性较弱，对作物生长有利；后期整个东北三省脆弱性前期的高值区有所减弱，低值区有所增强。

(3)东北地区玉米干旱灾害风险评价

基于自然灾害风险理论和农业气象灾害风险形成机理，利用构建的东北玉米发育阶段干旱灾害风险评价指标体系、发育阶段及全生育期干旱灾害风险评价模型，对播种—七叶、七叶—抽雄、抽雄—乳熟、乳熟—成熟 4 个发育阶段干旱灾害风险进行评估，利用系统聚类方法对评价结果进行区划(图 6.32)。

播种—七叶阶段，干旱灾害风险呈东北—西南向带状分布，中低值区分布在东北地区中部，中高值区主要分布在东北地区西部和东部。七叶—抽雄阶段，主要干旱灾害风险基本由东北向西南方向递增，中低值区主要分布在黑龙江、吉林中部和东北部，中高值区主要分布在东北地区西部，以及吉林东南部、辽宁东部和南部，抽雄—乳熟阶段、乳熟—成熟阶段及全生育期，干旱灾害风险基本由东向西递增，中高值区主要位于黑龙江西部、吉林西部及辽宁大部分地区。播种—七叶阶段，干旱灾害高风险区分布在青冈、东宁、白城、乾安、长白，大部分地区为中等风险；七叶—抽雄阶段，高风险区分布在辽宁东南部的宽甸、岫岩、庄河。这两个发育阶段，高风险区零星分布或者区域面积较小。抽雄—乳熟阶段、乳熟—成熟阶段及全生育期，高风险区域面积增大，呈片状分布在黑龙江西部、吉林西部及辽宁东部的宽甸、岫岩。

6.3.3　吉林省干旱灾害对玉米产量的影响分析

(1)吉林省玉米不同生育阶段干湿变化趋势

对每个站点 3 个生育阶段的 SPI 序列进行 Mann-Kendall 趋势检验，得到吉林省玉米不同生育阶段的 SPI 变化趋势空间分布(图 6.33)。由图可以看出，播种—拔节期白城、敦化、集安、

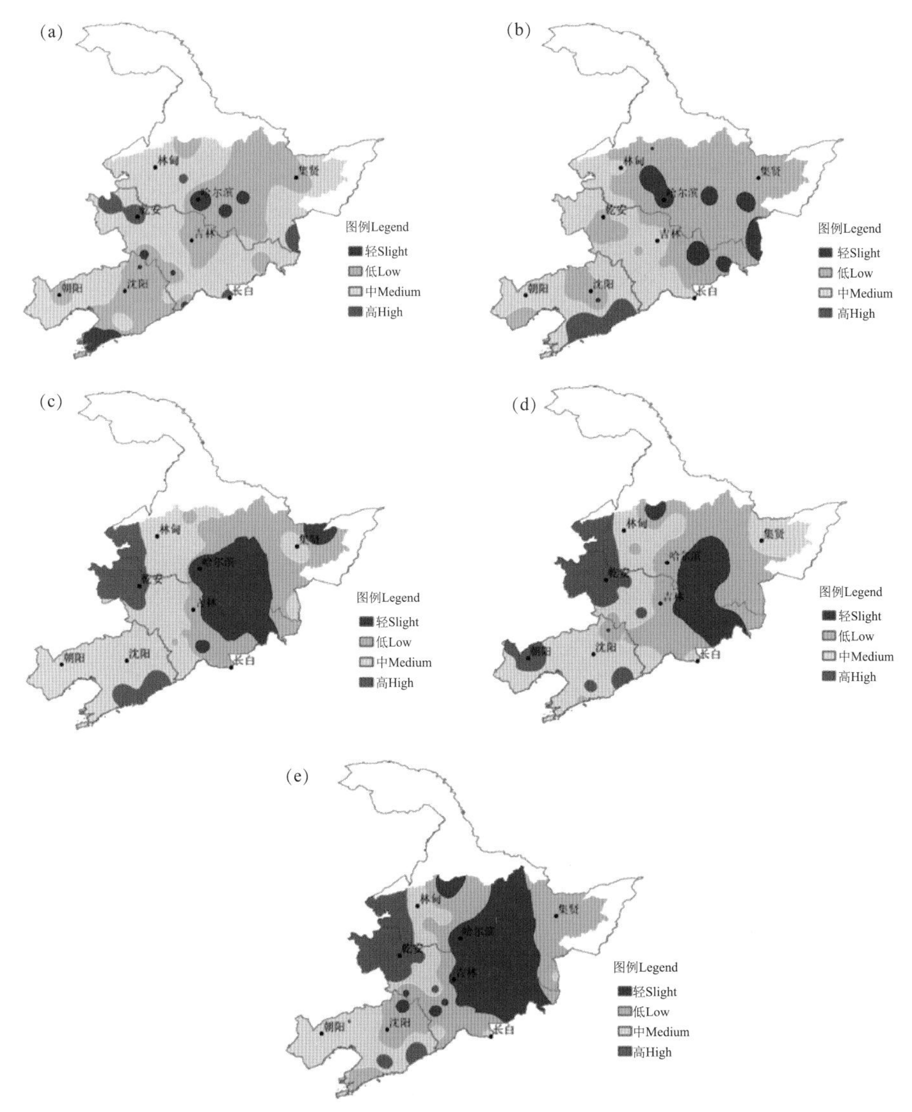

图 6.32　东北地区玉米发育过程干旱灾害风险区划

(a)播种—七叶；(b)七叶—抽雄；(c)抽雄—乳熟；(d)乳熟—成熟；(e)播种—成熟

梅河口、松原、榆树 6 个站点 Mann-Kendall 统计量都为负值，即 SPI 呈减小趋势，表明近 30 年(1981—2009 年)该阶段呈现干旱化趋势；长岭、桦甸、梨树、双阳、通化、永吉 6 个站点 Mann-Kendall 统计量都大于 0，即 SPI 呈增大趋势，说明近 30 年这几个站点该阶段呈现增湿趋势，但增湿趋势尚未通过显著性检验。拔节—抽雄期除白城、双阳、集安、永吉 4 个站点外，其他 8 个站点 Mann-Kendall 统计量都为负值，长岭、松原干旱化趋势显著($P<0.05$)，梅河口市干旱化趋势达显著水平($P<0.1$)。抽雄—成熟期双阳和松原 2 个站点呈变湿趋势，但未通过显著性检验，吉林省大部分站点干旱化趋势明显，白城、长岭、敦化、桦甸、梨树干旱化趋势达显著水平($P<0.05$)。

从玉米生育期的整个发展进程来看，近 30 年随着玉米生育发展进程，干旱化趋势的站点逐渐增多，干旱范围逐渐扩大。抽雄—成熟期吉林省超过四分之三的区域有变干趋势，东部和西部干旱化强度最大，说明吉林省玉米在抽雄—成熟期更易发生大面积干旱。

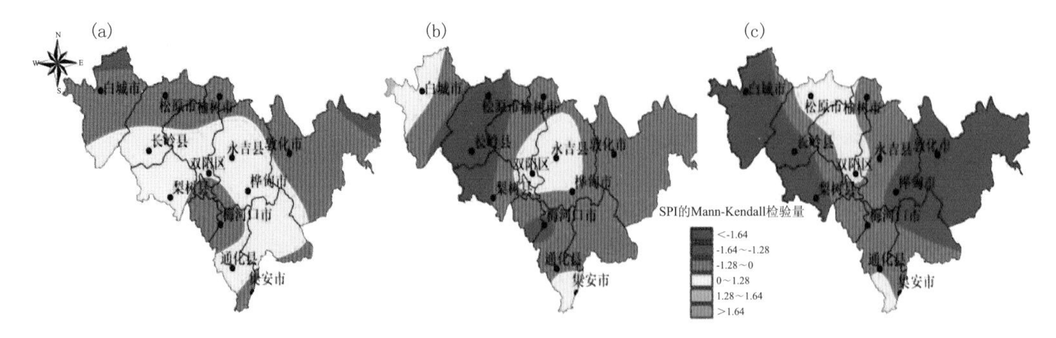

图 6.33　吉林省玉米生育期内不同生育阶段标准化降水指数变化趋势

(a)播种—拔节期；(b)拔节—抽雄期；(c)抽雄—成熟期

(2)吉林省干旱对玉米产量的影响

通过统计各站点不同生育阶段 4 个干旱等级作用下的多年减产率，确定各等级干旱对玉米产量的影响。图 6.34 展示了玉米在不同生育阶段发生轻旱、中旱、重旱、特旱时造成的减产率。播种—拔节阶段，4 个等级干旱造成玉米减产率的多年平均值分别为轻旱 3.03%、中旱 1.93%、重旱 11.40%、特旱 14.93%；造成减产率的四分位距分别为 21.84%、31.06%、36.87%、23.66%，四分位距越大，表明数值分布越离散。拔节—抽雄阶段，4 个等级干旱造成玉米减产率的多年平均值分别为轻旱 1.09%、中旱 8.05%、重旱 0.42%、特旱 15.73%；各等级干旱造成减产率的四分位距分别为 27.83%、19.67%、6.85%、52.31%。抽雄—成熟阶段，各等级干旱对玉米产量的减产率随着干旱程度的加重呈增大趋势，4 个等级干旱造成玉米减产率的多年平均值为轻旱 1.53%、中旱 4.52%、重旱 12.76%、特旱 17.83%；各等级干旱造成减产率的四分位距分别为 26.73%、23.02%、34.67%、37.45%。总体来看，各生育阶段轻旱和中旱对玉米产量的影响明显小于重旱和特旱的影响；抽雄—成熟阶段的各等级干旱对玉米产量的影响程度最大，是对干旱响应的关键时期，播种—拔节阶段次之，拔节—抽雄阶段影响最小(李琪 等，2018)。

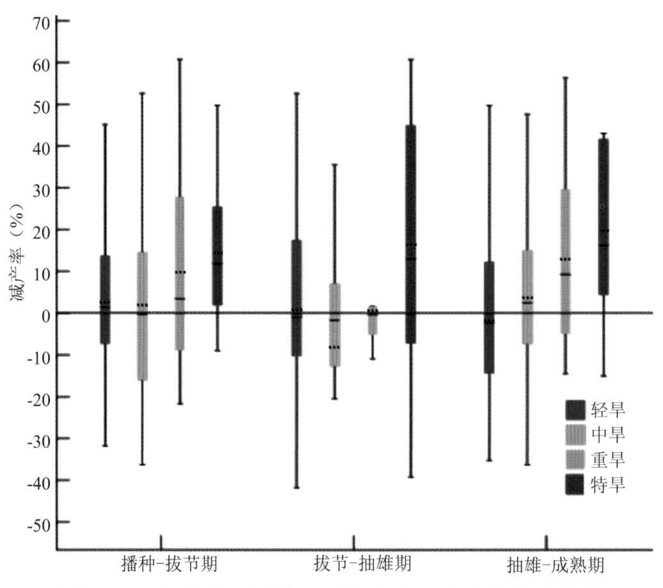

图 6.34　吉林省不同等级干旱造成玉米产量的减产率

通过上述分析可以得出，吉林省玉米抽雄—成熟期发生重旱及以上程度干旱对产量造成的损失最大。图 6.35 是抽雄—成熟期各站点发生重旱及特旱时玉米平均减产率空间分布，由图可以看出，全省减产率的分布呈现西多东少，北多南少的趋势，白城和榆树减产率最大，超过30%。减产率的分布规律表明，由于吉林省东部及南部位于湿润地区，即使发生严重干旱，对玉米产量影响也不大，抗旱能力强，吉林省西部和北部地区玉米的抗旱能力弱，玉米产量对重、特旱响应明显，抽雄—成熟期一旦发生干旱将会对玉米产量带来明显的影响。

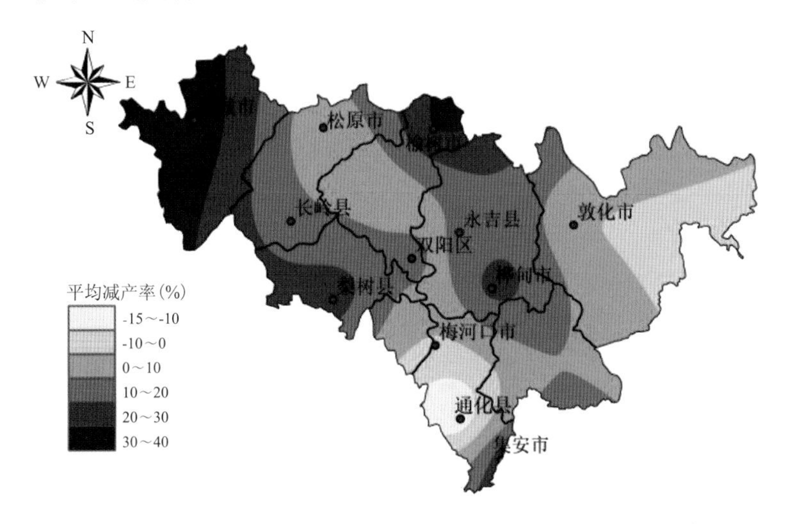

图 6.35　抽雄—成熟期吉林省重旱及特旱时玉米平均减产率

6.3.4　西北半干旱区玉米干旱灾害风险分析

甘肃、宁夏和陕西的相对气象产量随着气象干旱程度的增大而降低，局部由于数据的扰动有小幅波动(图 6.36)。当气象干旱程度较低时，玉米相对气象产量表现为 10%以内的增产。这是因为轻度干旱胁迫可以促进玉米干旱适应能力的提高，轻度干旱可提高玉米根冠比，提升

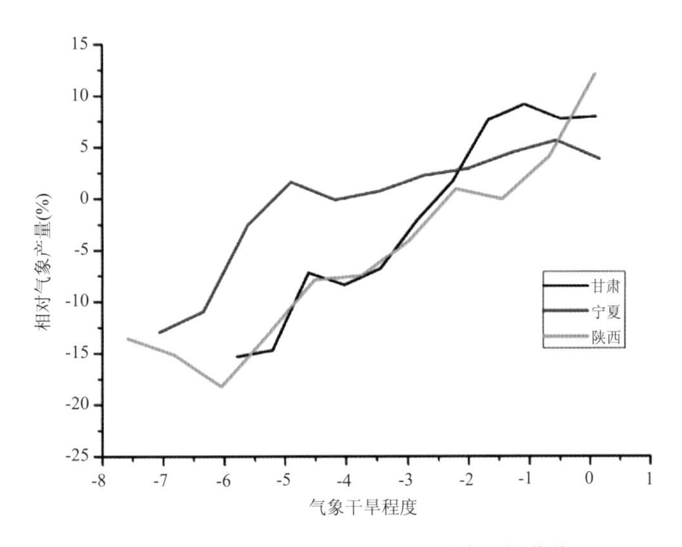

图 6.36　西北半干旱区玉米干旱脆弱性曲线

根系的氧化和还原能力，锻炼了玉米的抗旱能力。后期一旦水分条件得到改善，玉米就会表现出较高的超补偿效应，产量增产。随着气象干旱程度的增大，玉米受到干旱胁迫后的自恢复性逐渐降低，甚至出现不可逆的损伤，导致减产。从 3 个地区来看，当气象干旱程度大于－2.2 时，陕西的玉米干旱脆弱性最大，其次为宁夏和甘肃；当气象干旱程度小于－2.2 时，陕西和甘肃的玉米干旱脆弱性最大，其次为宁夏（Wang et al，2018b）。

中国西北半干旱区玉米主产区主要分布在陕西中北部、宁夏大部以及甘肃黄河以东的黄土高原地区，对该区域玉米干旱灾害风险的分析表明（图 6.37），高、次高风险区主要位于中温带地区的甘肃中东部、宁夏东部和陕西西部，以及陕西东北部的暖温带地区和南部部分地区。从玉米的环境敏感性、暴露度、自敏感性和适应能力来看，各个高、次高脆弱区的主导因子是不一样的，例如，甘肃中部玉米干旱脆弱性主要由暴露度、自敏感性和适应性主导，宁夏东部主要由环境敏感性和暴露度主导（Wang et al，2018b）。

图 6.37　西北半干旱区玉米主产区干旱危险性(a)、暴露度(b)、环境敏感性(c)、适应能力(d)和干旱灾害风险(e)空间分布

6.3.5 甘肃省农业干旱灾害风险评估

选择农作物受灾面积、成灾面积和播种面积作为农业干旱灾害风险指数的基础数据，定义了农业干旱灾害受灾风险指数和成灾风险指数。受灾风险指数代表干旱灾害对农业生产的影响程度；成灾风险指数代表承灾体对农业干旱灾害的适应性和恢复力。从北方典型区域甘肃省来看，温度发生变暖突变后，甘肃省干旱受灾风险估计值平均增加了 17.56%（图 6.38）。温度突变后，位于 14%～27% 和 39%～60% 区间的风险指数出现概率增加，是突变前的 1.26 倍。温度突变前，干旱风险指数在 13% 时出现概率峰值（0.026）；突变后，干旱风险指数在 18% 时出现概率峰值（0.035），峰值右移。从超越概率密度曲线来看，突变后风险估计值增加，平均增加了 17.65%（王莺 等，2013）。

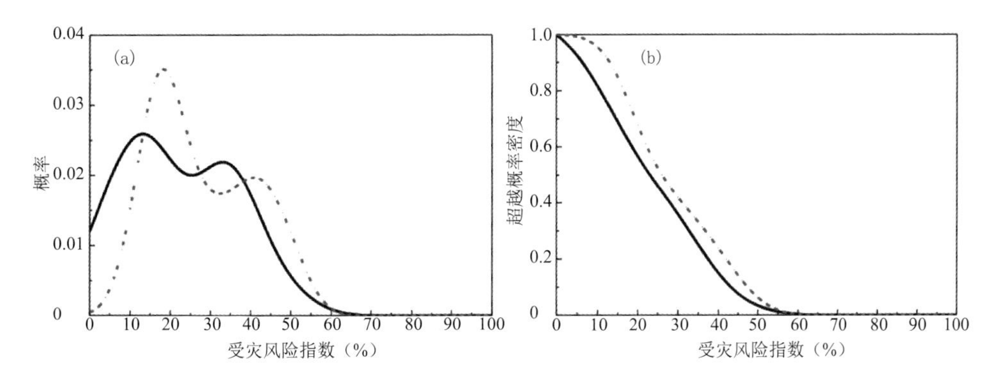

图 6.38　温度发生变暖突变前后干旱受灾风险指数概率分布（实线：突变前；虚线：突变后）

温度发生变暖突变后，甘肃省干旱成灾风险估计值平均增加了 19.57%（图 6.39）。温度突变前后甘肃省农业干旱灾害成灾风险的差异非常明显，温度突变后概率峰值增大，且向高成灾风险指数转移，风险估计值的平均值也呈增大的趋势，说明变暖后干旱成灾风险总体增大。从干旱成灾风险超越概率密度曲线来看，当成灾风险指数小于 73% 时，变暖使得干旱成灾风险估计值增大，但当成灾风险指数大于 73% 时，干旱成灾风险估计值减小，说明温度突变后干旱高成灾风险反而降低。

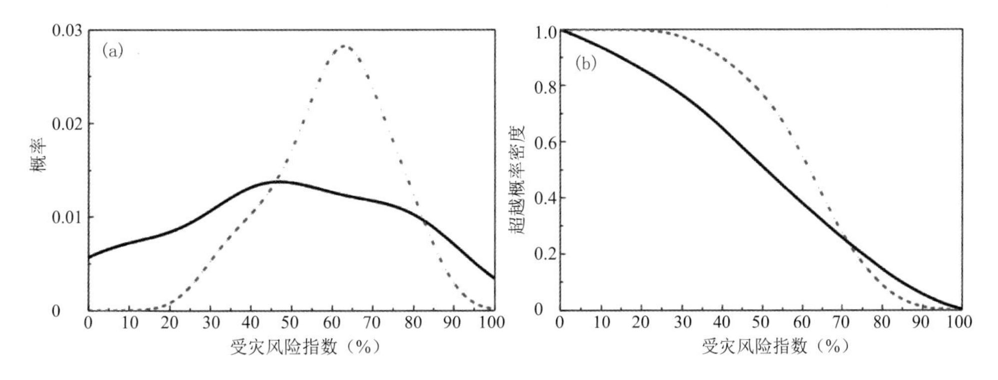

图 6.39　温度发生变暖突变前后干旱成灾风险指数概率分布（实线：突变前；虚线：突变后）

甘肃省河东地区是雨养农业区，干旱严重制约着该地区农业发展，从不同影响因子的层面分析了河东地区干旱灾害风险的分布特征（图 6.40）。河东地区干旱致灾因子危险性有自中部向东西两边逐渐降低的趋势；孕灾环境脆弱性有自北向南逐渐降低的趋势；承灾体较高暴露区主要位于陇东地区南部、平凉地区、天水地区北部以及陇南地区中部；防灾减灾能力较低的区域主要位于甘南、陇南地区西部和庆阳地区北部。总的来说，河东地区自北向南干旱灾害风险逐渐降低。干旱灾害次高风险以上区域主要集中在庆阳地区西北大部、平凉东部和西部、天水、定西地区中部及东北大部、临夏北部以及陇南地区南部；次低风险以下区域主要集中在甘南和陇南大部、平凉中部、陇东东部，以及定西地区西部和南部(王莺 等，2014)。

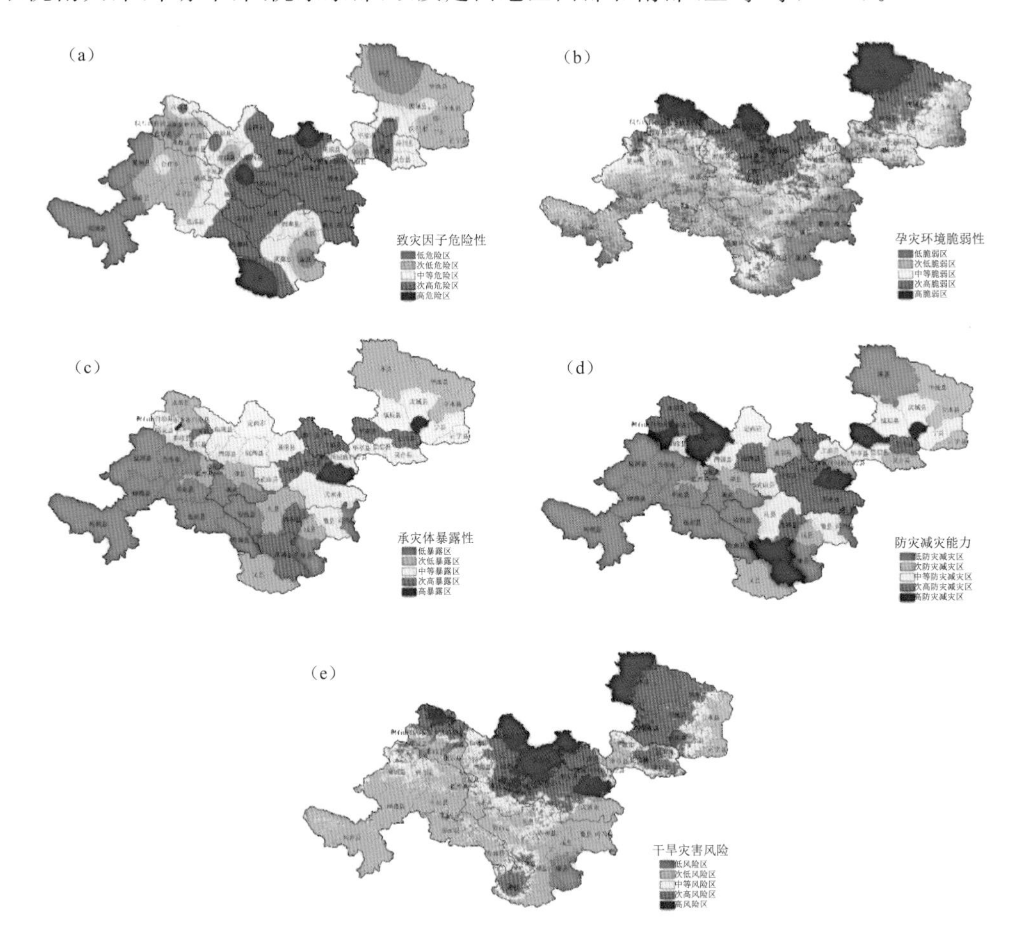

图 6.40　甘肃省河东地区干旱灾害风险的不同主导因子分布

(a)致灾因子危险性，(b)孕灾环境脆弱性，(c)承灾体暴露性，(d)防灾减灾能力，(e)综合风险分布

6.3.6　黄淮海区域夏玉米干旱灾害风险评估

(1)致灾因子危险性评估

黄淮海区域夏玉米生长季干旱致灾因子危险性区划见图 6.41。依据计算出的危险性指标值的大小，通过 ArcGIS 软件中的自然断点分级法将危险性分成了 5 个等级区域，分别为低危险区、次低危险区、中等危险区、次高危险区、高危险区。从图中能够看出，整个黄淮海区域，干旱的中等危险区和次高危险区范围最大，低危险区仅只有个别站点，分布范围极小。河北北部、山东东部、河南西部以及江苏、安徽的南部属于高风险区；河北大部、山东除沿海地区外、安

徽大部分地区都是次高危险区；低危险区仅有山东的东部沿海处以及河南与安徽交界处。整个黄淮海范围内，绝大部分区域都有着较高的干旱致灾危险。从计算得到的危险性指数可知，区域内高危险区主要包括常州、丰宁、滁县、宁国、围场、保定、朝阳、潍坊、赣榆、承德等多个站点，危险性指标均高于0.78；次高危险区范围主要包括了霍山、亳州、遵化、寿县、唐山、济南、怀来、西华、开封、新乡、蔚县、张家口、合肥、徐州、固始、沂源等区域，其危险性指标的数值处于0.70～0.78；中等危险区包含了屯溪、廊坊、饶阳、许昌、宝丰、青龙、南通、三门峡、邢台、乐亭、射阳、宿县、泰山、南京、南宫、日照等多个站点，危险性指标范围为0.62～0.70；次低危险区主要包括郑州、天津、秦皇岛、高邮、龙口、信阳、驻马店、阜阳、海阳等区域，其危险性指标的数值为0.30～0.62；低风险区只有威海1个站点，危险性指标值小于0.30。

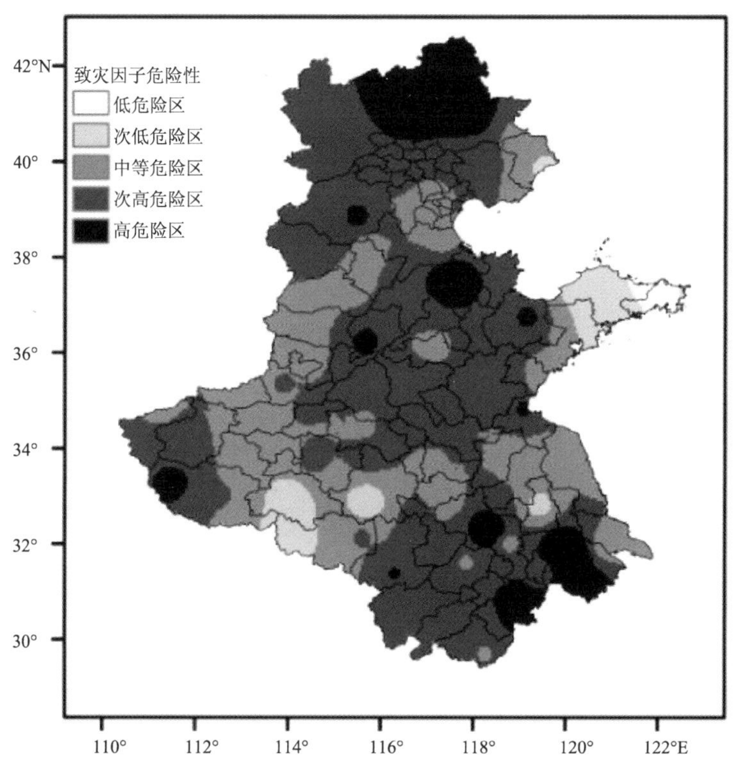

图6.41　黄淮海夏玉米生长季干旱灾害致灾因子危险性评估区划

(2)承灾体暴露度评估

黄淮海区域夏玉米干旱承灾体暴露度的区划见图6.42。依据计算出的承灾体暴露度指标值的大小，通过ArcGIS软件中的自然断点分级法将危险性分成了5个等级区域，分别为低暴露区、次低暴露区、中等暴露区、次高暴露区、高暴露区。从图中能够看出黄淮海区域暴露度基本呈从北到南依次递减分布，高暴露度区主要为河北东北部蔓延至山东北部，包含了京津地区；河北西部和山东东部为次高暴露度区；河南大部、山东南部属于中等暴露度区；山东、河南与江苏、安徽的交界处为次低暴露度区；安徽与江苏约32°N往南基本属于低暴露度区。通过具体的暴露度数据可知，天津、莘县、惠民、北京、廊坊、潍坊、承德、唐山、沂源、泰山、济南的暴露度高，均大于0.7，这些站点皆位于黄淮海区域的北部，纬度均高于36°N，经度处于117°～

119°E之间，范围较为集中；次高暴露度区主要有龙口、秦皇岛、黄骅、饶阳、保定、威海、兖州、石家庄、邢台，暴露度处于0.55～0.70，其位置基本位于35°N以北；中等暴露度区的暴露度处于0.36～0.55，主要包括郑州、安阳、驻马店、张家口、新乡、开封等，位置处于33.63°～36°N；次低暴露度区范围最小，仅包括30.12°～34.83°N的狭长区域，主要有南阳、亳州、滁县、黄山、南通等；低暴露度区主要位于32°N以南，暴露度值均小于0.19，包括信阳、六安、合肥、南京、安庆、常州等。

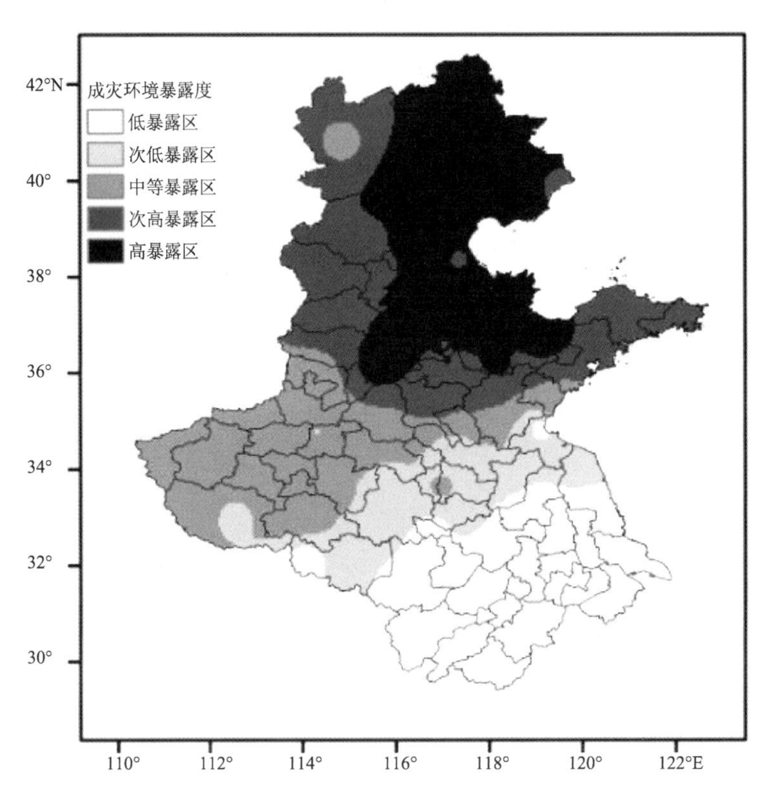

图6.42　黄淮海区域夏玉米生长季干旱灾害成灾环境暴露度评估区划

(3)成灾环境脆弱性评估

黄淮海区域夏玉米干旱成灾环境脆弱性区划见图6.43。依据计算出的成灾环境脆弱性指标值的大小，通过ArcGIS软件中的自然断点分级法将危险性分成了5个等级区域，分别为低脆弱区、次低脆弱区、中等脆弱区、次高脆弱区、高脆弱区。从图中能够看出，河北北部与山东东部沿海的小范围属于高脆弱区；次高脆弱区紧靠着高脆弱区，分布于河北北部、山东东部和中南部以及河南西部区域；中等脆弱区分布在河北西部到河南中部接连到山东以及江苏北部部分地区；次低脆弱区包括了京津地区、河北中部、安徽西北部、江苏东北部区域；低脆弱区分布较为集中，基本位于江苏和安徽的南部，范围较小。从计算得到的脆弱性指数可知，张北、怀来、丰宁、日照、成山头、遵化、青龙、围场等属于高脆弱区，脆弱性指数超过0.61；次高脆弱区主要包括三门峡、唐山、蔚县、徐州、驻马店、泰山、沂源、乐亭、保定等地方，脆弱性指数处于0.48～0.61；中等脆弱区主要有潍坊、北京、惠民、张家口、兖州、南通、邢台、安阳、信阳等多地，脆弱性指标为0.38～0.48；次低脆弱区包含亳州、廊坊、莘县、许昌、天津、东台、合肥、安庆、饶阳、滁县、阜阳、黄骅等地区，脆弱性指标值为0.26～0.38；低脆弱区为射阳、溧阳、寿县、黄山、宁国、巢湖、屯溪、塘沽等，其脆弱性值均小于0.26。

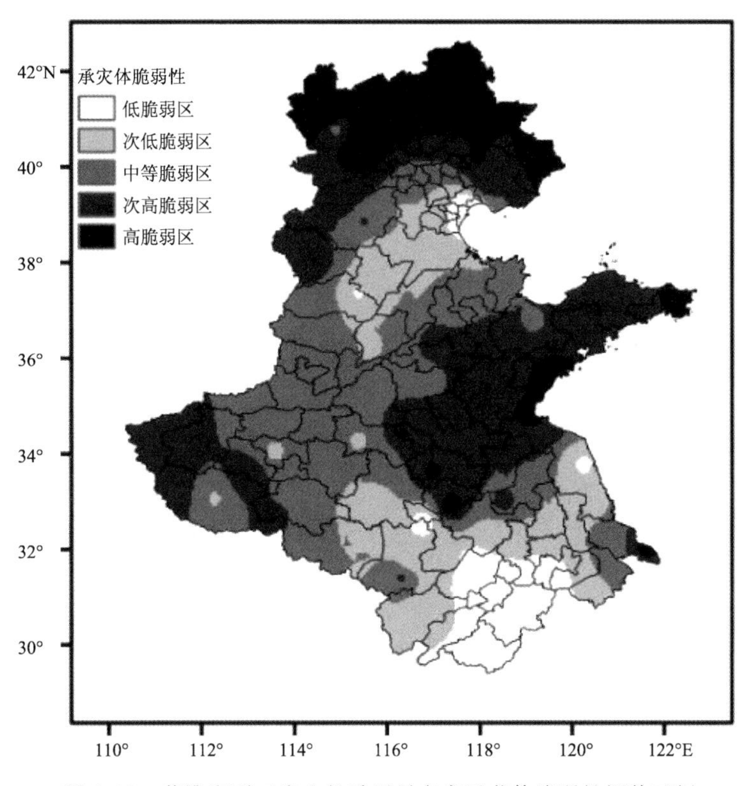

图6.43　黄淮海夏玉米生长季干旱灾害承载体脆弱性评估区划

(4)防灾减灾能力评估

黄淮海区域夏玉米干旱防灾减灾能力区划见图6.44。依据计算出的防灾减灾能力指标值的大小，通过ArcGIS软件中的自然断点分级法将防灾减灾能力分成了5个等级区域，分别为低抗旱区、次低抗旱区、中等抗旱区、次高抗旱区、高抗旱区。从图中可以看出，防灾减灾能力的分布相对于其他3个指标的分布更加零散一些，高抗旱区呈点状散落地分布于河北西南部、环渤海区域带、河南与山东交界处以及河南南部区域；次高抗旱区基本位于高抗旱区的外延区域，扩展成片，分布于河北南部、河南东部和中南部、山东西部；中等抗旱区域包含河北东部、河南东部、山东北部、安徽北部以及江苏东南部；次低抗旱区分布于河北北部、河南西部、山东中南部、江苏北部、安徽中西部；低抗旱区分布零散，主要位于河南西部、河北东北部、安徽南部以及江苏南部。通过计算得到的防灾减灾指数具体数据可以得出，高抗旱区主要有保定、唐山、商丘、黄骅、驻马店、莘县、饶阳等地，防灾减灾能力指数均高于0.64；南阳、兖州、邢台、徐州、石家庄、信阳、六安属于次高抗旱区，防灾减灾能力指数数值为0.50～0.64；中等抗旱区主要包括宿县、阜阳、南通、新乡、廊坊、安阳、赣榆、开封、亳州等，其防灾减灾能力指标为0.37～0.50；次低抗旱区分布的地方为张家口、安庆、许昌、合肥、北京、天津、济南、泰山等多地，防灾减灾能力指数为0.25～0.37；低抗旱区包含的站点有黄山、常州、承德、宁国、沂源、秦皇岛、蚌埠、威海等，其防灾减灾能力指标值均小于0.25。

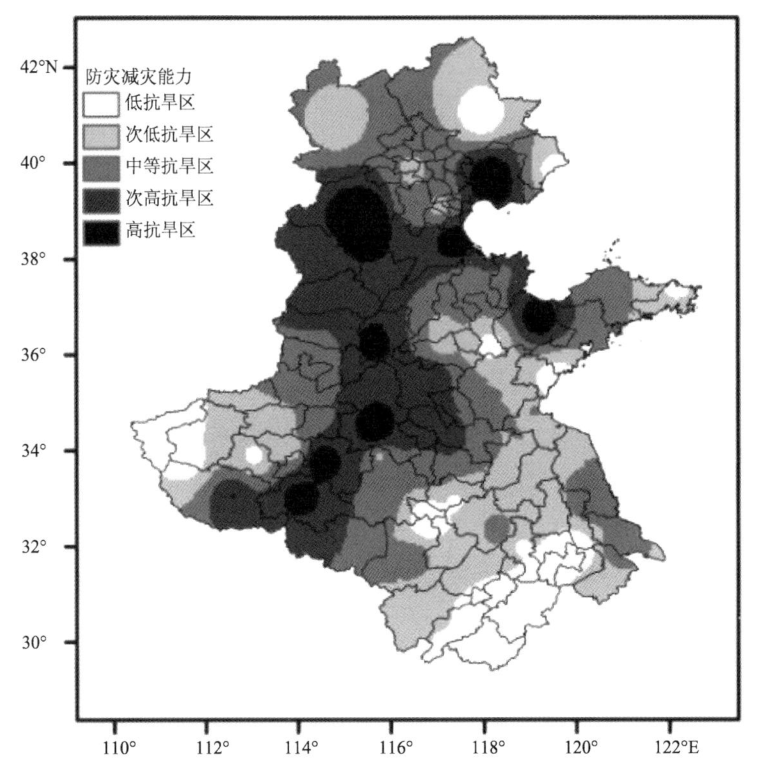

图 6.44　黄淮海区域夏玉米生长季干旱灾害防灾减灾能力评估区划

(5)黄淮海区域夏玉米干旱风险评估

通过分析致灾因子危险性、承灾体暴露度、成灾环境脆弱性以及防灾减灾能力 4 个因子的量值以及分布范围,根据干旱灾害风险评估的计算公式计算得到了黄淮海区域干旱综合风险评估指数,并通过 ArcGIS 软件中的自然断点分级法将干旱风险指数分成了 5 个等级区域,分别为低风险区、次低风险区、中等风险区、次高风险区、高风险区。从图 6.45 能够看出,整个黄淮海区域夏玉米干旱灾害风险分布由北向南下降,几乎一半的区域属于低风险区,且低风险区大部分位于黄淮海区域的南部,也就是河南南部、山东南部,以及安徽、江苏两省;次低风险区主要分布于山东东部、河南中西部;中等风险区位于河南与河北的交界处、河北西南部、山东中部狭长区域;次高风险区分布比较密集,主要分布于河北东部延伸直至山东东部;高风险区位于京津地区和山东东部。通过对综合干旱风险指标的统计可知,高干旱风险区的站点有北京、天津、廊坊、惠民,其干旱综合风险指标均高于 0.65;次高风险区主要包括沂源、许昌、张家口、承德、朝阳、泰山、安阳等,干旱综合风险指标处于 0.42～0.65;中等风险区有饶阳、新乡、亳州、兖州、开封、黄山、三门峡、邢台、宝丰等,干旱综合风险指标的范围为 0.28～0.42;次低风险区主要包含站点为黄骅、龙口、潍坊、阜阳、滁县、石家庄、南阳等,干旱综合风险指标的数值为 0.18～0.28;低风险区分布的主要站点有东台、寿县、宁国、唐山、西华、驻马店、合肥、南通、六安、赣榆、信阳、安庆、威海、蚌埠、保定等,干旱综合风险指标值均小于 0.18。

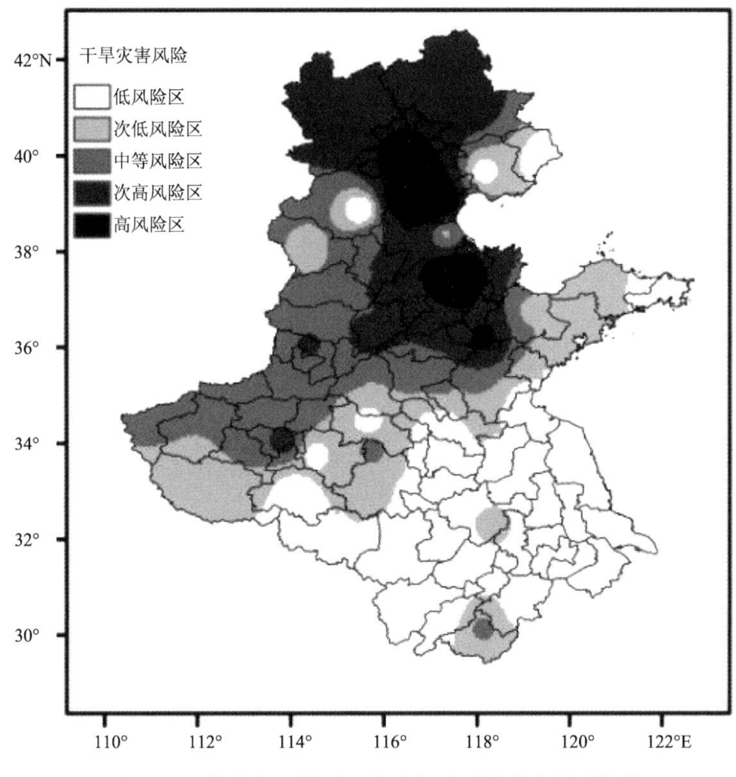

图 6.45 黄淮海区域夏玉米生长季干旱灾害风险评估

6.4 农业干旱灾害风险区划方法研究

基于 Copula 联合概率分布函数和 EPIC 作物模型，以干旱事件为研究对象，从作物自身机理、风险形成机理出发，建立了农业旱灾脆弱性曲线，构建了干旱灾害风险区划新的理论方法，并开展了洮儿河流域农业旱灾风险区划试验（Wang et al，2019）。

6.4.1 Copula 函数对干旱特征值的联合概率分布

通过游程理论对干旱事件进行识别。因为干旱特征值——干旱历时、干旱烈度分别服从指数分布、Gamma 分布的假设，所以可以采用适线法确定干旱特征变量的理论分布。图 6.46—6.48 为洮儿河流域白城气象站干旱特征变量分布曲线与经验频率点的对比情况，其他各站点处理过程与之相同。利用 Copula 函数计算干旱历时与干旱烈度联合概率分布。

6.4.2 洮儿河流域干旱识别结果分析

对洮儿河流域 10 个市、县分别进行干旱识别，选取 1953—2010 年月值降水距平指数数据进行 Copula 分析，输出结果包括历时和烈度的重现期以及联合这两个特征向量的概率结果。

镇赉共识别出 98 个干旱事件，其中最严重的干旱事件重现期达 207.5 a，最长干旱历时 8 个月，最高烈度为 1，发生大于此次干旱的概率为 0.003。对 57 a 发生的干旱事件求平均值得到，镇赉的干旱平均重现期为 8 a，干旱平均烈度 0.37，平均干旱历时为 1.7 个月。扎赉特旗

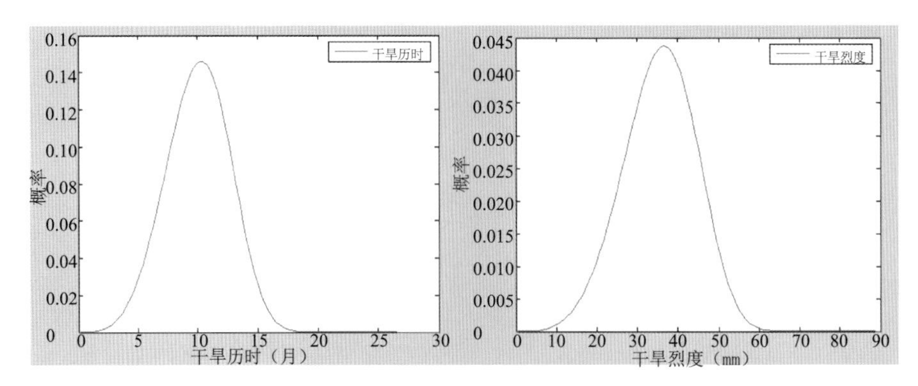

图 6.46　白城气象站干旱历时(a)和干旱烈度(b)概率分布

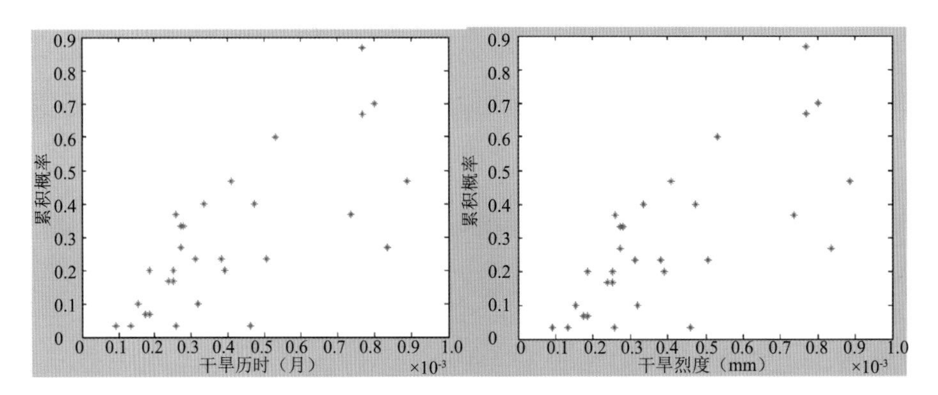

图 6.47　白城气象站干旱历时(a)和干旱烈度(b)的联合概率分布

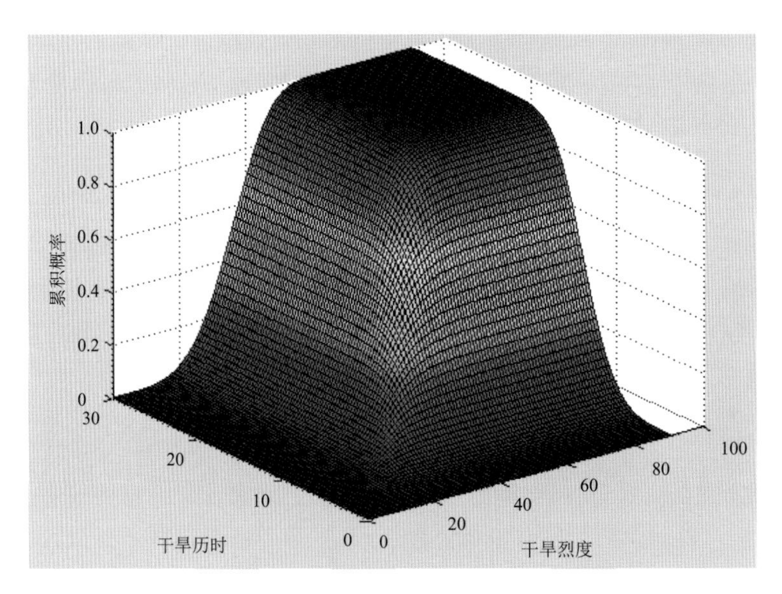

图 6.48　干旱历时和干旱烈度的联合累计概率分布

共识别出95个干旱事件,其中最严重的干旱事件重现期为239 a,最长干旱历时为11个月,最大干旱烈度为1.5,发生超过此次干旱的概率为0.002。对95个干旱事件求平均值,扎赉特旗干旱事件的平均重现期为7.8 a,平均干旱历时为2个月,平均干旱烈度为0.46。乌兰浩特共识别出118个干旱事件,其中最严重的干旱事件重现期为110 a,最长干旱历时为11个月,最大干旱烈度为3.2,发生超过此次干旱的概率为0.004。对118个干旱事件求平均值,乌兰浩特干旱事件的平均重现期为5.1 a,平均干旱历时为2.5个月,平均干旱烈度为0.82。突泉共识别出95个干旱事件,其中最严重的干旱事件重现期为147 a,最长干旱历时为7个月,最大干旱烈度为1.4,发生超过此次干旱的概率为0.004。对95个干旱事件求平均值,突泉干旱事件的平均重现期为7.4 a,平均干旱历时为1.8个月,平均干旱烈度为0.42。洮南共识别出87个干旱事件,其中最严重的干旱事件重现期为90 a,最长干旱历时为7个月,最大干旱烈度为1.1,发生超过此次干旱的概率为0.007。对87个干旱事件求平均值,洮南干旱事件的平均重现期为6.9 a,平均干旱历时为1.9个月,平均干旱烈度为0.44。科尔沁右翼中旗共识别出92个干旱事件,其中最严重的干旱事件重现期为170 a,最长干旱历时为7个月,最大干旱烈度为0.9,发生超过此次干旱的概率为0.004。对92个干旱事件求平均值,科尔沁右翼中旗干旱事件的平均重现期为8.1 a,平均干旱历时为1.7个月,平均干旱烈度为0.34。科尔沁右翼前旗共识别出95个干旱事件,其中最严重的干旱事件重现期为147 a,最长干旱历时为7个月,最大干旱烈度为1.4,发生超过此次干旱的概率为0.004。对95个干旱事件求平均值,科尔沁右翼前旗干旱事件的平均重现期为7.8 a,平均干旱历时为1.9个月,平均干旱烈度为0.42。大安共识别出98个干旱事件,其中最严重的干旱事件重现期为203 a,最长干旱历时为8个月,最大干旱烈度为1.0,发生超过此次干旱的概率为0.003。对98个干旱事件求平均值,大安干旱事件的平均重现期为8.4 a,平均干旱历时为1.78个月,平均干旱烈度为0.36。白城共识别出123个干旱事件,其中最严重的干旱事件重现期为83 a,最长干旱历时为9个月,最大干旱烈度为2.3,发生超过此次干旱的概率为0.006。对123个干旱事件求平均值,白城干旱事件的平均重现期为4.8 a,平均干旱历时为2.2个月,平均干旱烈度为0.6。阿尔山共识别出86个干旱事件,其中最严重的干旱事件重现期为112 a,最长干旱历时为6个月,最大干旱烈度为1.1,发生超过此次干旱的概率为0.006。对86个干旱事件求平均值,阿尔山干旱事件的平均重现期为7.3 a,平均干旱历时为1.7个月,平均干旱烈度为0.36。

6.4.3　基于EPIC模型的洮儿河流域农业脆弱性曲线建立

玉米是洮儿河流域整个农业中分布最为广泛、播种面积最为广大的作物,并且是区域内对干旱响应比较明显的作物,能够代表地区农业受旱灾影响的总体情况。因此,以玉米作物为代表进行研究,用来表征该地区的农业受旱灾影响情况。利用EPIC模型模拟玉米的生长状况,输入的参数为验证过的北方玉米作物的相关参数。为确保模拟出来的作物产量是单一干旱条件胁迫下的作物产量,在进行EPIC模拟实验时,将施肥条件设定为自动施肥,病虫害管理采用自动设置,排除因为管理条件对作物产量产生的影响。EPIC模型在模型校准和干旱损失评价时,灌区要加入当地的实际灌溉设置(包括灌溉量和灌溉时间),但由于洮儿河流域处于气候干旱区,从实际情况出发,农业类型基本属于雨养农业,不具备灌溉条件,因此,模型校准过程中的灌溉设置一律设置为0。这里所使用EPIC(5300)模型,已经在中国北方地区得到了验证,能够很好地满足实验的要求。

以多年最优气象条件且充分灌溉下的作物产量和历年真实气象条件下的作物产量的差值，作为旱灾损失。利用历史 30 a 的平均气象条件输入 EPIC 模型模拟非干旱情境下的作物产量(Y_n)；利用干旱时的真实气象数据输入模型模拟干旱情境下的作物产量(Y_d)；利用正常年份产量和干旱年份产量的差值构建旱灾造成的作物理论减产量评价方法。

由于篇幅有限，表 6.9 仅以阿尔山市的计算结果为代表，表征每一个干旱事件相对应的干旱产量和减产量结果。

表 6.9 阿尔山市农业产量数据计算结果

编号	重现期/a	历时/月	干旱烈度	干旱的历时重现期	干旱的烈度重现期	大于此次干旱的频率	干旱产量	减产率
1	6.5205	3	0.5146	4.9418	3.1372	0.1025	5.1059	0.4399
2	1.1331	1	0.1938	1.0002	0.8814	0.5898	6.3059	0.3082
3	4.8101	2	0.5577	2.2122	3.8752	0.1389	4.7093	0.4834
4	1.3412	1	0.2735	1.0002	1.1308	0.4983	6.3412	0.3043
5	7.0638	3	0.5547	4.9418	3.8173	0.0946	6.0985	0.3500
6	11.5262	4	0.3634	11.0847	1.5918	0.0580	5.5673	0.4700
7	9.7015	2	0.7170	2.2122	8.8768	0.0689	4.4091	0.5163
8	51.8098	3	1.0185	4.9418	49.4130	0.0129	4.2321	0.5100
9	2.7368	1	0.4740	1.0002	2.5887	0.2442	6.2280	0.3168
10	1.3144	1	0.2656	1.0002	1.1003	0.5085	6.3115	0.3076
11	7.0220	2	0.6485	2.2122	6.1612	0.0952	5.0760	0.4431
12	63.7055	5	1.0125	24.9216	47.6826	0.0105	3.7347	0.6903
13	1.0236	1	0.1004	1.0002	0.7206	0.6530	6.0437	0.3370
14	2.6369	2	0.3313	2.2122	1.4002	0.2535	6.2180	0.3179
15	2.5561	2	0.3095	2.2122	1.2880	0.2615	5.3710	0.4108
16	1.0790	1	0.1594	1.0002	0.8079	0.6194	6.1216	0.3284
17	1.0348	1	0.1168	1.0002	0.7402	0.6459	5.7907	0.3647
18	26.5419	5	0.5434	24.9216	3.6104	0.0252	4.8326	0.4600
19	27.9639	5	0.6392	24.9216	5.8679	0.0239	5.3785	0.4400
20	7.6535	2	0.6673	2.2122	6.8042	0.0873	6.4472	0.2927
21	1.0722	1	0.1541	1.0002	0.7981	0.6234	6.3394	0.3045
22	2.2764	1	0.4301	1.0002	2.1194	0.2936	6.2757	0.3115
23	1.8033	1	0.3691	1.0002	1.6299	0.3706	6.5353	0.2830
24	2.3172	2	0.2066	2.2122	0.9136	0.2884	5.6268	0.3827
25	4.5764	2	0.5444	2.2122	3.6277	0.1460	5.9910	0.3428
26	3.0840	2	0.4133	2.2122	1.9677	0.2167	6.1842	0.3216
27	1.3412	1	0.2735	1.0002	1.1308	0.4983	6.3734	0.3008
28	1.0273	1	0.1064	1.0002	0.7274	0.6505	6.1755	0.3225
29	1.2481	1	0.2438	1.0002	1.0232	0.5355	6.1616	0.3240

续表

编号	重现期/a	历时/月	干旱烈度	干旱的历时重现期	干旱的烈度重现期	大于此次干旱的频率	干旱产量	减产率
30	1.5942	1	0.3328	1.0002	1.4085	0.4192	5.5442	0.3918
31	2.2474	2	0.1396	2.2122	0.7733	0.2974	5.6165	0.3838
32	1.1765	1	0.2152	1.0002	0.9366	0.5681	6.2573	0.3135
33	1.0356	1	0.1178	1.0002	0.7415	0.6454	6.2051	0.3193
34	1.3179	1	0.2667	1.0002	1.1043	0.5071	5.7810	0.3658
35	1.2676	1	0.2506	1.0002	1.0462	0.5272	5.0313	0.4480
36	33.1716	3	0.9378	4.9418	30.7477	0.0201	5.2663	0.5800
37	1.4534	1	0.3027	1.0002	1.2559	0.4598	6.3462	0.3038
38	1.2111	1	0.2298	1.0002	0.9790	0.5519	5.9454	0.3478
39	1.1140	1	0.1829	1.0002	0.8562	0.6000	5.8497	0.3583
40	1.9684	1	0.3930	1.0002	1.8021	0.3395	6.3198	0.3067

6.4.4 基于EPIC模型的农业旱灾脆弱性曲线的建立

根据EPIC模型的模拟结果，可求算每次干旱事件的理论农业旱灾减产率。通过每次干旱事件的联合分布概率，将农业旱灾的发生概率和干旱事件一一对应，建立起洮儿河流域农业旱灾脆弱性曲线(图6.49)。

阿尔山市1951—2010年识别出的若干干旱事件中，筛选出发生在作物生长季节5—9月的41个干旱事件，将其发生概率和对应的农业旱灾损失率进行一一匹配，得到阿尔山对农业旱灾脆弱性曲线，对拟合结果进行检验，通过了$\alpha=0.05$的F检验($R=0.770$，$P<0.05$)，达到显著水平。41个干旱事件中，最高损失率达到60%，曲线平滑没有明显的转折点，各干旱事件均匀分布在曲线的各段上。对白城市识别出的50个干旱事件的发生概率和相应的旱灾损失率进行匹配，拟合白城市农业旱灾脆弱性曲线，拟合结果通过了$\alpha=0.05$的F检验($R=0.709$，$P<0.05$)，达到显著水平。50个干旱事件中，最高损失率达到65%，各干旱事件在整条曲线上分布均匀。对大安市识别出的35个干旱事件的发生概率和当年的旱灾损失率进行匹配，拟合结果通过了$\alpha=0.05$的F检验($R=0.709$，$P<0.05$)，达到显著水平。35个干旱事件中，最高损失率超过60%。科尔沁右翼前旗1951—2010年识别出的若干干旱事件中，筛选出发生在作物生长季节5—9月的32个干旱事件的发生概率和当年的农业旱灾损失率进行一一匹配，得到科尔沁右翼前旗农业旱灾脆弱性曲线，对拟合结果进行F检验，通过了$\alpha=0.05$检验($R=0.690$，$P<0.05$)，达到显著水平。32个干旱事件中，最高损失率超过70%，各干旱事件在整条曲线上均匀分布。将科尔沁右翼中旗识别出的35个干旱事件的发生概率和当年的农业旱灾损失率一一进行匹配，得到科尔沁右翼中旗农业旱灾脆弱性曲线，曲线折点在0.02左右，对拟合结果进行F检验，通过了$\alpha=0.05$的检验($R=0.601$，$P<0.05$)，达到显著水平。35个干旱事件中，最高损失率将近60%，干旱事件在尾部集中较明显。将镇赉县识别出的39个干旱事件的发生概率和对应的农业旱灾损失率进行一一匹配，得到镇赉县农业旱灾

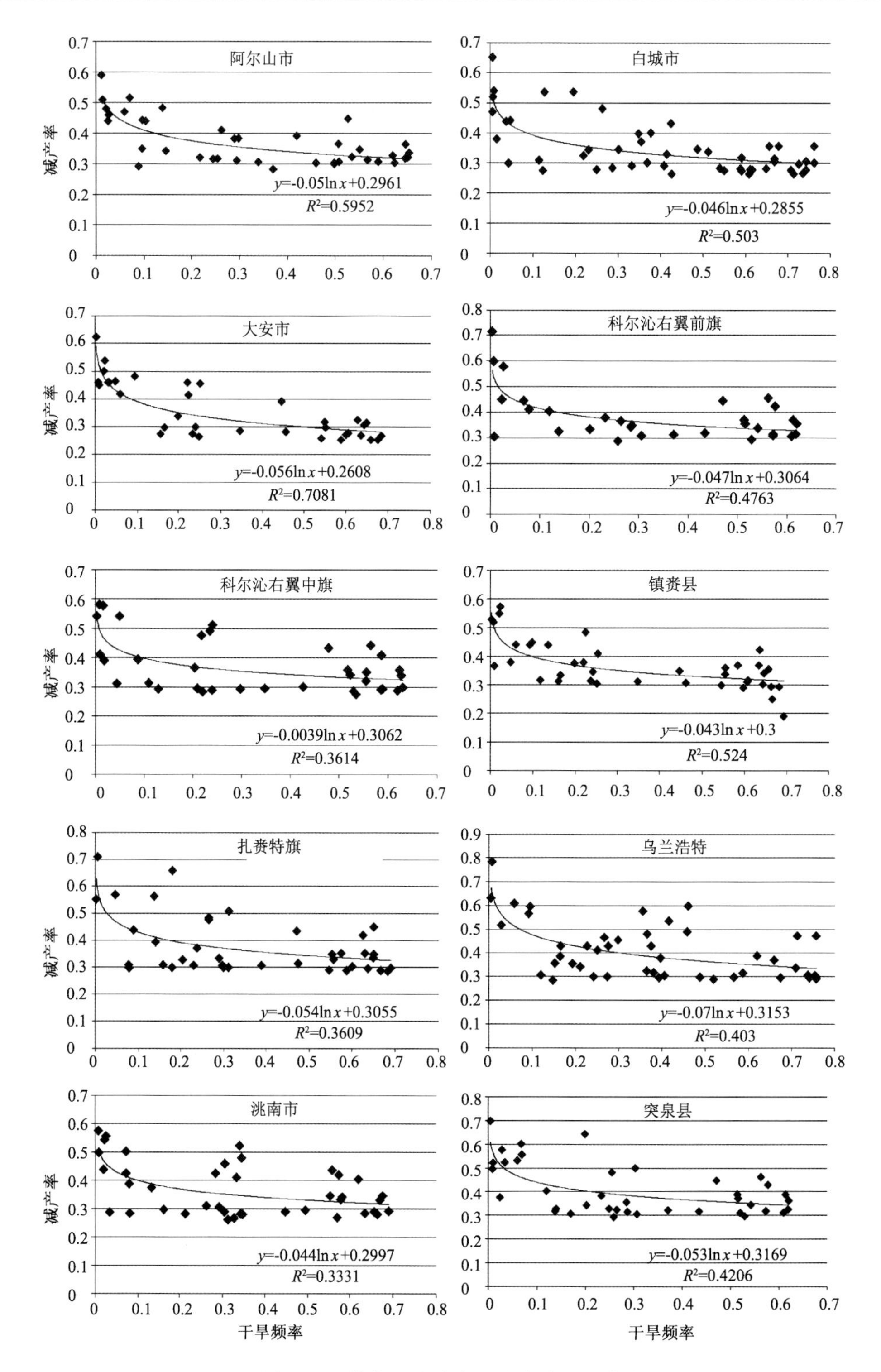

图 6.49　洮儿河流域农业旱灾脆弱性曲线

脆弱性曲线，对拟合结果进行检验，通过了 $\alpha=0.05$ 的 F 检验（$R=0.723, P<0.05$），达到显著水平。39 个干旱事件中，最高损失率在 60%左右，曲线整体比较平滑，尾部的干旱事件较集

中。扎赉特旗 1951—2010 年识别出的若干干旱事件中,筛选出发生在作物生长季(5—9 月)的 39 个干旱事件,将其发生概率和对应的农业旱灾损失率进行一一匹配,得到扎赉特旗地区农业旱灾脆弱性曲线,对拟合结果进行检验,通过了 $\alpha=0.05$ 的 F 检验($R=0.600$,$P<0.05$),达到显著水平。39 个干旱事件中,最高损失率达到 70%,曲线转折点位于 0.05 附近,干旱事件分布位置较散,在曲线尾部集中较多的干旱事件,说明该地区发生的干旱事件频率高,损失小。乌兰浩特市 1951—2010 年识别出的若干干旱事件中,筛选出发生在作物生长季(5—9 月)的 39 个干旱事件,将其发生概率和对应的农业旱灾损失率进行一一匹配,得到扎赉特旗地区农业旱灾脆弱性曲线,对拟合结果进行检验,通过了 $\alpha=0.05$ 的 F 检验($R=0.770$,$P<0.05$),达到显著水平。39 个干旱事件中,最高损失率达到 70%,曲线转折点位于 0.05 附近,干旱事件分布位置较散,在曲线尾部集中较多的干旱事件,说明该地区发生的干旱事件频率高,损失小。根据洮南市识别出的 39 个干旱事件的发生概率和对应的农业旱灾损失率拟合得到洮南市农业旱灾脆弱性曲线,对拟合结果进行检验,通过了 $\alpha=0.05$ 的 F 检验($R=0.577$,$P<0.05$),达到显著水平。39 个干旱事件中,最高损失率在 60%左右,曲线整体比较平滑,中部和尾部的干旱事件较集中。将突泉县识别出的 40 个干旱事件的发生概率和对应的农业旱灾损失率进行一一匹配,得到突泉县农业旱灾脆弱性曲线,对拟合结果进行检验,通过了 $\alpha=0.05$ 的 F 检验($R=0.577$,$P<0.05$),达到显著水平。40 个干旱事件中,最高损失率在 70% 左右,曲线整体比较平滑,中部和尾部的干旱事件较集中。

总体来看,各行政区的农业旱灾脆弱性曲线相关度较好,相关度最低的洮南市都通过了 $\alpha=0.05$ 的 F 检验。整体而言,不同的站点,随着干旱发生概率的降低,相应的农业损失率都有明显的上升趋势。缺点是脆弱性曲线尾部相关性波动性较大,可能对曲线的精度产生一定影响。

6.4.5　洮儿河流域农业旱灾风险区划

风险形成的基本公式从灾害发生的可能性和造成损失的可能性相耦合来分析风险。风险评价公式是

$$R=P\times L \tag{6.12}$$

式中,R 为灾害的风险,P 为灾害的发生概率即可能性,L 代表这一灾害发生的潜在损失。

从成灾机理的角度出发,将理论公式演化为

$$R=H\times V \tag{6.13}$$

式中,H 为旱灾危险性,V 为承灾体的脆弱性。

旱灾的危险性用灾害发生的概率,即通过联合概率分布函数——Copula 函数求算。农业的脆弱性,即不同情境下的旱灾潜在损失,可通过建立农业受旱灾影响的脆弱性曲线求得。将两者一一对应,求算该地区的农业风险。

这里选取干旱重现期为 50 a 和 10 a(即干旱发生概率为 0.02 及 0.1)两种干旱情景,结合农业旱灾脆弱性曲线拟合方程(表 6.10),求算不同地区在此干旱情景下的农业损失率,作为该地区在此情景下的脆弱性。运用 ArcGIS 空间分析功能,将洮儿河流域不同干旱情景下的农业旱灾风险空间分布情况表征出来。

表 6.10　不同情境下的农业旱灾脆弱性

地区	农业脆弱性曲线方程	$x=0.02$	$x=0.1$
阿尔山市	$y=-0.05\ln x+0.2961$	0.49170115	0.411229255
科右前旗	$y=-0.047\ln x+0.3064$	0.49026508	0.414621499
科右中旗	$y=-0.039\ln x+0.3062$	0.4587689	0.396000819
扎赉特旗	$y=-0.054\ln x+0.3055$	0.51674924	0.429839595
乌兰浩特	$y=-0.07\ln x+0.3153$	0.58914161	0.476480957
突泉县	$y=-0.053\ln x+0.3169$	0.52423722	0.43893701
白城市	$y=-0.046\ln x+0.2855$	0.46545306	0.391418914
大安市	$y=-0.056\ln x+0.2608$	0.47987329	0.389744765
镇赉县	$y=-0.043\ln x+0.3$	0.46821699	0.399011159
洮南市	$y=-0.044\ln x+0.2997$	0.47182901	0.401013744

五十年一遇干旱情景下的农业旱灾风险如图 6.50。当遭遇五十年一遇干旱时，即干旱发生概率为 0.02 时，将 $x=0.02$ 代入到农业旱灾脆弱性曲线中，求算出在此情景之下农业的减产率。运用风险评价公式，将减产率与该地区 2011 年农业产值叠乘，得到发生五十年一遇干旱时的农业旱灾风险。

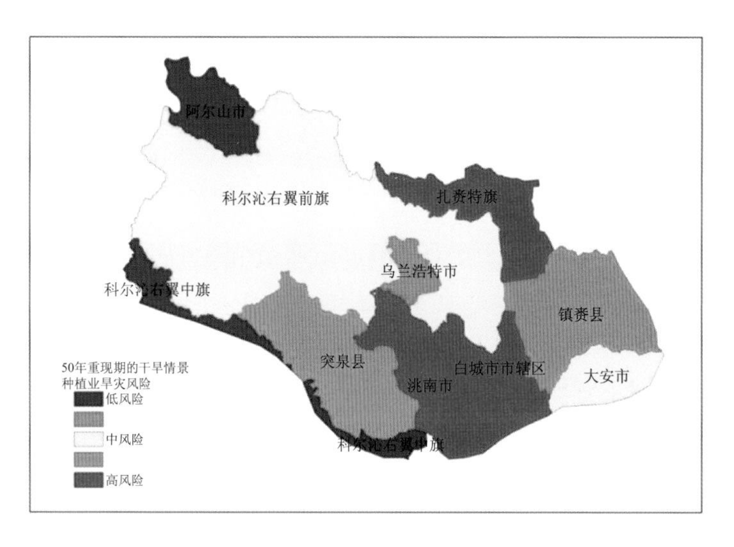

图 6.50　50 年重现期的干旱情景下农业旱灾风险图

十年一遇干旱情景下的农业旱灾风险如图 6.51。当遭遇十年一遇干旱时，即干旱发生概率为 0.1 时，将 $x=0.1$ 代入到农业脆弱性曲线中，求算出在此情景之下农业的减产率。运用风险评价公式，将减产率与该地区 2011 年叠乘，得到发生十年一遇干旱时的农业旱灾风险。

通过 Copula 函数分析洮儿河流域内每个站点的长时间序列降水量资料，得到每个干旱事件的起始和终止月份，历时和烈度重现期以及两者的联合概率分布等结果输出。结果表明，白城市发生干旱事件最多，58 a 中发生了 123 个可识别的干旱事件。干旱事件的重现期最长的地区为大安市，平均重现期达 8.4 a。

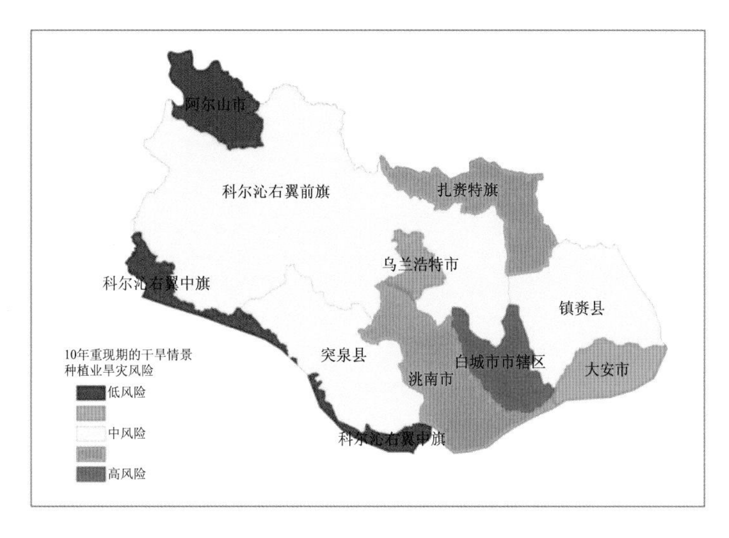

图 6.51　十年重现期的干旱情景下农业旱灾风险图

结合 Copula 函数和 EPIC 作物生长模型，建立起农业旱灾脆弱性曲线，得到不同情境下的旱灾风险。五十年一遇干旱情景下，洮儿河流域农业旱灾风险主要集中在中风险以上，在格局上呈现出东高西低的趋势，风险高值区集中在扎赉特旗、白城市和洮南市；十年一遇干旱情景下，洮儿河流域农业旱灾风险在水平格局上呈现出东高西低的趋势，风险高值区仅在白城市出现。

6.5　华北平原冬小麦因旱减产气象保险指数研究

目前，农业保险产品主要分为两类：产量指数保险和气象指数保险。当灾害发生时，若农作物发生了减产，其当年产量低于保险产量时，才能得到赔付的农业保险模式是产量指数保险；当灾害发生时，不论是否发生减产，只要气象指标达到阈值，就能得到保险赔付的农业保险模式是气象指数保险。气象指数保险与灾害发生后农作物的实际产量无关，与产量指数保险相比，可以有效避免农户消极抗灾和逐户定损的实际问题。这里将以气象指数保险思路为依据，进行华北平原冬小麦因旱减产气象指数保险产品的设计与应用研究。

6.5.1　气象干旱指数选择

通过对 1995—2014 年长时间序列华北平原各区县降水、气温和小麦产量数据进行分析，采用三次多项式趋势模型对华北平原各地市的冬小麦多年单产数据进行去趋势处理，计算出趋势产量、气象产量和相对气象产量数据。研究影响华北平原小麦产量的主要气象因素和致灾因子，构建小麦产量关于该致灾因子的气象指数，设计相应的气象保险指数。

随着社会经济水平的提高，农业基础设施和农业技术不断发展完善，农作物单产序列可能会具有随时间增长的趋势。因此需要将单产数据时间趋势剔除，获得在同一趋势标准下的相对气象产量。标准化降水蒸散指数(SPEI)是被广泛应用的干旱监测指数，通过选取合适时间尺度的 SPEI 指数识别华北平原冬小麦的水分盈亏状况。通过相关分析得到干旱发生时气象指数与农作物产量的相关关系，以此为基础构建减产率模型，确定不同地区的保险纯费率。当观测到的气象指数值触及保险合同规定的保险事故触发值时，保险公司便根据保险合同的规定对投保人进行相应赔偿。业务化运行时，业务部门具备实时处理气象数据的能力，只需计算出气象指数，即可实现保险指数的业务化运行。

冬小麦产量不仅受到气象因素影响，还受到技术进步、政策支持等其他因素影响。因此，需要对冬小麦时间序列数据进行去趋势处理。这里采用三次多项式趋势模型对华北平原各地的冬小麦多年单产数据进行去趋势处理，计算出趋势产量、气象产量和相对气象产量数据。

首先，小麦单产可分解为：

$$Y=Y_t+Y_w+\varepsilon \tag{6.14}$$

式中，Y 为实际产量，Y_t 为趋势产量，Y_w 为气象产量，ε 为随机波动项，ε 在计算中一般忽略不计。

$$Y'_w=Y_w/Y_t\times 100\%=(Y-Y_t)/Y_t\times 100\% \tag{6.15}$$

式中，Y'_w 为相对气象产量。由式(6.14)得到趋势产量和气象产量后，通过式(6.15)计算可获得相对气象产量。将相对气象产量作为气象条件的影响序列，可消除年际间总产量对气象产量的影响。当相对气象产量为负值时，其绝对值即为作物减产率。

标准化降水蒸散指数(SPEI)已经被广泛地应用于干旱研究。为了选取最佳尺度的 SPEI 值和 SPI 值作为后续研究的气象指数，分别计算了华北平原 37 个站点上的 1～12 个月尺度下的月 SPEI 值和 SPI 值，并分析相对气象产量与不同尺度下月 SPEI、SPI 值的相关性。根据计算结果，确定与相对气象产量关系最高的气象干旱指数。通过计算分析可知，只有每年 6 月 6 个月尺度的 SPEI 值与减产率相关性通过了 0.05 的相关性检验，且相关系数较大。因此，采用 6 月 6 个月尺度的 SPEI 值作为气象干旱指数。

6.5.2　保险纯费率厘定方法

保险费是投保人为转移风险、取得保险人在约定责任范围内所承担的赔偿(或给付)责任而交付的费用；也是保险人为承担约定的保险责任而向投保人收取的费用。保险费是建立保险基金的主要来源，也是保险人履行义务的经济基础。保险费率是指应缴纳保险费与保险金额的比率，是按单位保险金额向投保人收取保险费的标准，保险费＝保险金额×保险期限×保险费率。保险费率与保险费成正比，在保险金额和保险期限一定的条件下，保险费率越高，保险费越大；反之，则越小。

因此，保险费率的厘定，为保险费的确定提供了重要依据。保险费率一般由纯费率和附加费率两部分组成。习惯上，将由纯费率和附加费率两部分组成的费率称为毛费率。附加费率是以保险人的营业费用为基础计算的，用于保险人的业务费用支出、手续费支出以及提供部分保险利润等。纯费率也称净费率，是保险费率的主要部分，它是根据损失概率确定的。

目前确定损失概率所普遍使用的原则是大数法则，其是近代保险业的数理基础。大数法则又称“大数定律”或“平均法则”，它所描述的是随着风险单位数量的不断增加，损失发生的频率会趋向和稳定于期望损失。可以利用事件损失的不确定性在大数中消失的这种规律，利用风险发生频率来代替其发生期望，从而比较准确地预测未来损失发生规模和概率。

由此，可以得到冬小麦干旱指数保险纯费率公式。

$$R=\frac{E[\text{loss}]}{\lambda\mu}=E[\text{loss}]=\sum_i p_i\times X_i \tag{6.16}$$

式中，R 为保险费率(%)，λ 为保障水平，μ 为预期单产，loss 为产量损失，X_i 为冬小麦各级减产率，p_i 为各级减产率出现概率。根据大数法则，p_i 可以通过长时间序列历史数据的各级减产率出现频率估计。对于华北平原冬小麦农业保险，λ 和 μ 均取100%。

6.5.3　气象指数与减产率的关系分析

计算1995—2012年华北地区37个市同一年气象指数的平均值，得到年平均SPEI序列。同时计算冬小麦相对气象产量(Y'_w)年平均值，得到年平均相对气象产量(Y'_w)序列。SPEI和相对气象产量(Y'_w)的年际变化如图6.52，可以看出，相对气象产量(Y'_w)与SPEI的时间序列变化情况具有相对一致性，SPEI的升高和降低基本对应着相对气象产量(Y'_w)的变大和变小。

在干旱特别是轻旱发生时，存在冬小麦产量不降反增的情况。因此，当干旱发生(SPEI<−0.5)时，相对气象产量可能为正值也可能为负值。依据SPEI分级标准，从37个地级市1995—2012年共计666对数据中选出了满足SPEI<−0.5，且相对气象产量在10%以下的258对数据作为相关分析样本，绘制华北平原冬小麦干旱指数与减产率(Y'_w)的散点图(图6.53)。

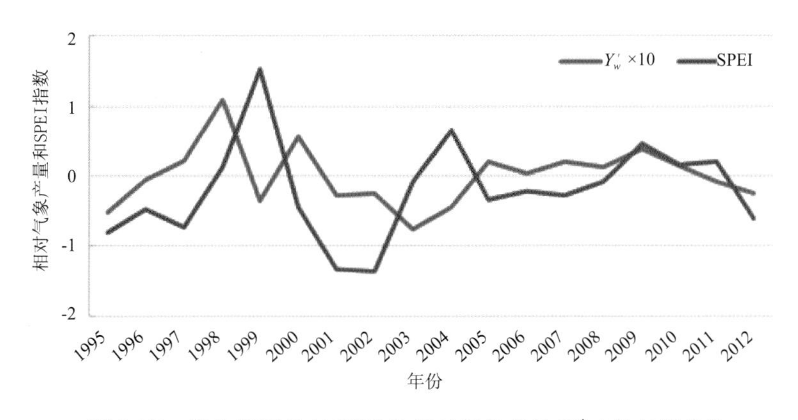

图6.52　华北平原各市SPEI和相对气象产量(Y'_w)的年际变化

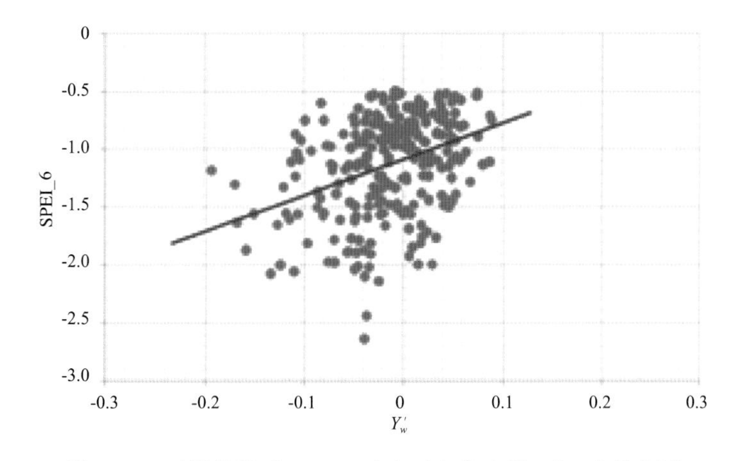

图6.53　干旱情况下SPEI_6和相对气象产量(Y'_w)的散点图

最小二乘法是相关分析的重要方法。对于华北平原冬小麦 SPEI 与减产率(Y'_w)的散点图,采用最小二乘方法拟合得到相应线性方程。从相对气象产量(Y'_w)和 SPEI 的散点图可知,两者的相关性较好,相关系数 R 达到了 0.37,通过了 0.01 水平的显著性检验,表明二者具有中等程度相关关系,即华北地区冬小麦产量对水分状况敏感,随着干旱程度加重,区域内冬小麦相对气象产量降低,减产加重。二者关系的具体表达式这

$$\mathrm{SPEI}=3.120Y'_w-1.084 \tag{6.17}$$

依据减产率模型得到的各市预测减产率,可以作为是否启动保险赔付的依据。

6.5.4 保险纯费率厘定

根据相对气象产量(Y'_w)和 SPEI 的关系式(式(6.17)),能够求得各级减产率下的气象指数临界值。在减产率为 0、10%、20%、30%、40%、50%、70%,即相对气象产量(Y'_w)为 0、−10%、−20%、−30%、−40%、−50%、−70%时,SPEI 的大小如表 6.11 所示。此时的 SPEI 值为相应减产率下的气象指数临界值。

表 6.11 不同减产率下 SPEI 触发值

减产率	SPEI 临界值	减产率	SPEI 临界值
0	−1.084	40%	−2.332
10%	−1.396	50%	−2.644
20%	−1.708	70%	−3.268
30%	−2.020		

根据各站 1960—2012 年 6 月的 6 个月尺度 SPEI 数据和不同减产率下 SPEI 临界值,可以计算不同减产率范围所对应 SPEI 值的累积频率,并以此得到各市各级减产率出现概率,如表 6.12 所示。

表 6.12 各市各级减产率出现概率

城市	减产率					
	0~10%	10%~20%	20%~30%	30%~40%	40%~50%	50%~100%
郑州	9.615	5.769	1.923	0.000	0.000	0.000
开封	1.923	11.538	1.923	0.000	0.000	0.000
安阳	5.769	3.846	3.846	0.000	1.923	0.000
鹤壁	3.846	3.846	3.846	1.923	0.000	0.000
新乡	1.923	1.923	9.615	0.000	0.000	0.000
濮阳	3.704	5.556	1.852	1.852	0.000	0.000
许昌	5.769	9.615	0.000	0.000	0.000	0.000
漯河	9.259	3.704	1.852	0.000	0.000	0.000
商丘	5.769	3.846	1.923	0.000	0.000	0.000
周口	3.846	5.769	1.923	0.000	0.000	0.000
驻马店	11.538	7.692	0.000	0.000	0.000	0.000
石家庄	3.846	5.769	1.923	0.000	0.000	0.000
唐山	7.692	3.846	3.846	0.000	0.000	0.000

续表

城市	减产率					
	0～10%	10%～20%	20%～30%	30%～40%	40%～50%	50%～100%
廊坊	1.923	5.769	1.923	0.000	1.923	0.000
保定	7.692	0.000	5.769	0.000	0.000	0.000
沧州	5.769	3.846	1.923	1.923	0.000	0.000
衡水	1.923	9.615	1.923	0.000	0.000	0.000
邢台	3.846	5.769	3.846	0.000	0.000	0.000
邯郸	1.852	3.704	3.704	0.000	1.852	0.000
济南	7.692	7.692	0.000	0.000	0.000	0.000
淄博	1.923	5.769	1.923	1.923	0.000	0.000
枣庄	9.259	9.259	0.000	0.000	0.000	0.000
东营	4.545	2.273	4.545	2.273	0.000	0.000
潍坊	7.692	1.923	3.846	0.000	0.000	0.000
济宁	7.692	3.846	1.923	0.000	0.000	0.000
泰安	3.846	5.769	0.000	0.000	1.923	0.000
日照	9.615	3.846	1.923	0.000	0.000	0.000
莱芜	5.556	3.704	3.704	1.852	0.000	0.000
临沂	9.259	1.852	3.704	0.000	0.000	0.000
德州	14.815	3.704	1.852	0.000	0.000	0.000
聊城	7.692	1.923	0.000	0.000	1.923	0.000
滨州	11.538	7.692	0.000	0.000	0.000	0.000
菏泽	7.407	1.852	3.704	1.852	0.000	0.000
亳州	3.846	5.769	3.846	0.000	0.000	0.000
淮北	3.030	0.000	6.061	0.000	0.000	0.000
北京	5.769	1.923	5.769	1.923	0.000	0.000
天津	1.923	5.769	3.846	0.000	0.000	0.000

根据 6.5.2 节保险纯费率厘定方法中的式(6.16)，可得不同免赔率下的保险纯费率。当免赔率分别为 0%、5%、15%时，各市保险纯费率如图 6.54 所示。

6.5.5　不同免赔率下保险纯费率的空间分布

由于选用的最小地域单位为地级市，因此最终研究结果的保险纯费率以地级市为单元，共 37 个。从华北平原冬小麦因旱减产气象指数保险费率的空间分布可知，在不同免赔率下，各市保险纯费率不同，免赔额度越高，保险纯费率越低。同时，在不同免赔率下，保险纯费率的空间分布规律具有相似性，总体呈现东南低、西北高的特点。

在免赔额设为 0%时，各市的保险纯费率为 1.346%～2.788%(图 6.54a)。纯费率小于 0.500%的市有 0 个；纯费率为 0.500%～1.500%的市有 3 个，为商丘、济宁、漯河；纯费率为 1.500%～2.000%的市有周口、天津等 18 个；纯费率为 2.000%～3.000%的市有沧州、新乡

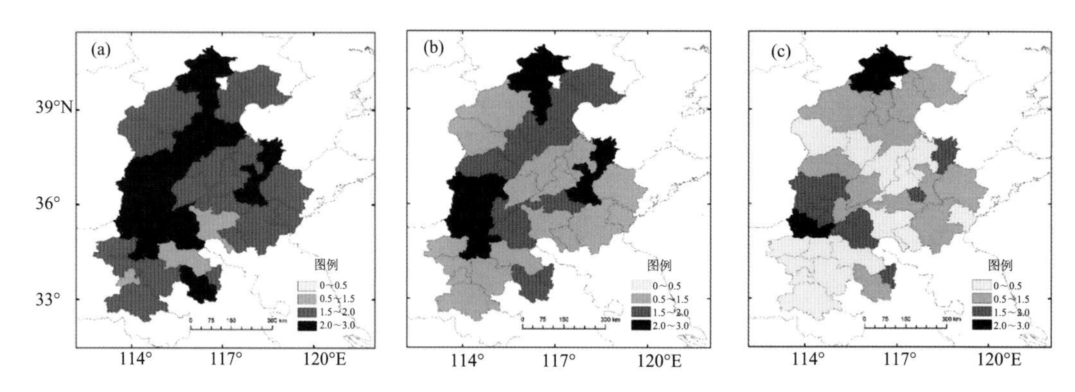

图 6.54　不同免赔率下各市保险纯费率

(a)免赔率 0%；(b)免赔率 5%；(c)免赔率 15%

等 16 个。

在免赔额设为 5%时，各市的保险纯费率为 1.019%～2.692%(图 6.54b)。纯费率小于 0.500%的市有 0 个；纯费率为 0.500%～1.500%的市有聊城、德州等 17 个；纯费率为 1.500%～2.000%的市有安阳、济南等 10 个；纯费率为 2.000%～3.000%的市有天津、石家庄等 10 个。

在免赔额设为 15%时，各市的保险纯费率为 0～2.404%(图 6.54c)。纯费率小于 0.500%的市有淮北、济宁等 15 个，其中淮北、泰安、邯郸、沧州、日照的纯费率为 0；纯费率为 0.500%～1.500%的市有鹤壁、德州等 13 个；纯费率为 1.500%～2.000%的市有安阳、衡水等 7 个；纯费率为 2.000%～3.000%的市有 2 个，分别为北京、石家庄。

第3篇

干旱灾害风险预警技术及预警服务实践

第7章　玉米干旱灾害风险预警模型构建及预警试验

7.1　玉米干旱灾害风险预警模型的构建

玉米干旱灾害风险预警是指在一定区域范围内监测玉米干旱发生的可能性，评价该区域玉米的干旱灾害风险状态，依据其风险级别，在风险等级发生变化前发出警报，并提出规避相应旱灾风险和损失的对策。因此，玉米干旱灾害风险预警体系应包括玉米干旱的早期识别、旱灾风险评价、潜在产量损失率评估以及灌溉需水量估算4个部分。

首先，建立基于玉米干旱灾害风险与玉米产量耦合的风险预警模型；其次，确定玉米干旱灾害风险预警阈值与预警等级；再次，以土壤水分平衡和玉米在各生育阶段的需水量为基础，建立玉米灌溉需水量模型；最后，根据风险预警结果，耦合玉米潜在产量损失率模型和灌溉需水量模型，建立玉米抗旱减灾灌溉优化模型。通过以上步骤构建基于多模型耦合的“干旱早期识别—旱灾风险评估—潜在损失评估—灌溉需水量估算”一体化的玉米干旱灾害风险预警系统。

7.1.1　玉米干旱灾害风险预警流程

以区域玉米的生育阶段为时间尺度，在对区域发布玉米干旱灾害风险预警之前，首先需要识别该区域在玉米该生育阶段是否发生干旱。若发生干旱，根据区域特点建立玉米干旱灾害风险评价指标体系，通过综合评判，构建玉米干旱灾害风险评价模型。依据玉米干旱灾害风险评价指数设置预警区间、划分预警级别。根据警报标准发布预警信号，并定量给出能够最大限度减轻干旱灾害对玉米影响的灌溉需水量。若玉米生长正常，则对下一阶段进行监测、识别。玉米干旱灾害风险预警流程如图7.1所示。

7.1.2　玉米干旱灾害风险预警指标和模型

以玉米各生育阶段作为干旱灾害动态风险评估的时间尺度，且要求作物干旱响应指数能够表现玉米不同生育阶段对水分的不同需求。因此，将玉米种植范围和生育阶段两项指标作为玉米干旱灾害风险动态评估的基础空间数据和时间数据，不参与权重计算。表7.1为辽西北地区玉米干旱灾害动态风险评估指标体系及其权重。

根据自然灾害风险形成理论及其标准数学公式，结合辽西北干旱灾害风险指标，建立如下动态风险模型：

$$\mathrm{DDRI}_i = H(x_i)^{W_H} \times V(x_i)^{W_V} \tag{7.1}$$

$$H(x_i) = \sum_{j=1}^{n} (x_{ij} \times w_j) \tag{7.2}$$

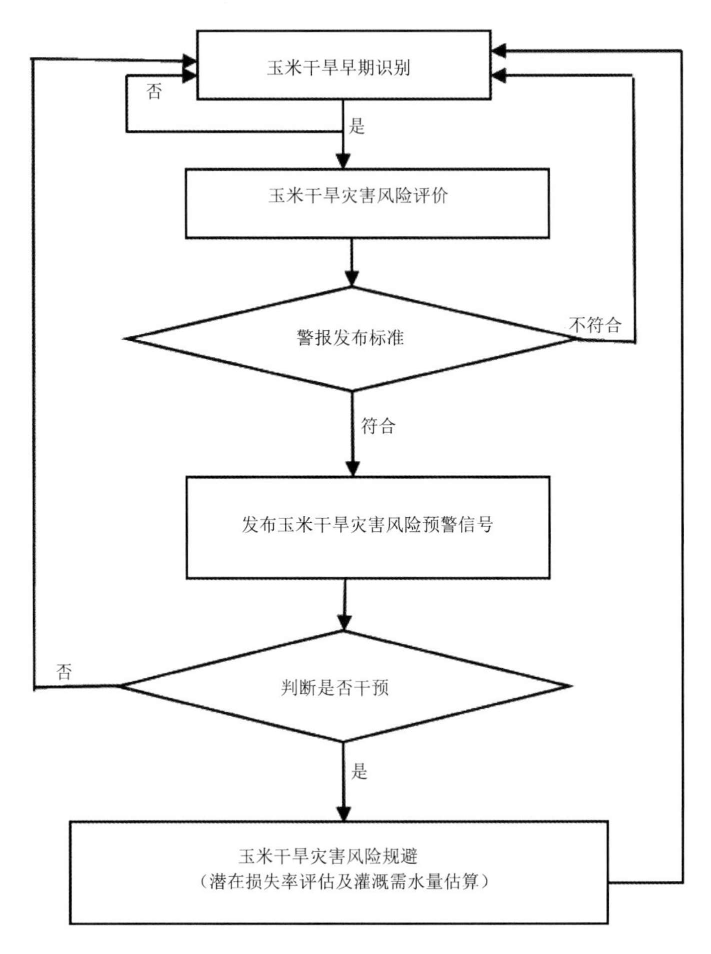

图 7.1　玉米干旱灾害风险预警流程图

表 7.1　辽西北地区玉米干旱灾害动态风险评估指标体系及其权重

目标	因子	次级因子	指标	权重
玉米干旱灾害动态风险评估指标体系	危险性(H)(0.8)	致灾因子	农田浅层土壤湿度指数	0.1355
			降雨距平百分率	0.0875
		孕灾环境	农业生产类型	0.5153
			坡度	0.0375
			土壤类型	0.0242
	脆弱性(V)(0.2)	暴露性	玉米种植范围	
		敏感性	潜在产量损失率	0.0820
		玉米自适应能力	玉米不同生育阶段	
		社会经济适应能力	灌溉能力	0.11800

$$V(x_i)=\frac{w_c \times x_{\mathrm{CDRI}_i}}{1+w_r \times x_R} \tag{7.3}$$

$$X'_{ij}=\frac{(X_{ij}-X_{\min})}{(X_{\max}-X_{\min})} \tag{7.4}$$

式中，$DDRI_i$ 为玉米生育阶段 i 的旱灾风险指数；$H(x_i)$、$V(x_i)$ 分别表示该生育阶段的危险性和脆弱性大小，W_H、W_V 分别为利用层次分析法确定的危险性和脆弱性的权重；x_{ij} 为危险性指标标准化值，w_j 表示相应指标的权重，$j=1,2,\cdots,5$；x_{CDRI_i} 为该生育阶段量化后的作物干旱响应指数指标，w_c 为其权重；x_R 为灌溉能力指标，w_r 为其权重。

7.1.3 玉米干旱灾害风险预警标准及应对措施

通过对玉米干旱灾害动态风险指数分级，确定预警等级阈值(张继权 等，2017)。依据玉米干旱灾害的风险等级，将研究区域划分为 5 个预警区间：极低风险区、低风险区、中等风险区、高风险区和极高风险区。玉米干旱灾害风险及对应的预警等级标准见表 7.2。

表 7.2　玉米干旱灾害风险及预警等级划分标准

等级	划分标准	风险等级颜色	风险程度	
			减产率可能危害参考值(Y_d)	受灾面积可能危害参考值(C)
轻风险	$\bar{x}-2\sigma<R_{ADRI}\leqslant\bar{x}-\sigma$	蓝色	$Y_d\leqslant5\%$	$C\leqslant10\%$
低风险	$\bar{x}-\sigma<R_{ADRI}\leqslant\sigma\bar{x}+\sigma$	黄色	$5\%<Y_d\leqslant10\%$	$10\%<C\leqslant15\%$
中风险	$\bar{x}+\sigma<R_{ADRI}\leqslant\bar{x}+2\sigma$	橙色	$10\%<Y_d\leqslant15\%$	$15\%<C\leqslant20\%$
高风险	$R_{ADRI}>\bar{x}+2\sigma$	红色	$Y_d>15\%$	$C>20\%$

注：$\bar{x}$为玉米种植区 R_{ADRI}的算术平均值，σ 为玉米种植区 R_{ADRI}的标准差，具体算法为：所有评价单元的 R_{ADRI}值减去$\bar{x}$的平方和，所得结果除以评价单元的总个数，再把所得值开平方，所得之数就是该玉米种植区的标准差。

在发布警报时，以县(市)为区域空间单位尺度，预警级别按照风险等级面积决定，若遇不同风险等级面积等同或差距较小(相对变率绝对值<5%)的情况，预警级别以风险等级高的为准。采用“四色”预警显示信号，即蓝色(四级预警，低风险区)、黄色(三级预警，中等风险区)、橙色(二级预警，高风险区)、红色(一级预警，极高风险区)四种颜色标示不同预警级别。针对不同的预警级别，预警信号颜色不一样，表达的旱情也不一样，如表 7.3 所示。

根据玉米干旱灾害动态风险确定预警发布等级，再根据预警等级确定需要采取的风险应对和防控措施，包括日常风险管理和应急风险管理，不同等级的风险采取不同等级的应对措施。玉米干旱灾害风险具体防控措施如表 7.4 所示。

表 7.3　玉米干旱灾害风险警报发布标准及其含义

预警信号	风险评估指数等级	预警等级	警区	含义	是否发布	是否干预
无	极低风险	无	极低风险区	极低风险面积居多	不发布	否
蓝色	低风险	四级预警	低风险区	低风险面积居多	发布	否
黄色	中等风险	三级预警	中等风险区	中等风险面积居多	发布	是
橙色	高风险	二级预警	高风险区	高风险面积居多	发布	是
红色	极高风险	一级预警	极高风险区	极高风险面积居多	发布	是

表 7.4 玉米干旱灾害风险防控措施

等级	风险防控措施	
	日常风险管理	应急风险管理
轻风险	推广旱作节水农业技术 推广高抗旱性玉米品种 健全水资源管理体系	发布蓝色干旱灾害风险预警 不需要采取行动、按常规程序处理
低风险	调整新建水利工程布局 提高农田灌溉水利用率 优化作物布局，调整种植结构	发布黄色干旱灾害风险预警 增加灌溉设施，扩大灌溉面积 乡镇干部指挥抗旱
中风险	健全地下水开采法律法规 建立干旱监测、预警预报机制 完善灌排系统，提高农业净节水潜力	发布橙色干旱灾害风险预警 编制干旱监测报告 启动应急水源进行灌溉 农业部门指挥抗旱
高风险	建立干旱监测、预警预报机制 调整减灾工作部署，全面编制和修订旱灾的减灾应急预案 建立多水源综合应急调度管理体系，提高流域外调水能力	发布红色干旱灾害风险预警 编制干旱监测报告 启动旱灾减灾应急预案 需要高级别行政干预，多部门联合协助抗旱 跨流域调水灌溉

7.2 辽西北地区玉米干旱灾害动态风险预警试验

7.2.1 玉米不同生育阶段干旱灾害风险预警试验

以 2006 年为例，利用 GIS 手段绘制辽西北地区玉米干旱灾害动态风险等级图，以及各县市玉米不同生育阶段不同干旱灾害风险等级面积图。根据玉米干旱灾害风险指数，结合辽西北地区玉米干旱灾害风险警报发布标准，发布预警信号（张继权 等，2012；刘晓静 等，2016）。

(1)玉米播种—出苗阶段干旱灾害风险预警

图 7.2a 为辽西北地区玉米播种—出苗阶段干旱灾害风险等级图。由于降雨量极少，播种—出苗阶段，整个辽西北地区玉米干旱灾害风险较高，玉米干旱灾害极低风险与低风险面积总和不足干旱灾害风险总面积的 15%。辽西北地区玉米干旱灾害风险由北向南、从东至西增高。其中，葫芦岛市和锦州市玉米旱灾风险最高。整个区域玉米干旱灾害风险等级趋势与土壤相对湿度表征的干旱程度分布大体上是一致的。分析各县、市玉米该生育阶段不同干旱灾害风险等级面积可知，辽西北地区所有县、市风险预警等级为中等风险以上，根据警报发布标准，对上述几个县市发布对应的预警信号（图 7.2b）。

(2)玉米出苗—七叶阶段干旱灾害风险预警

玉米出苗，进入出苗—七叶阶段，干旱灾害风险指数为 0.05～0.741。由于部分地区大面积降雨，缓解了玉米旱情，虽极低风险和低风险面积增多，但整体来看玉米旱灾风险仍然两极

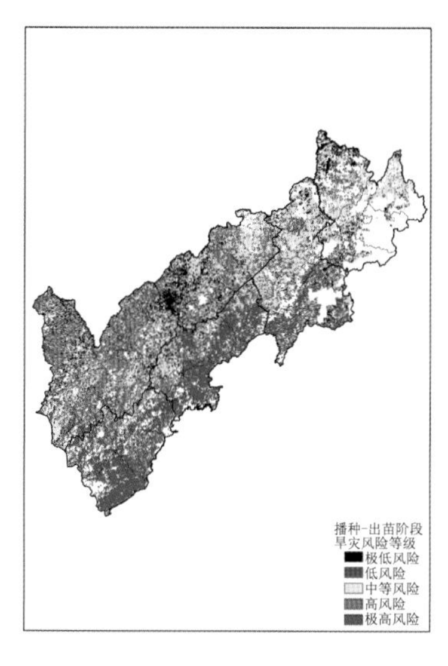

图 7.2　辽西北地区玉米播种—出苗阶段干旱灾害风险等级(a)及预警等级(b)

分化趋势明显，即风险由北向南、从东至西增高。根据玉米旱灾风险等级分布(图 7.3a)和各县、市不同旱灾风险等级面积比例，确定各县、市的预警等级(图 7.3b)

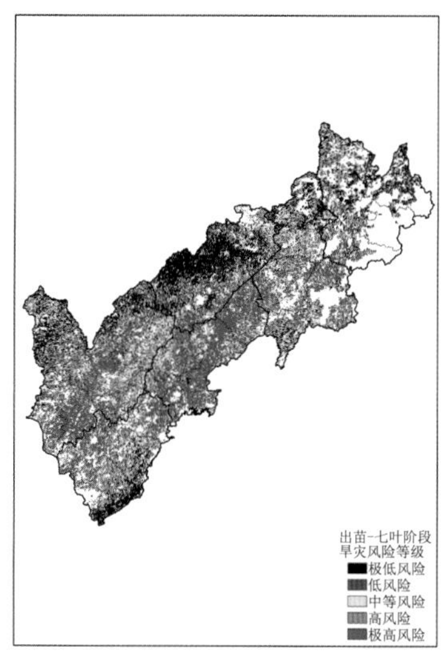

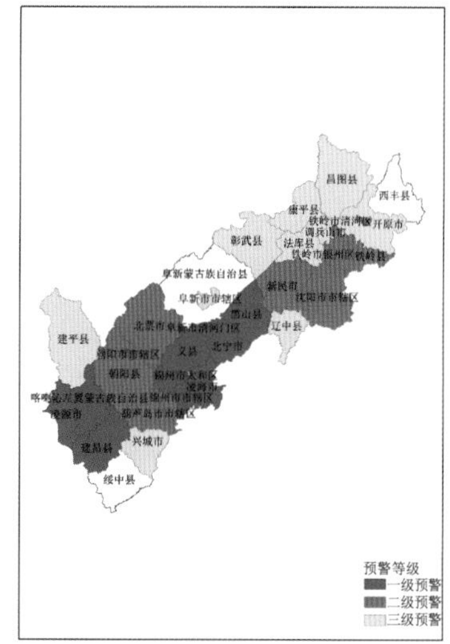

图 7.3　辽西北地区玉米出苗—七叶阶段干旱灾害风险等级(a)及预警等级(b)

(3)玉米七叶—拔节阶段干旱灾害风险预警

玉米在七叶—拔节阶段，低风险与极低风险面积继续增多，且集中于辽西北地区东北部，两极分化趋势在该阶段表现最为明显(图 7.4a)。由各县、市不同风险等级面积比例可知，沈阳市、铁岭市旱灾风险明显降低。根据面积比例，结合警报标准，发布警报(图 7.4b)。

(4)玉米拔节—抽穗阶段干旱灾害风险预警

玉米进入拔节期，辽西北地区东北部降雨量较少，由辽西北地区玉米拔节—抽穗阶段干旱灾害风险等级分布(图 7.5a)可看出，中等风险大幅度增多，比上一阶段面积增大 1 倍，且主要

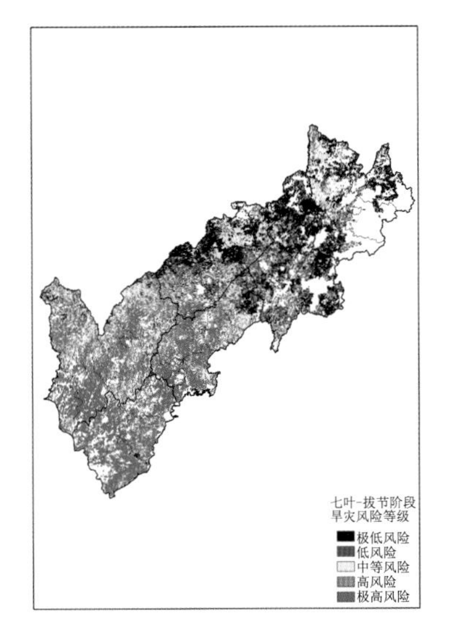

图 7.4　辽西北地区玉米七叶—拔节阶段干旱灾害风险等级(a)及预警等级(b)

集中在铁岭市、阜新市、沈阳市以及锦州市东北部。极高风险面积较上一阶段减少四分之一，仍然集中分布于朝阳市、葫芦岛市北部(建昌县和葫芦岛市区)。根据玉米种植面积比例，确定各县市预警级别，并发布警报(图 7.5b)。

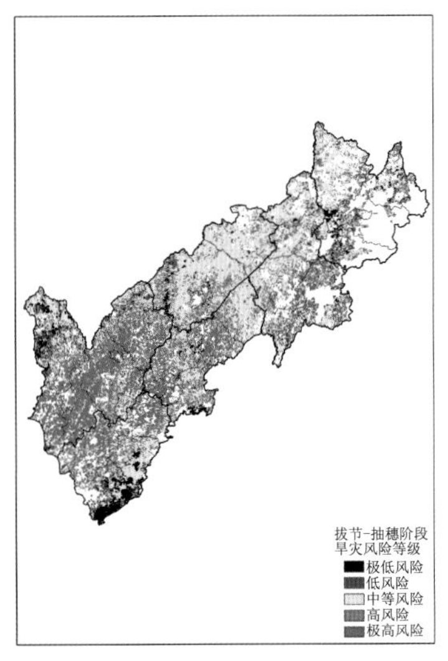

图 7.5　辽西北地区玉米拔节—抽穗阶段干旱灾害风险等级(a)及预警等级(b)

(5)玉米抽穗—乳熟阶段干旱灾害风险预警

分析图 7.6a 可知，玉米干旱灾害极高风险、高风险和中等风险面积减少，尤其是高风险面积较上一阶段减少约 45%。低风险和较低风险区大幅度增加，集中分布于铁岭市和沈阳市。高风险和极高风险主要分布在锦州市区、阜新市、朝阳市区以及葫芦岛的市区和建昌县。对比拔节—抽穗和抽穗—乳熟两个阶段的风险等级分布(图 7.5a、图 7.6a)，沈阳市、铁岭市、朝阳

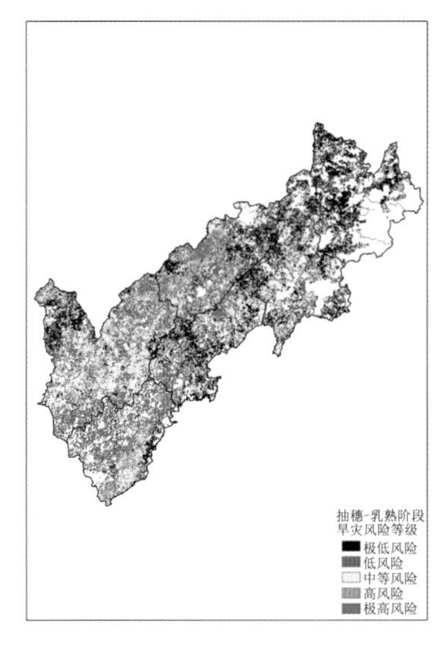

图 7.6　辽西北地区玉米抽穗—乳熟阶段干旱灾害动态风险等级(a)及预警等级(b)

市风险等级明显下降。根据玉米种植面积比例,确定各县市预警级别,结合警报发布标准,发布警报(图 7.6b)。

(6)玉米乳熟—成熟阶段干旱灾害风险预警

分析辽西北地区玉米乳熟—成熟阶段干旱灾害风险预警等级分布(图 7.7a)可知,玉米干旱灾害低风险和较低风险面积增大,主要集中分布于辽西北地区西部和南部,高风险和极高风险主要分布于沈阳北部和阜新中部。与上一生育阶段相比,朝阳市、葫芦岛市及锦州市的中等风险面积、高风险面积和极高风险面积明显减小。根据玉米种植面积比例,确定各县市预警级别,结合警报发布标准,发布警报(图 7.7b)。

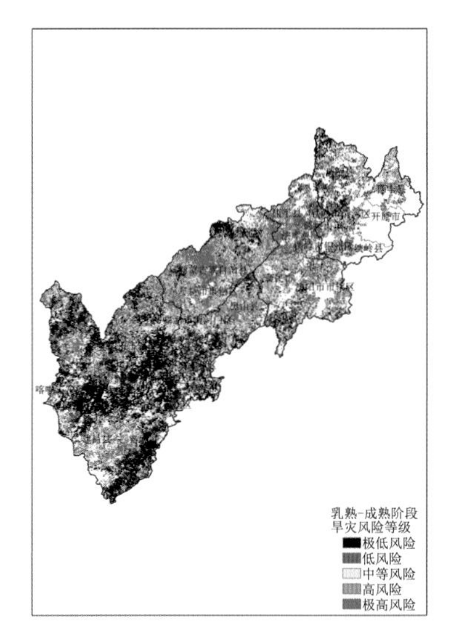

图 7.7　辽西北地区玉米乳熟—成熟阶段干旱灾害动态风险等级(a)及预警等级(b)

7.2.2 辽西北地区地表蒸散发遥感反演

(1)遥感反演地表蒸散发方法

基于能量平衡原理及 SEBS 模型,得到能量平衡公式:

$$\lambda ET = R_n - G - H \tag{7.5}$$

式中,R_n 是地表净辐射通量(W/m^2),λET 是潜热通量(W/m^2),λ 为水的汽化热(J/kg),ET 为实际蒸散量[$kg/(m^2 \cdot s)$],G 是土壤热通量(W/m^2),H 是显热通量(W/m^2)。

地表净辐射通量(R_n)的计算公式如下:

$$R_n = (1-\alpha) \cdot R_{swd} + \varepsilon \cdot R_{lwd} - \varepsilon \cdot \sigma \cdot T_0^4 \tag{7.6}$$

式中,α 为地表反照率;R_{swd}为向下的短波辐射,R_{lwd}为向下的长波辐射,ε 为地表发射率,σ 为斯蒂芬-波尔兹曼常数,T_0 为遥感反演的地表辐射温度(K)。α、ε、T_0 能从可见光至热红外波段的遥感数据中得到。

土壤热通量(G)的计算公式如下:

$$G = R_n \cdot [\Gamma_c + (1-f_c) \cdot (\Gamma_s - \Gamma_c)] \tag{7.7}$$

式中,Γ_c 为植被完全覆盖情况下 G 与净辐射的比值;Γ_s 为裸土条件下 G 与净辐射的比值;f_c 为植被覆盖率。

显热通量(H)的计算公式如下:

$$H = \frac{\rho c_p}{r_a} \Delta T \tag{7.8}$$

式中,ρ 为空气密度(kg/m^3),c_p 为比热容($J/(kg \cdot K)$);ΔT 为温度差(K),r_a 为空气动力学阻抗(s/m)。

依据联合国粮农组织(FAO)推荐的 Penman-Monteith 公式计算辽西北地区日蒸散发值,时间序列为 1961—2010 年,其公式如下:

$$ET_0 = \frac{0.408\Delta(R_n - G) + r\dfrac{900}{T+273}U_2(e_s - e_a)}{\Delta + r(1+0.34U_2)} \tag{7.9}$$

式中,ET_0 为参考作物蒸散量(mm/d),Δ 为饱和水汽压曲线斜率(kPa/℃),R_n 为地表净辐射[$MJ/(m^2 \cdot d)$],G 为土壤热通量[$MJ/(m^2 \cdot d)$],r 为干湿表常数;T 为地表 2 m 高处日均气温(℃);U_2 为地表 2 m 高处风速(m/s);e_s 为饱和水汽压(kPa);e_a 为实际水汽压(kPa)。

(2)辽西北地区地表蒸散发计算

通过计算瞬时潜热通量以及卫星过境瞬间提供的每个参量,得到蒸发比;利用蒸发比,由地表通量和各项因子以及日照时数等地表参数的引入,经过转换获得实际的日蒸散量(王蕊等,2017),结果如图 7.8 所示。由图可知,辽西北地区 2013 年日蒸散发量各季从大到小依次为夏季、秋季、春季和冬季。春季 ET 分布范围较广且均匀,其低值区大多分布在中北部,该地植被稀疏覆盖率低,因此蒸散量较低。夏季植被覆盖率最高,ET 值明显增大,其高值区分布在朝阳、阜新一带,该地区温度高,蒸散发量明显增大,是辽西北重旱地区;低值区出现在锦州、葫芦岛等地,该地区靠近海洋,温度相对低,蒸散发值也相对降低。秋季植被覆盖率较高,因此 ET 值没有明显下降。冬季气温骤降,植被覆盖率减少,ET 值进一步降低,由西部向东部逐渐降低。综上所述,蒸散发量很大程度上受气温的影响。由图 7.8 可以看出,春季蒸散发量分布范围较广且均匀;夏季表现为中部地区相对东西部地区较高;秋季蒸散分布整体均匀,只有西部零星高值区;冬季各地区出现差异,由西部向东部逐渐降低。因此,辽西北地区水资源配置应考虑区域蒸散发的四季变化情况进行合理优化。

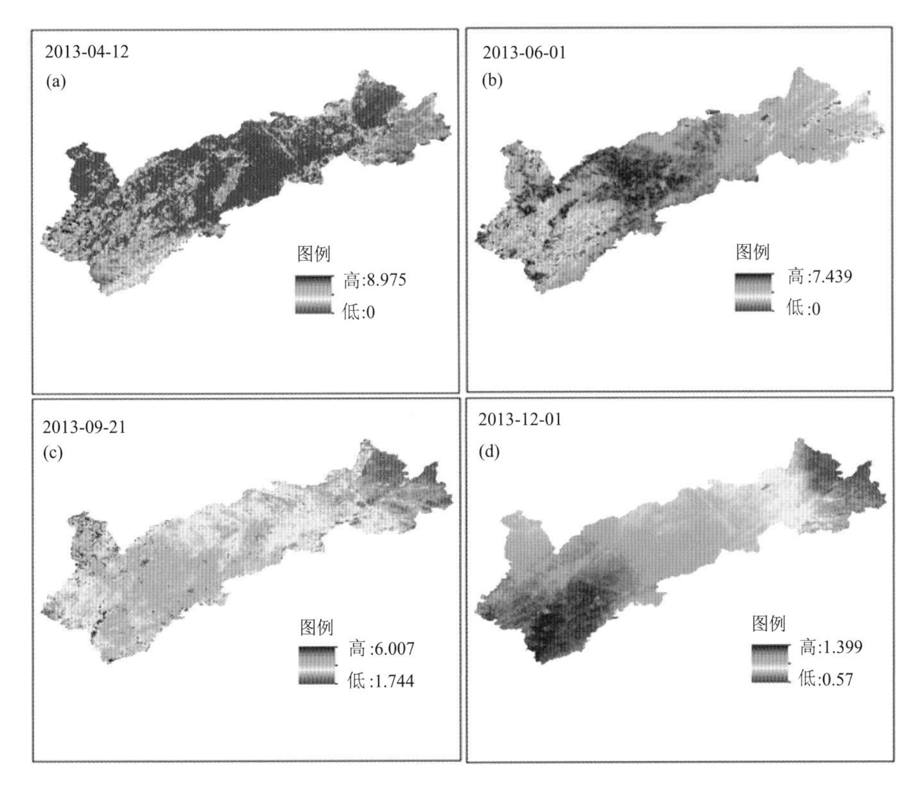

图7.8　辽西北地区春(a)、夏(b)、秋(c)、冬(d)季4个典型晴空日蒸散量(ET,单位:mm/d)空间分布

7.2.3　辽西北地区玉米灌溉需水量估算

(1)作物灌溉需水量估算的相关概念

作物一生所需的水分有两种,生理需水和生态需水。生理需水是作物为满足其自身正常的生命活动需要从环境中吸收的大量水分,是指在健康无病、养分充足、土壤水分状况最佳等条件下,作物经过正常生长发育,从播种到成熟收获所需要的水分。生态需水是指作物在维持自身正常生长时环境所需要的水分,包括植株间蒸发和渗漏等。作物的生理需水量和生态需水量的总和称为作物需水量。在作物生长发育过程中,水分数量特定的情况下,作物实际吸收到的水分数量称为作物实际耗水量。当任一时段外部环境提供的水量(有效降雨量与土壤有效水含量之和)不少于本时段作物的需水量时,该时段作物实际耗水量等于作物需水量;当任一时段外部环境提供的水量(有效降雨量与土壤有效水含量之和)小于本时段作物需水量时,该时段作物实际耗水量等于降雨量与土壤有效水含量之和,作物需水量与作物实际耗水量之间的差值即为作物灌溉需水量。

农田水分的消耗途径主要有3个:植株蒸腾、植株间蒸发和深层渗漏。植株蒸腾要消耗大量的水分。作物正常的生命活动依靠根系从土壤中不断地吸收水分,吸入体内的水分有99%以上消耗于蒸腾,剩下不足1%的水量留在作物体内,成为作物的组成部分。植株间蒸发是指植株间土壤的水分蒸发，它随植被覆盖率的升高而减小。植株蒸腾和植株间蒸发合称为蒸散量。深层渗漏是指旱田中过多的降雨量或灌溉水量，导致土壤水分含量超过了田间持水量，多余的水分向根系活动层以下的土层渗漏的现象。旱生作物在正常灌溉的情况下，不允许发生深层渗漏。因此，旱生作物的需水量即为潜在蒸散量。

(2)玉米生育阶段灌溉需水量估算模型的构建

在旱生作物的整个生育期间，任一时段土壤计划湿润层中需灌水量，取决于该时段的来水量和作物需水量的多少。依据上述原理，构建辽西北地区玉米各生育阶段的灌溉需水量模型，公式如下：

$$\mathrm{IR}_i=\mathrm{ET}_{ci}-(P_i+\mathrm{WE}_i+I_i) \tag{7.10}$$

式中，IR_i 为辽西北地区玉米在生育阶段 i 的灌溉需水量(mm)，ET_{ci} 为该地区玉米 i 阶段需水量(mm)，P_i 为该地区生育阶段 i 内的有效降雨量(mm)，WE_i 为本生育阶段土壤有效水含量(mm)，I_i 为生育阶段 i 的计划灌溉量(mm)。

根据作物生长水分来源，辽西北地区农业生产方式可以分为两种，灌溉型农业和雨养型农业。对于雨养型农业来说，作物生长发育完全依靠自然降水，因此灌溉量 I 为 0，此时玉米生育阶段的灌溉需水量模型为

$$\mathrm{IR}_i=\mathrm{ET}_{ci}-(P_i+\mathrm{WE}_i) \tag{7.11}$$

当区域外部来水量大于玉米需水量时，认为该区域不需要灌溉；当区域外部环境无法为玉米提供充足的需水量时，此时玉米的缺水量即为区域需灌溉的水量。因此，玉米在某一生育阶段的灌溉需水量应为

$$\mathrm{IR}_i=\begin{cases}0 & \mathrm{ET}_{ci}\leqslant(P_i+\mathrm{WE}_i)\\ \mathrm{ET}_{ci}-(P_i+\mathrm{WE}_i) & \mathrm{ET}_{ci}>(P_i+\mathrm{WE}_i)\end{cases} \tag{7.12}$$

(3)玉米生育阶段灌溉需水量估算模型参数的确定

生育阶段有效降雨量的确定。一次降雨的总雨量分配主要有 3 种方式：深层渗漏、径流和留存于土壤中。雨水中的一部分渗漏到作物根区吸水层以下，一部分作为径流从土壤表面流走，地表的径流水和深处的渗漏水都不能被作物利用，换言之，这两部分降雨量对于作物是无效的。剩余的降雨量贮存在土壤根区中，并为作物生长提供水分，这部分可被作物吸收利用的降雨量称为有效降雨量。目前，多采用降雨有效利用系数计算有效降雨量，公式如下：

$$P_e=\alpha_j\cdot P_j \tag{7.13}$$

式中，P_j 为某次降雨总量(mm)，P_e 为该次降雨的有效降雨量(mm)，α_j 为该次降雨量的有效利用系数。依据有关研究结果，α 的取值公式如下：

$$\alpha_j=\begin{cases}0 & P_j\leqslant 5\ \mathrm{mm}\\ 0.9 & 5\ \mathrm{mm}<P_j\leqslant 50\ \mathrm{mm}\\ 0.75 & P_j>50\ \mathrm{mm}\end{cases} \tag{7.14}$$

通过累计逐日有效降雨量得到玉米各生育阶段的有效降雨量，公式如下：

$$P_{ei}=\sum_{j=1}^{n}P_{e_{j,i}} \tag{7.15}$$

式中，P_{ei} 为生育阶段 i 的有效降雨量(mm)，$i=1,2,\cdots,6$，分别表示玉米的 6 个生育阶段(播种—出苗、出苗—七叶、七叶—拔节、拔节—抽穗、抽穗—乳熟、乳熟—成熟)；$R_{e_{j,i}}$ 为生育阶段 i 内第 j 次降雨的有效降雨量(mm)，$j=1,2,\cdots,n$，表示该生育阶段内降雨次数。

生育阶段需水量的计算。作物需水量的影响因素有很多，包括气象条件(温度、日照、湿度、风速)、土壤水分含量、作物种类及其生长发育阶段、土壤肥力、农业技术措施等。目前，计算作物需水量最常用的方法是通过计算参照作物的需水量来得到某种作物的需水量。研究表明，联合国粮农组织(FAO)推荐的单作物系数法在预测东北地区作物需水量时效果最好。因此，采用单作物系数法计算作物的逐日蒸散量，即作物逐日需水量，作物生育阶段的需水量由其逐日需水量累积得到。作物逐日需水量的计算公式如下：

$$ET_c = K_c ET_0 \tag{7.16}$$

式中，ET_c 为逐日作物蒸散量，即逐日作物需水量(mm)；K_c 为作物系数；ET_0 为逐日作物参考蒸散量(mm)。K_c、ET_0 分别采用联合国粮农组织(FAO)推荐的修正公式和 P-M 公式进行计算。

土壤有效水含量的计算。土壤中的水分并非全部都对作物有效。例如，土壤吸湿水和膜状水就属于无效水，它们被土壤颗粒紧密吸附，没有溶解能力，不能被植物利用。土壤中的重力水虽然可以被植物利用，但其很快便渗漏出根层，也不计入有效水。因此，一般说土壤中可被植物吸收利用的有效水，指的就是毛管水。任一时段某一深度的土壤有效水含量，可通过同时段同深度土壤含水量与萎蔫系数(植物根系无法吸收到水分而发生永久萎蔫时的土壤含水量)的差值求得，计算公式如下：

$$WE_{hj} = W_{hj} - f_h \tag{7.17}$$

式中，WE_{hj} 为时段 j 土壤 h 层深度的有效水分含量(mm)，W_{hj} 为时段 j 土壤 h 层深度的水分含量(mm)，f_h 为土壤 h 层深度的萎蔫系数(mm)。

因此，0～50 cm 土层的平均土壤有效水含量计算公式如下：

$$WE_{(50)j} = W_{(50)j} - f_{(50)} \tag{7.18}$$

式中，$WE_{(50)j}$ 为时段 j 的 0～50 cm 土层的平均有效水分含量，$f_{(50)}$ 为该土层深度的平均萎蔫系数。

结合土壤湿度的反演方程，上式可变换为

$$WE_{(50)j} = f(CSMI_j) - f_{(50)} \tag{7.19}$$

据此，玉米生育阶段灌溉需水量模型又可变换为

$$IR_i = \begin{cases} 0 & ET_{ci} \leqslant (P_i + f(CSMI_i) - f_{(50)}) \\ ET_{ci} - (P_i + f(CSMI_i) - f_{(50)}) & ET_{ci} > (P_i + f(CSMI_i) - f_{(50)}) \end{cases} \tag{7.20}$$

(4)辽西北地区玉米不同生育期灌溉需水量计算

利用辽西北地区 11 个农业气象站点 2006 年 4—9 月逐日气象要素(日最高温度、日最低温度、日平均温度、日照时数、日平均风速、日平均相对湿度、日降雨量)，分别计算各站点玉米逐日需水量和日有效降雨量，累积玉米各生育阶段的玉米需水量和有效降雨量，确定各站点玉米在不同生育阶段的灌溉需水量。采用反距离加权法对各站点玉米不同生育阶段的灌溉需水量进行空间插值，得到辽西北地区玉米 6 个生育阶段的灌溉需水量空间分布(图 7.9)。结果表明，辽西北地区播种—出苗阶段玉米灌溉需水量为 2～34 mm，西部需水量较多，东北部较少。出苗—七叶阶段，玉米开始光合作用，蒸腾蒸发量增大，该阶段的玉米灌溉需水量较前一阶段也增多，为 13～55 mm，阜新市需水量较少，其余各市都较多，灌溉需水量趋势符合干旱灾害风险等级分布。七叶—拔节阶段玉米灌溉需水量为 0～23 mm，整体来看，仍然是东北部偏少，西部偏多。拔节—抽穗阶段玉米灌溉需水量为 15～44 mm，其中朝阳需水最多。抽

穗—乳熟阶段玉米灌溉需水量为 10～102 mm，锦州市市辖区和沈阳市市辖区灌溉需水量最少，阜新市最多，其次为朝阳市，东部较少。乳熟—成熟阶段玉米灌溉需水量为 30～71 mm，阜新市玉米灌溉需水量最多。

图 7.9　辽西北地区玉米不同生育期灌溉需水量等值线

(a)播种—出苗阶段；(b)出苗—七叶阶段；(c)七叶—拔节阶段；
(d)拔节—抽穗阶段；(e)抽穗—乳熟阶段；(f)乳熟—成熟阶段

7.3　吉林省春玉米不同水分条件下复水模拟试验

7.3.1　复水模拟方案

选择榆树和白城 2013 年的数据进行干旱复水试验(基本无干旱发生年份)，通过改变春玉米拔节—成熟期的降水数据实现干旱复水的模拟。首先以榆树、白城 2013 年春玉米全生育期的基本气象资料为驱动，对春玉米地上部分干物质重和产量进行模拟。模拟结果显示，榆树春玉米地上部分干物质重为 23005 kg/hm^2，产量为 11926 kg/hm^2；白城春玉米地上部分干物质重为 17604 kg/hm^2，产量为 10673 kg/hm^2，该结果作为后续研究的基准值。

干旱复水研究所采用的水分指标为土壤相对湿度，等级划分见表 7.5(李琪 等，2019)。根据模型模拟得到的土壤相对湿度值，参照表 7.5 的标准，反推需要调整的降水数据。除降水数据外，其余输入的气象参数保持不变（即为 2013 年的实际数据），得到不同干旱条件及复水方式下的地上部分干物质重和产量。这些值与基准值进行对比，可以得到不同干旱及复水条件下的损失百分率。

表 7.5　干旱等级划分

等级	土壤相对湿度 R(%)		
	拔节—抽雄期	抽雄—乳熟期	乳熟—成熟期
无旱	$R>70$	$R>75$	$R>65$
轻旱	$60<R\leqslant 70$	$65<R\leqslant 75$	$55<R\leqslant 65$
中旱	$50<R\leqslant 60$	$55<R\leqslant 65$	$45<R\leqslant 55$
重旱	$40<R\leqslant 50$	$45<R\leqslant 55$	$35<R\leqslant 45$

以拔节—抽雄阶段的轻旱模拟为例，介绍干旱复水试验步骤。通过改变天气数据文件中拔节—抽雄阶段的降水量，使得模拟结果的土壤相对湿度值在该阶段保持在 60%～70%，即持续轻旱等级，在该生育阶段结束后的 1 d(FS1)、4 d(FS2)、7 d(FS3)分别进行一次性复水，以及 1～3 d(FS4)、1～5 d(FS5)进行连续性复水，使土壤相对湿度达到 75%(FS1、FS2、FS3 直接调整当天的降水使土壤相对湿度达到 75%，FS4、FS5 按照每天等量、依次增加的方式在最后一天达到 75%)，玉米解除干旱。按上述方式全部调整好后(除干旱及复水期降水外，其余参数值均与基准年一致)，驱动模型得到地上部分干物质重和产量，并与基准值相比，得到轻旱条件下不同复水方式的损失。中旱、重旱的试验步骤与轻旱情况类似。抽雄—乳熟阶段的试验步骤同拔节—抽雄阶段，但要注意该阶段复水时，玉米已经进入乳熟—成熟阶段，复水后土壤相对湿度达到 65%就能解除干旱。

7.3.2　模拟结果分析

(1)拔节—抽雄阶段模拟结果

从图 7.10 拔节—抽雄阶段的模拟结果可以看出，在相同的复水方案下，随着干旱程度的加剧，榆树和白城两地的玉米地上部分干物质重和产量的损失都随之增大。在相同的干旱复水方案下，地上部分干物质重的损失率要大于产量的损失率。在相同的条件下，白城玉米的地上部分干物质重和产量损失率要高于榆树的，且各种复水方案在减轻干旱影响的效果上白城

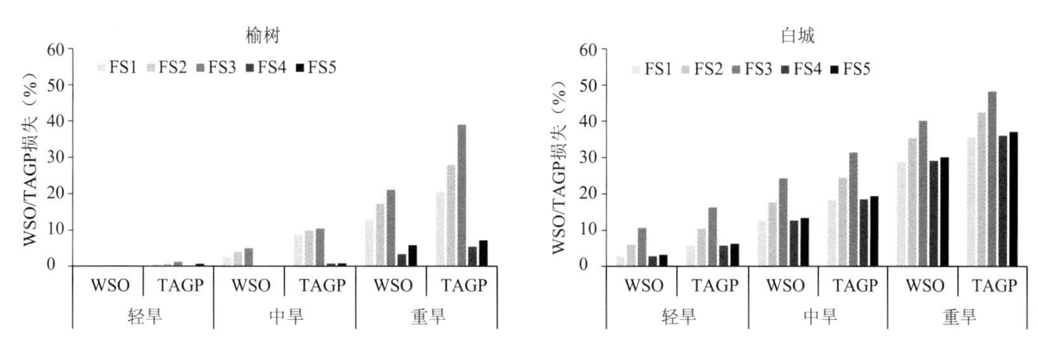

图 7.10　拔节—抽雄阶段方案模拟结果
(WSO、TAGP 分别代表春玉米产量以及地上部分干物质重)

明显不如榆树。从复水方式上看，在其他条件相同的情况下，连续性复水方案(FS4 和 FS5)的损失率整体上要小于一次性复水方案(FS1、FS2 和 FS3)的损失率。对榆树而言，FS4 方案(即干旱结束后 1～3 d 连续复水)的效果十分明显，并且榆树的 FS4 和 FS5 方案可以明显减少拔节—抽雄阶段干旱带来的产量和地上干物质重的损失。对白城而言，FS1 方案(即干旱结束后 1 d 进行一次性复水)的效果最好，但与 FS4 方案没有明显的差异；连续性复水方案与一次性复水方案的整体差异要小于榆树的。

(2)抽雄—乳熟阶段模拟结果

图 7.11 为抽雄—乳熟阶段的模拟结果。从图 7.11 可以看出，在相同的复水方案下，随着干旱程度的加剧，榆树和白城两地的春玉米地上部分干物质重和产量的损失都随之增大，这与拔节—抽雄阶段的规律相同。在相同的干旱复水方案下，抽雄—乳熟阶段的地上部分干物质重的损失率要小于产量的损失率，与拔节—抽雄阶段的结果正好相反，这可能与不同生育阶段玉米的干物质积累方式不同有关。在相同的条件下，白城的地上部分干物质重和产量损失率要高于榆树的，且各种复水方案在减轻干旱影响的效果上白城不如榆树，但两个地区的差异不如拔节—抽雄期明显，说明复水效果是受生育阶段影响的。从复水方式上看，连续性复水方案(FS4 和 FS5)的损失率整体上要小于一次性复水方案(FS1、FS2 和 FS3)的损失率，但两个地区之间的差异不如拔节—抽雄期明显。对于抽雄—乳熟阶段的干旱，榆树和白城的最佳复水方案都是 FS1。

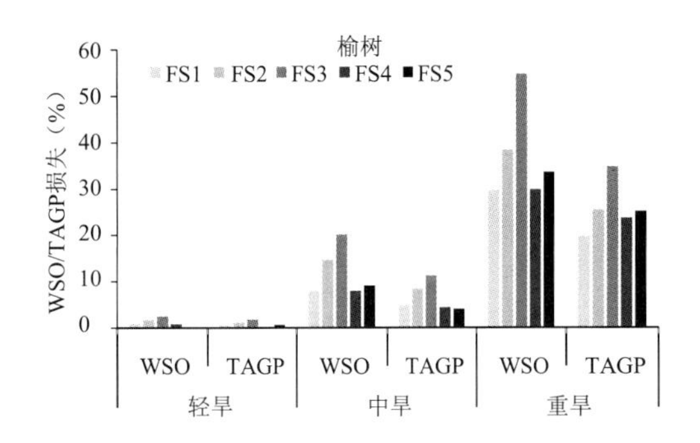

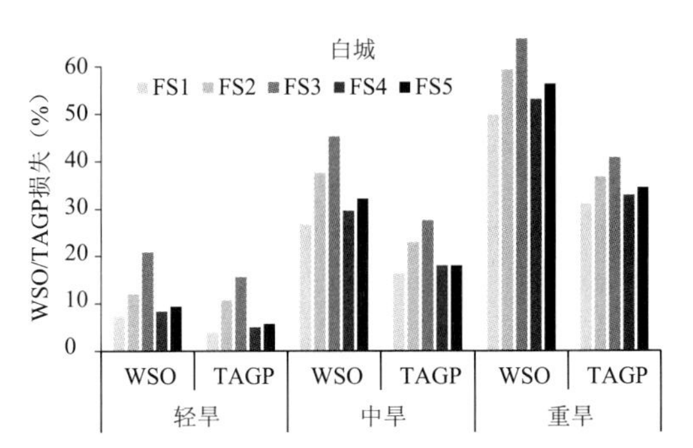

图 7.11 抽雄—乳熟阶段不同方案模拟结果
(WSO、TAGP 分别代表春玉米产量以及地上部分干物质量)

在春玉米干旱发生的过程中，合理的复水方案对有效抵御干旱造成的影响具有重要作用。试验结果表明，对于春玉米拔节—抽雄阶段的干旱，降水条件相对较好的榆树采取及时、逐步复水的方式(FS4 方案)，可以有效降低干旱的负效应，稳定春玉米的产量；降水条件相对较差的白城则优先进行一次性及时复水(FS1 方案)效果最佳。在抽雄—乳熟期，榆树和白城都优先选择一次性及时复水方案的效果最好。该结论表明，在不同的干旱条件下(不同地区、不同生育阶段)，春玉米灌溉复水的最佳方案并不能一刀切，可以借助 WOFOST 模型对不同玉米补充灌溉的方案进行筛选，从而对农业防旱工作起到有针对性的指导作用。

另外值得注意的是，随着干旱程度的加重，春玉米受灾情况也在加重，尤其是在降水条件相对较差的白城，不管是连续复水方案还是一次性复水方案，都只是在一定程度上缓解干旱的影响，而无法改变受灾的事实。因此，这里所提出的最佳复水方案，只是相对而言的，是受灾后的一种补救措施。

第8章　干旱灾害风险预警服务实践

8.1　国家气候中心2010年西南干旱预警服务实践

8.1.1　国家级业务单位气象干旱监测预警服务业务流程

(1)气象干旱监测预警服务业务流程

目前,国家气候中心建立了多指标、多方法的干旱监测技术体系,监测方法包括气象干旱监测(与气温、降水相关的各种干旱指标监测)、农业干旱监测(土壤湿度、作物生长情况、灌溉情况、植被长势、旱情报告等)、水文监测(水情监测、水文模型模拟、人畜用水等)以及卫星遥感监测和模型模拟等。建立了干旱观测、监测诊断、影响评估、预警和服务一体化的综合业务技术路线(图8.1)。

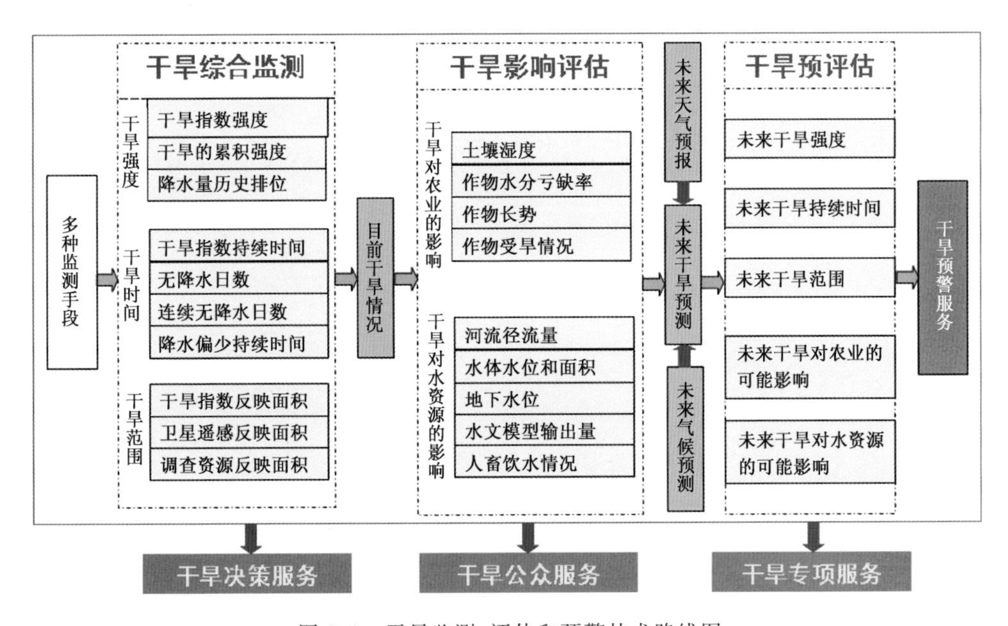

图8.1　干旱监测、评估和预警技术路线图

监测指标包括CI、MCI、MCIA、MCIW、MI、PDSI、KI、Z、SPI(7种时间尺度)、SPIW、土壤相对湿度(土钻法观测和自动站观测)、气温、降水、降水距平百分率、蒸散量等,已经实现逐日滚动监测。将未来7 d中期天气预报结果与干旱监测指标相结合,可以制作未来一周的全国干旱趋势预测;将动力延伸期预报模式预测结果与前期干旱实际情况相结合,可以制作未来一个月逐旬的干旱趋势预测。

干旱监测预警业务系统包括桌面端系统和网络端系统，该系统每天上午自动接收资料、入库、计算分析各种干旱指数并绘图，可以通过网络端系统查阅，也可以通过桌面端系统对综合干旱指数的系数进行调整并绘图，也可以对分析的区域进行任意选择。干旱业务监测以多种气象干旱监测指数为主要依据，并参考农业气象站的旬 10、20 cm 土壤相对湿度以及卫星干旱监测等信息资料，当全国有较大范围干旱出现、持续发展或缓解时，发布《干旱影响评估快报》产品，达到气象干旱预警标准时，制作并通过中央气象台发布气象干旱预警信息，及时向政府部门提供干旱监测实况信息。除此之外，还通过中央电视台和中国气象局、国家气候中心等网站向公众发布干旱监测和预警产品。

根据实际情况，国家气候中心对干旱监测、预警服务业务流程进行了调整(图 8.2)。新业务流程中，干旱监测图系统完成后不能直接对外发布，业务人员根据省级气候中心上报的干旱信息调查表，及时掌握当地的实际旱情，结合土壤湿度监测、卫星遥感监测、农作物生长情况以及水资源等情况，综合分析判断当前的干旱情况，对干旱监测图进行修正，然后才对外发布。调整后的业务流程在西南地区冬春季干旱、东北地区冬季干旱、黄淮地区夏季干旱等服务中取得了很好的效果。实践证明，上下结合，多种监测方法和多种监测指标的综合运用，能有效提高干旱监测的准确性和服务效果。

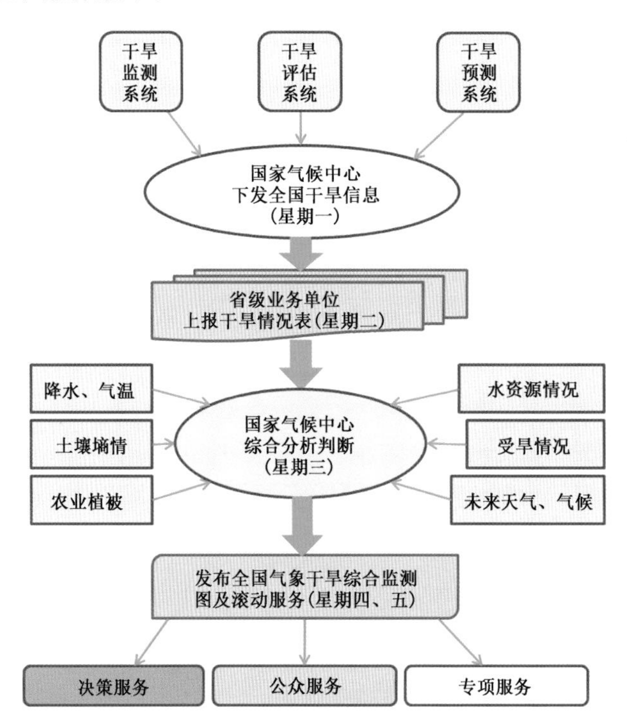

图 8.2　气象干旱监测预警服务业务流程

(2)气象干旱预警技术标准

当全国出现大范围或严重气象干旱，或重大气象干旱缓解和解除时，国家级业务单位按照《国家气象灾害应急预案办法》发布或解除国家级气象干旱预警。各省、自治区、直辖市及计划单列市气象局应以国家级气象干旱预警标准为参考，根据各地区实际情况，制定相应的发布或解除气象干旱预警的标准和流程。

2009 年中国气象局制定了全国气象灾害预警发布和解除标准，将气象干旱灾害的预警标准分为黄、橙、红三级。2010 年，国家气候中心考虑到干旱的实际影响程度等因素，对气象干旱预警标准进行了修订(表 8.1)，并编写了气象灾害应急响应启动等级标准，以及启动不同等级预警响应时的基本业务流程等。2010 年 2 月 25 日，针对西南地区发生的严重干旱，第一次发布了国家级气象干旱黄色预警，同时启动国家气象干旱Ⅲ级应急响应。

表 8.1　气象干旱预警标准(国家级)

等级	预警信号	预警标准
Ⅰ级	红色预警	(1)相邻 5 个以上省发生干旱，持续 3 个月以上，特旱区域占干旱区域三分之二以上； (2)受干旱影响，大面积农作物绝收，水资源严重匮乏，人畜饮水严重缺乏； (3)未来干旱天气持续，干旱范围、强度和影响将进一步发展
Ⅱ级	橙色预警	(1)相邻 3～5 个省发生干旱，持续 2 个月以上，重旱区域占干旱区域三分之二以上，特旱区域占干旱区域二分之一以上； (2)受干旱影响，农作物大面积减产，水资源匮乏，人畜饮水很困难； (3)未来干旱天气持续，干旱范围、强度和影响将进一步发展
Ⅲ级	黄色预警	(1)相邻 2 个以上省发生干旱，持续 1 个月以上，重旱区域占干旱区域三分之二以上； (2)受干旱影响，农作物减产，水资源出现短缺，人畜饮水发生困难； (3)未来干旱天气持续，干旱范围、强度和影响将进一步发展

8.1.2　西南地区 2009—2010 年冬春季重大干旱监测、预警服务

(1)2009—2010 年冬春季西南地区干旱概况

2009 年 9 月至 2010 年 3 月中旬，云南、贵州、四川南部、广西西北部降水量较常年同期少 3～8 成，云南、贵州两省区域平均降水量较常年同期分别少 51%和 52%，均为有气象观测记录以来最少值。同期，西南地区大部气温较常年同期偏高，云南、贵州两省平均气温分别为历史同期最高值和第三高值。持续高温少雨，加之 2009 年汛期降水偏少，导致云南、贵州、四川南部、广西西北部等发生了有气象观测记录以来最严重的秋冬春连旱，给当地群众生活、人畜饮水、工农业生产、塘库蓄水、森林防火等造成极为严重的不利影响。3 月 21 日气象干旱监测显示，云南、贵州、川西高原南部、广西北部等地存在大范围中度以上气象干旱(图 8.3)。这次干旱过程具有持续时间长、影响范围广、灾害强度大等特点。

(2)国家气候中心干旱预警服务情况

针对西南地区发生有气象记录以来最为严重的干旱，国家气候中心作为国家级干旱监测与评估的主要业务单位，积极投入到抗旱气象服务工作中，全面加强旱情发展演变监测，主动提供干旱监测、预警与评估材料，为打赢这场抗旱减灾保卫战发挥了重要作用。

全面加强干旱发展演变监测。从 2009 年 9 月起，国家气候中心对贵州、云南、广西等地的干旱做了严密的监测，并以《重大气象信息专报》《中国旱涝气候公报》《重要气候信息》等形式及时向政府决策部门和公众发布西南干旱信息。随着干旱程度不断加重，2010 年 2 月 25 日，国家气候中心制作发布了第 1 期干旱黄色预警信息，并通过电视、广播、报纸、互联网、手机短信等形式及时向社会发布。2 月 27 日，中国气象局启动干旱Ⅲ级黄色预警应急响应。国家气候中心进一步加强了干旱监测工作，每天定时定点发布当天干旱监测信息和预警信息，并编写《抗旱服务专报》《抗旱服务快报》等服务材料。3 月 22 日以后，西南地区降水逐渐增多，对国

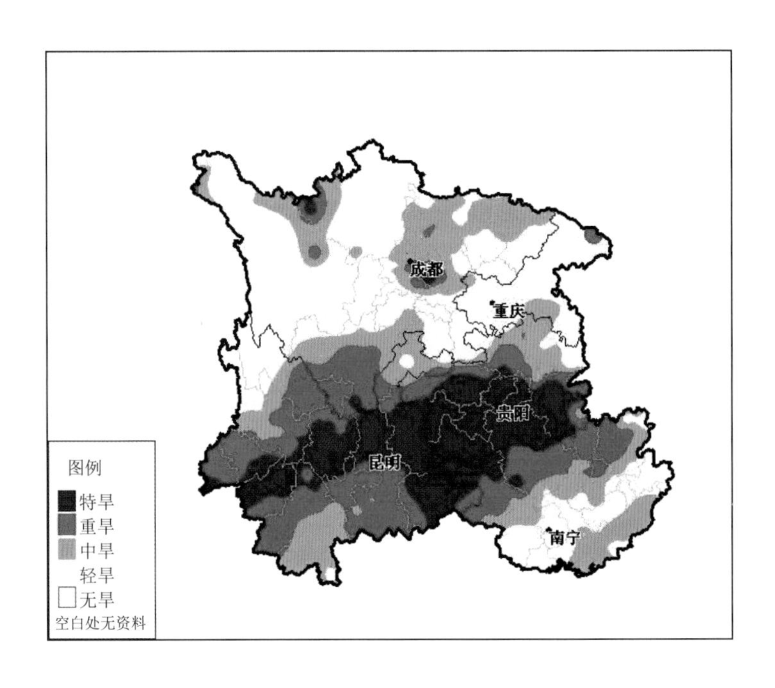

图 8.3 2010 年 3 月 21 日西南地区气象干旱监测图

家气候中心的干旱监测服务提出了新的挑战。每一次降水，对干旱都有一定程度的缓解，缓解到什么程度，有多大变化，都要形成决策服务材料。国家气候中心严密监视每一次降水过程，第一时间形成决策服务材料。2 月 25 日至 5 月 10 日，国家气候中心共发布干旱预警 57 期，创造了中国气象局连续发布气象灾害预警信息的记录。

多尺度多角度开展干旱评估和预估。国家气候中心根据西南旱区不同省份逐旬降水量、逐月气温历史排名以及逐月干旱影响范围演变情况，多尺度、多角度对西南干旱进行监测、评估、预估及成因分析，共完成编写决策服务材料 50 多份。为及时监测降水对西南干旱的影响，国家气候中心开展了超常规的干旱监测评估业务。从 2009 年 9 月起，逐月对干旱进行滚动预评估，并根据未来 1、3 和 7 d 短期天气预报以及未来 10、20 和 30 d 的气候预测结果，对西南旱区的气象干旱进行滚动预评估。特别是从 2010 年 3 月下旬开始，西南旱区陆续出现降水天气，为了及时监测降水对干旱的影响，3 月 29 日至 4 月 7 日，开展了每 6 h 的干旱预评估，共发布抗旱服务快报 25 期。同时，进一步完善了干旱影响评估内容，对业务系统进行改造和升级，每天对西南地区分省干旱面积进行精细化定量评估，同时还对干旱影响耕地面积、干旱影响人口和水资源等进行分省评估和预评估。

密集组织召开干旱专题会商会。国家级与省级业务单位在气象干旱监测指标、采用站点等方面有所不同，以及西南旱区地形、地貌的特殊性，在确定干旱发生的强度和范围时，难免存在一定的偏差。为了确保服务效果，国家气候中心多次组织全国干旱视频会商(累计 37 次)。特别是 2 月下旬发布全国干旱黄色预警以后，多次组织西南旱区干旱视频加密会商，有时达到一天 2 次，确保对干旱形势和未来发展趋势进行综合准确分析。同时，每天与相关省份技术人员进行电话沟通，共商当地干旱发展演变动态，探讨干旱监测技术上存在的问题以及解决方案。

多次深入旱区实地开展调研和指导。在干旱发生的不同阶段，国家气候中心先后 5 次派专家赴云南和贵州等干旱严重地区进行实地考察，并对当地的干旱监测评估业务进行指导。2 月 23 日和 3 月 1 日，国家气候中心组织干旱调研小组赴云南和贵州进行实地考察，并与地方业务人员就干旱形势和干旱监测指标等问题进行分析，对地方干旱监测技术上存在的问题及时予以解决。3 月 3 日，国家气候中心专家会同民政部、水利部等单位专家，赴云南保山、大理等旱区，就干旱造成的影响进行调研和评估。3 月 22 日，国家气候中心专家再次赴云南、贵州进行干旱调研，并就干旱重现期等技术问题与当地业务技术人员进行讨论并给予指导。4 月 7 日，国家气候中心专家会同国家林业局有关领导和专家赴云南省就西南旱灾与大面积种植桉树是否有关进行了实地调研，对西南干旱的成因做了更加深入的分析。通过深入一线调研和指导，一方面在干旱监测与评估上能够与实际情况更加吻合，使监测与评估结果更加科学、可信；另一方面通过对干旱重点省份在干旱监测与影响评估技术上的指导，及时解决了干旱监测上的实际问题，有效地提高了云南、贵州等地干旱监测业务单位的监测与评估水平。

加强媒体宣传，为公众解惑释疑。国家气候中心专家针对西南干旱特点、成因及影响等，先后接受德国电视二台、人民日报、新华社、中国新闻社、中央电视台等国内外媒体采访 28 人·次，专家赴电视台、网站专题解读西南干旱发展、成因和影响 6 人·次。通过积极有效的对外宣传，及时将旱情的最新发展告诉公众，并对干旱成因做权威解读，帮助社会公众正确认识干旱，对于灾区群众采取合理的抗旱救灾措施起到重要作用。

(3)发现的问题和改进措施

对于这次持续近半年的西南干旱，由于 CI 最长只使用 90 d 的降水情况，对更长时间的干旱累积效应考虑不足，CI 反映的干旱程度较当地的实际干旱偏轻。特别是云南省 2009 年全年降水普遍偏少，雨季提前结束，前期水库和居民生活用水蓄水不够，后期出现了长时间的持续干旱，干旱的累积效应和实际影响愈加突出，当地出现了有气象记录以来最为严重的气象干旱(颜玉倩 等，2017)，但 CI 反映的干旱程度较当地的实际情况要轻。

针对 CI 在这次干旱服务过程中存在的问题，国家气候中心及时进行了相关干旱监测指标的调整。4 月 1 日，针对云南、贵州等地反映西南旱区 CI 指标计算的干旱较当地实际情况轻的情况，对干旱指标计算办法进行了调整。具体调整办法是考虑了干旱过程的强度(过程平均 CI 值)，即当前干旱程度的衡量不仅与当天的 CI 有关，还与干旱过程内的 CI 平均强度有关。调整后西南旱区的干旱范围明显扩大，与当地的实际情况基本吻合(图 8.4)。

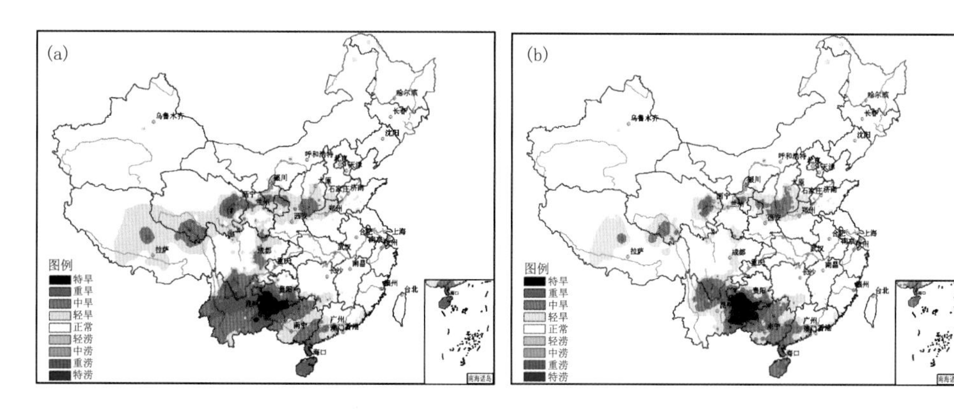

图 8.4　2010 年 4 月 1 日修改后(a)与修改前(b)的全国干旱监测图对比

CI 能较好地反映气象干旱，但对农业干旱、水文干旱等不能直接反映，特别是在干旱发生变化时，其反映的干旱是否客观，需要通过多种类干旱监测手段进行补充和验证。

8.2 湖北省气象局 2013 年夏季干旱预警服务实践

8.2.1 湖北省 2013 年夏季干旱监测

(1)降水实况

2013 年 7 月 9 日至 8 月 20 日，湖北省出现大范围、持续性高温少雨天气(中国气象局，2015)。全省降水总量较常年少 5～9 成(图 8.5)，京山、阳新等 14 个县、市降水量排历史同期倒数前 5 位。全省高温日数较常年同期多 10～25 d，21 个县、市持续高温日数突破历史极值，与历史上最严重高温年(1959 年)相近。异常高温、少雨以及中北部地区连续 3 a 干旱等多种因素叠加，全省各地出现严重干旱。

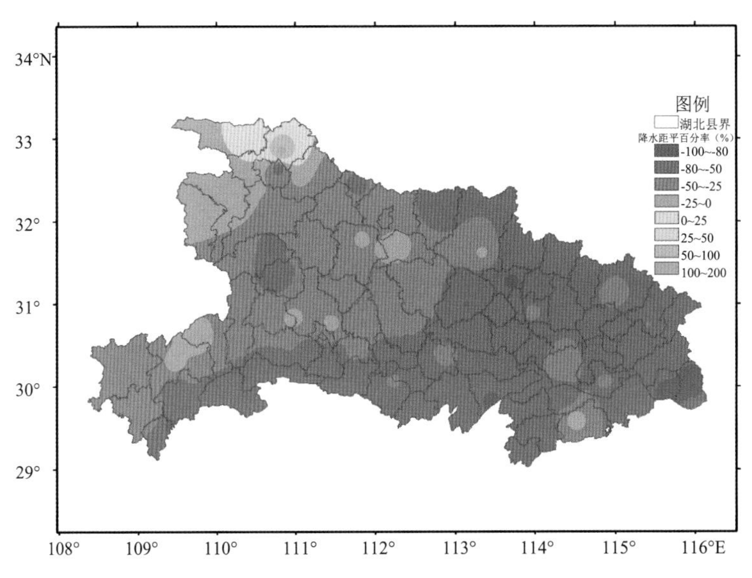

图 8.5　2013 年 7 月 9 日至 8 月 20 日湖北省逐日累积降水距平百分率

(2)干旱风险

干旱灾害的形成过程具有长时间累积的特点，因此干旱风险预警和预评估应抓住远、中、近 3 个关键时间段，依靠气象预测预报技术、气象与影响对象的综合信息采集分析技术、灾害风险评估与分析决策技术等进行。

短期气候预测技术与风险分析对农业产业结构调整的影响。年景气候趋势预测是年初进行生产布局的重要参考，2013 年年初湖北省气象部门给出了当年夏季可能高温少雨的气候趋势预测意见，湖北省荆门市政府根据该地区的气候趋势变化和当年的预测意见，果断进行了产业结构调整，将部分水稻田改种玉米、西瓜、高粱等耐旱作物。

灾害监测、预警技术与风险分析对中期干旱发展的跟踪判断。中、短期预报的结合和对灾害的监测影响分析是决定继续加大抗旱力度或降低抗旱投入进行滚动决策服务的关键。湖北省气象卫星干旱监测表明(图 8.6)，7 月中旬开始，湖北省干旱呈逐步加重趋势；同时根据 8 月

11—20 日气候预测，全省降雨总量将继续偏少，旱情将持续发展。至 8 月中旬，全省超过 50 个县、市、区达重旱等级并持续 7 d 以上(图 8.7)，且预计未来 7 d 内旱情持续，因此湖北省气象局在 8 月 15 日发布了首次干旱红色预警。

图 8.6　2013 年 8 月 6 日湖北省气象卫星干旱监测图

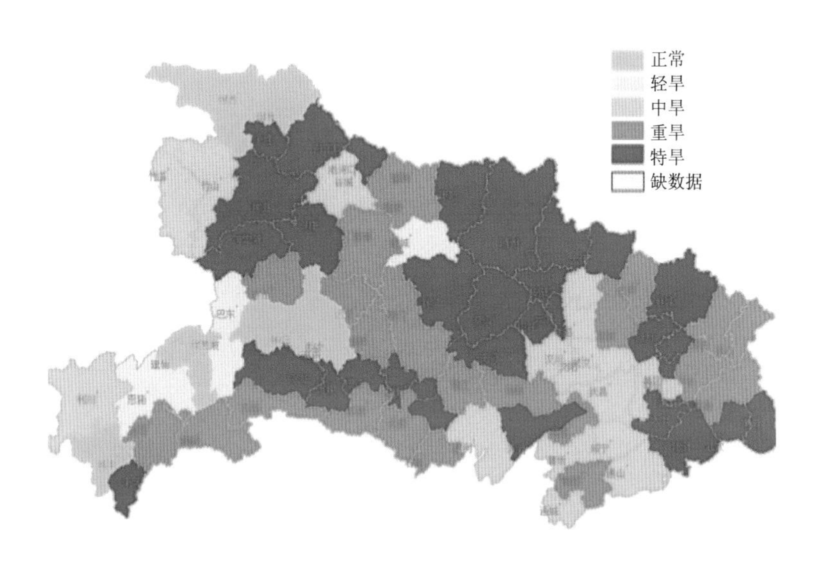

图 8.7　2013 年 8 月 20 日湖北省干旱等级分布

8.2.2　湖北省气象局 2013 年夏季干旱预警服务情况

(1)干旱预警服务情况

超前服务，为领导层提前部署提供参考。2013 年年初湖北省气象局就准确预测了湖北 2013 年汛期高温少雨的气候趋势，及时向省委、省政府汇报，建议其提前部署相关工作。加强研判和分析评估，做好高温抗旱气象服务决策。高温干旱期间及时开展滚动预测和服务工作，加强旱情监测及灾害影响评估，向省委、省政府和民政、农业、水利等相关省直部门报送《重大气象信息专报》6 期，提供《干旱监测报告》17 期、《气象服务快报》2 期。

密切监视天气演变，做好转折性天气服务。湖北省气象部门准确预报出梅雨结束转入盛夏，台风“苏力”带来降水后晴热高温天气将回归，台风“潭美”带来明显降水将终结持续高温但旱情仍会发展这3次转折性天气过程，为省委、省政府的农业生产、水资源管理、电力调度、防灾减灾决策导向提供及时有效的科学依据。同时，抓住有利时机，适时开展人工增雨作业，使全省旱情得到有效缓解。

(2)干旱灾害应急响应

适时启动应急气象服务。湖北省气象局积极响应中国气象局和省委、省政府的工作部署，7月30日启动了高温Ⅱ级应急响应，7月31日启动了抗旱Ⅳ级应急响应，8月13日将抗旱Ⅳ级应急响应提升至Ⅲ级。全省各级气象部门领导深入一线，靠前指挥，及时了解灾情，全力以赴提升抗旱气象服务工作的针对性。

加强部门抗旱应急联动。与湖北省农业厅、水利厅就天气形势发展对农情、水情、旱情的影响进行联合会商，并与湖北省农业厅联合向省政府建议加强防御近期高温热害，省政府立即批示，要求采取有效应对措施切实减轻灾害影响。

(3)减灾效益评估

远期干旱预测促进作物布局调整，减灾增效。2013年初，京山县气象局先后和湖北省、荆门市业务部门沟通，结合京山历史气候资料和监测实况，得出“京山2013年降水较历年偏少，出现重旱可能性大”的结论，并给出“农业种植结构调整”和“加大农闲时期抽水蓄水力度”的建议。京山县气象局和京山县农业局联合制定了2013年京山县作物调整方案，提出了扩大“三旱”作物种植面积等七大举措，全年共改种作物面积 1.3×10^4 hm^2，包括玉米、高粱、花生、薯类、棉花、蔬菜等耐旱作物，确保京山粮食产量十连增。

中期干旱预测促水库蓄水保水。加强与水利部门信息共享、联合会商，加大对其服务力度，在高温干旱的条件下，水利部门仍实现安全增蓄雨洪资源，为后期抗旱胜利打下了良好基础。7月初，黄冈市强降雨导致白莲河水库平均降雨量191 mm，水库水位超过汛限水位，一度达到103.32 m，但是根据出梅后降水明显偏少有严重干旱的预测意见，防汛抗旱指挥部做出“不泄洪、蓄水保水”的指令，使白莲河水库多蓄水 3×10^7 m^3。

人工影响天气抗旱作业见成效。7月10日至8月25日，实施飞机人工增雨作业6架·次，累计影响面积约 1.2×10^5 km^2，增加降水约 5.64×10^8 t；地面人工增雨作业379次，累计影响面积约 8.21×10^4 km^2，增加降水约 2.13×10^8 t，抓住时机使全省旱情得到了有效缓解。

第 4 篇

气候变化背景下中国干湿气候变化特征及未来趋势预估

第9章　气候变化背景下中国干湿气候变化特征及其影响

9.1　中国的干湿气候特征

9.1.1　中国干湿气候区划研究进展

干湿气候分区是气候区划工作的重要内容，伴随着我国气候区划工作的进展，干湿气候分区也经历了几个不同的阶段。20 世纪 50 年代之前人们用降水量来分析不同地区的干湿状况，由于其简单易行，被广泛应用到气候区划和干湿气候变化研究中。后来发现用降水量无法反映一个地区的真实干湿状况，人们开始引进蒸散量，综合考虑一个地区水分的收支，用干燥度指数（或湿润度指数）来反映干湿状况，并给出了等级划分标准。该指数应用到全国气候区划分析中，其结果与我国自然景观及自然地理特征非常吻合。

干燥度指数计算中最主要的是如何确定潜在蒸散量，计算方法多种多样，主要有 Thornthwaite 方法、Holdridge 方法以及 Penman-Menteith 方法。Thornthwaite 方法主要考虑月平均温度，并考虑纬度因子，计算简便，在国际上应用广泛，但只考虑了温度对蒸散量的影响，有一定的局限性。Holdridge 方法是利用植物营养生长期内的平均温度来计算潜在蒸散量的一种经验公式，其结果与植物的分布特征具有较好的对应关系，但其设定 30 ℃作为计算生物温度的上限也不尽合理。联合国粮农组织推荐的 FAO Penman-Menteith 方法（Allen et al，1998）考虑了气温、日照、风速、湿度等多种环境因素对蒸散量的影响，具有较强的理论基础和明确的物理意义，在气候与植被分类分析以及气候区划中得到广泛应用，但计算时需要的气象要素资料较多，在应用时受到一定的限制。

由于研究重点或区域不同，干湿等级划分标准和命名方式也各不相同。我国气候区划主要利用干燥度指数（年潜在蒸散量比年降水量）将中国气候类型划分为湿润、亚湿润、亚干旱、干旱和极干旱 5 种，也有不考虑极端干旱等级的 4 种类型划分方式。为了反映我国西部荒漠地区以及东南湿润地区气候变化特征，利用计算的干燥度指数（AI），将中国气候类型划分为 6 个等级，即过湿润区、湿润区、亚湿润区、亚干旱区、干旱区，极干旱区（张存杰 等，2016）。

干燥度指数采用如下方法计算：

$$\mathrm{AI}=\frac{E_0}{P} \tag{9.1}$$

式中，AI 为干燥度，E_0 为采用 FAO Penman-Monteith 方法计算的年潜在蒸散量，P 为年降水量。

依据干燥度指数确定的干湿等级划分标准见表 9.1。

表 9.1　干湿等级划分标准

等级	1	2	3	4	5	6
分区名称	过湿润	湿润	亚湿润	亚干旱	干旱	极干旱
AI 指标	＜0.5	0.5～1.0	1.0～1.5	1.5～3.5	3.5～20.0	≥20.0

9.1.2　中国干湿气候区划

从 1981—2010 年 30 a 平均干燥度指数分布(图 9.1)可见,北部和西部大部分地区为干旱区(包括亚干旱区、干旱区和极干旱区),东部和南部大部分地区为湿润区(包括亚湿润区、湿润区和过湿润区)。气候干湿分界线从东北向西南贯穿齐齐哈尔—大庆—双辽—阜新—朝阳—赤峰—张北—北京西部—大同—吕梁—榆林—固原—定西—尖扎—都兰—格尔木—班戈—拉萨,沿线以北地区为气候干旱区,总体面积为 469.2 万 km^2,约占国土面积的 48.8%(图 9.2)。该区域降水量小,降水变率大且年内季节分布不均,空气干燥,地表蒸发量大。极干旱区主要分布于新疆东部和南部、内蒙古西北部、甘肃河西走廊西部和青海柴达木盆地西部,多为沙漠戈壁地貌,面积约为 87.8 万 km^2(约占国土面积的 9.1%);干旱区主要分布于新疆准格尔盆地和南疆西部及北部、西藏西北部、青海西部、甘肃西部、内蒙古中西部、宁夏北部,面积约为 209.2 万 km^2(约占国土面积的 21.8%);亚干旱区主要分布于内蒙古中东部、黑龙江西部、吉林西部、辽宁西北部、河北北部和东南部、山东西北部、山西西部和北部、陕西北部、宁夏中部、甘肃中部、青海中部、西藏中部及新疆天山山脉和阿尔泰山脉一带,面积约为 172.2 万 km^2(约占国土面积的 17.9%)。

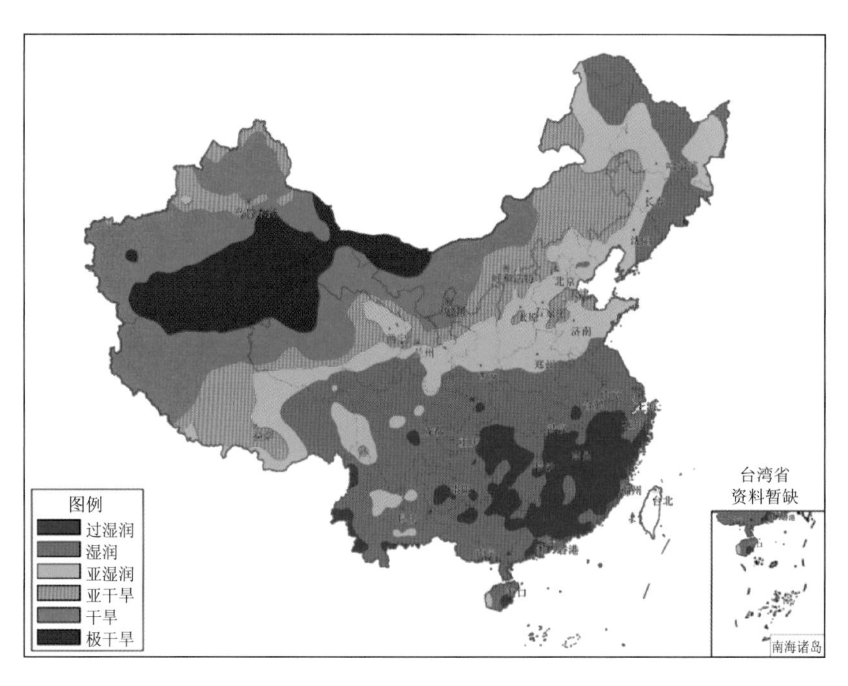

图 9.1　中国干湿气候分区图(1981—2010 年)

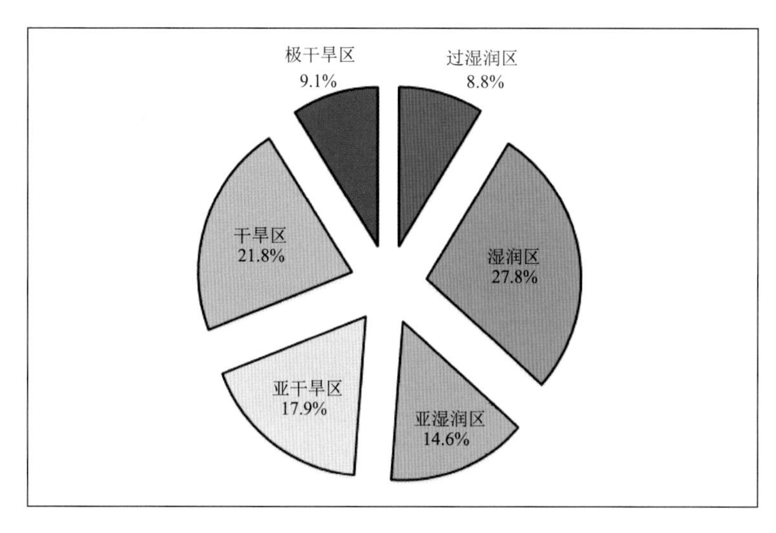

图 9.2　中国各气候区面积占国土面积比率(1981—2010 年)

分界线以南地区为湿润气候区(包括亚湿润区、湿润区和过湿润区)。亚湿润区主要分布于内蒙古东北部、黑龙江西部和东部、吉林中部、辽宁中西部、河北东北部和中部局部、北京大部、山西东部、陕西中部、甘肃东部和南部、青海中南部和祁连山东段、西藏中东部部分地区等;湿润区主要分布于秦岭和淮河以南的大部分地区以及青藏高原东南部、东北和内蒙古的部分地区;过湿润区主要分布于江南大部分地区、华南地区东部和北部以及云南部分地区。亚湿润区、湿润区和过湿润区面积占国土面积的比率分别为 14.6%、27.8%和 8.8%。

9.1.3　中国北方地区干旱气候特征

西北地区深居内陆腹地,降水量很少,且时空分布不均。除陕南、关中、陇南降水较多外,其余大部分地区降水都少。它是全国干旱最严重的地区。甘肃省有 77%的土地面积年降水量少于 500 mm,有 66%的地区年降水量在 300 mm 以下,河西走廊年降水量在 200 mm 以下,玉门以西不足 50 mm,属于绝对干旱地区。青海省年降水量一般在 400 mm 以下,且从东南向西北减少,柴达木盆地在 200 mm 以下,盆地西部的冷湖附近年降水量仅有 15 mm。宁夏自治区年降水量多在 300 mm 以下,引黄灌区在 200 mm 左右。新疆自治区年降水量一般在 200 mm以下,北疆平原为 150～200 mm,南疆不足 70 mm,塔里木盆地东南部仅有几毫米。西北地区降水季节分配不均,年际变化大,夏季降水一般占全年的 50%～80%,新疆不属夏雨型,夏雨仅占全年的 10%左右。

内蒙古自治区年平均降水量 200～400 mm,由东南向西北减少。夏季(6—8 月)降水量占年降水量的 60%～70%;4—9 月牧草生长期的降水量可占全年的 90%,降水量年际变率大,年内多有春夏干旱发生。轻度春旱,大部分地区 10 a 中就有 4～5 a;严重春旱,10 a 中约有 2 a。夏旱一般比春旱少,10 a 中有 2～5 a 发生轻度干旱,10 a 中约有 1 a 发生严重干旱。春夏连旱的次数 10 a 中发生 1～4 次。

华北地区是受季风影响比较明显的地区。冬春季受大陆干冷气团控制,降水稀少;夏季受海洋暖湿气团影响,降水集中。由于海陆分布的影响,年降水量一般由东南向西北减少。海河平原是一个少雨区,这一地区的中心在河北献县、衡水和山东德州一带,年降水量在400 mm以下。黄河中游晋西吕梁山一带也是少雨地区，年降水量一般也在 400 mm 以下。华北地区降水量年际变化很大，年内季节差别也大。夏季(6—8 月)降水量占全年的 50%～60%，春季占 10%，冬季仅 1%～5%。降水分布不均，雨季到来迟早不一。因此，华北地区干旱灾害频繁，对农业和生态环境构成严重威胁。

东北地区年降水量为 371～1078 mm，地域差别较大。沿青冈—双城—农安—双辽为 500 mm 等值线，该线以东降水量多于 500 mm，以西少于 500 mm。年降水量 1000 mm 以上中心位于丹东宽甸(1078 mm)，最多年份可达 1815 mm(1985 年)。年降水量最少位于吉林西部的白城、洮南和通榆一带，不足 400 mm。千山降水量为 600～800 mm，长白山地降水为 500～800 mm，小兴安岭地区为 500～600 mm，大兴安岭北麓地区为 400～500 mm。辽河平原降水量为 600～700 mm，松嫩平原在 500 mm 以下，三江平原降水量为 500～600 mm。东北地区降水季节分配不均匀，主要集中在夏季，占全年的 60%以上，夏季降水主要集中在 7 月和 8 月。干旱是东北地区主要气象灾害，主要出现在辽宁西北部、吉林西部和黑龙江西南部，夏季和秋季干旱对农业生产影响较大。

9.1.4 中国干旱灾害危险性分析

干旱通常包含两种含义，一是常年干旱区，指某地多年降水很少的一种气候现象，世界气象组织将干燥度(年可能蒸散量与年降水量之比)大于 10 的地区定为严重干旱区或沙漠区，又称常年干旱区；二是季节干旱区，指某地在某一时段内的降水量比其多年平均降水量显著偏少，导致经济活动(尤其是农业生产)和人类生活受到较大危害的现象。根据我国气候特点(图 9.3)，也可以分为常年干旱区和季节性干旱区(国家气候中心，2018)。西北地区中西部属于常年干旱区，干旱危险性较低；中东部地区由于受到季风系统影响，经常出现季节性干旱事件，属于季节干旱区，特别是华北地区、西北地区东部、东北地区西部、西南地区等地季节性干旱频发，干旱危险性较高，干旱事件一旦发生对工农业生产影响较大。

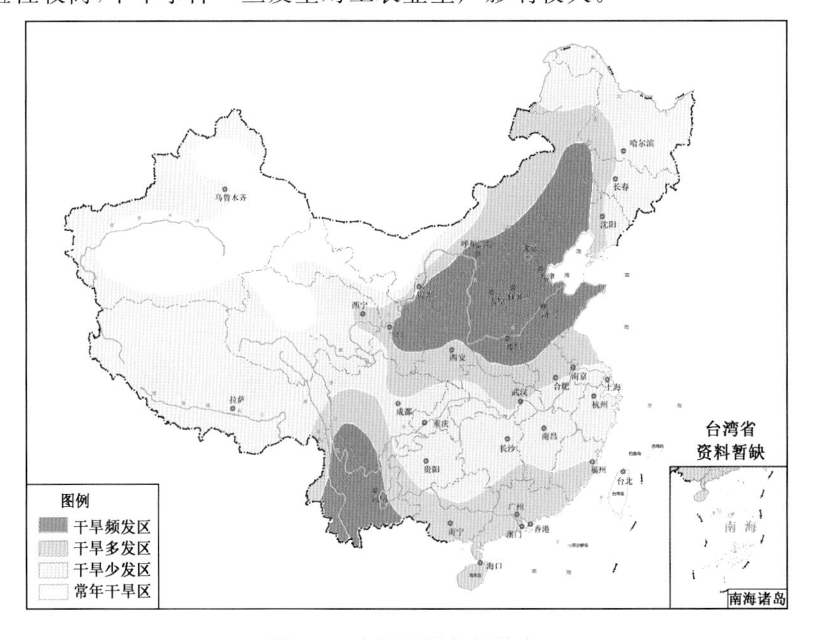

图 9.3　中国干旱气候特点

从 1981—2010 年全国各地年平均气象干旱日数的空间分布(图 9.4)可以看出,华北、黄淮、西北东部、东北西部、华南西部、西南大部以及内蒙古等地是干旱的多发区,平均年干旱日数普遍在 40 d 以上,华北大部、黄淮东北部及陕西北部、甘肃河东大部、宁夏、吉林西部、内蒙古部分地区在 60 d 以上;长江中下游、华南东部、西北中部、东北东部等地年干旱日数为 30～40 d,江南东部等在 30 d 以下。就区域平均而言,华北地区年干旱日数最多,达 62.9 d,其次为西北地区东部,为 59.7 d,东北、华南和西南地区平均年干旱日数相差不多,基本都在 45 d 左右,长江中下游地区年干旱日数相对最少,为 36.6 d。

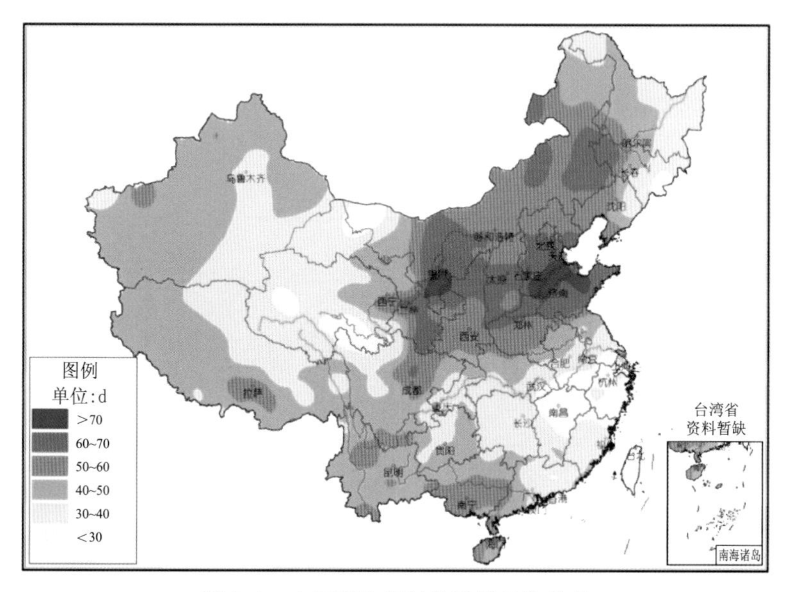

图 9.4　中国平均年气象干旱日数分布

我国不同地区月平均干旱日数差异明显(表 9.2),东北地区 5—10 月干旱日数相对较多,月干旱日数基本在 5 d 左右,6 月最多,为 6 d;华北地区 3—11 月各月干旱日数均在 5 d 以上,4 月和 5 月并列最多,为 6.4 d;西北地区东部干旱主要发生在春末夏初,4—7 月干旱日数相对较多,在 5 d 以上,5 月最多,将近 7 d;长江中下游地区干旱日数相对较少,7—11 月各月干旱日数在 4 d 左右,其余月份均在 4 d 以下,尤其是 1—4 月干旱日数基本均在 2 d 以下;华南地区干旱主要出现在秋冬季,10—12 月干旱日数相对较多,月均在 5 d 以上,其他月份在 4 d 或以下;西南地区各月干旱日数差异相对不明显,11—12 月和 3—4 月,月干旱日数在 4 d 左右,其余月份在 3 d 左右。

表 9.2　中国不同区域 1981—2010 年月平均气象干旱日数(单位:d)

	1月	2月	3月	4月	5月	6月	7月	8月	9月	10月	11月	12月	全年
东北地区	1.3	1.6	3.2	4.4	5.4	6.0	5.1	4.9	5.1	5.0	3.1	2.0	47.0
华北地区	3.6	4.1	5.3	6.4	6.4	5.6	5.5	5.3	5.5	5.6	5.2	4.4	62.9
西北东部	3.6	3.9	4.8	5.3	6.8	6.0	5.6	4.9	5.0	4.7	4.7	4.4	59.7
长江中下游	1.6	1.0	1.3	1.8	3.3	3.4	4.2	4.2	3.9	4.5	4.4	3.1	36.6
华南地区	4.1	3.6	2.8	2.3	3.0	2.6	3.4	3.9	3.5	5.2	5.8	5.4	45.6
西南地区	3.8	3.6	4.4	4.2	4.0	3.5	3.3	3.4	3.4	3.5	4.1	4.3	45.5

从不同季节我国干旱日数的空间分布(图 9.5)可以看出，春季，华北、西北东部、黄淮北部及内蒙古大部、辽宁西部、吉林西部、海南、四川南部、云南西南部等地干旱日数较多，普遍为15～20 d，部分地区超过 20 d；长江中下游及其以南大部地区干旱日数相对较少，基本在10 d以下，江南大部及福建、广东北部等地不足 5 d。夏季，我国干旱多发区主要分布在华北、西北东部、黄淮东北部以及黑龙江大部、吉林西部、辽宁西部、内蒙古大部等地，这些地区干旱日数普遍为15～20 d，部分地区超过20 d；华南大部、西南大部以及江西等为夏旱少发区，干旱日数为 5～10 d。秋季，我国干旱多发区主要分布在华北、西北东北部、黄淮北部以及内蒙古中东部、辽宁西部、吉林西部、湖南南部、广西、广东西部等地，干旱日数普遍在15～20 d，部分地区在 20 d 以上；我国其余大部地区干旱日数在 10～15 d，部分地区在 10 d 以下。冬季，我国干旱日数相对较少，除华北大部、西北东部、黄淮北部、华南及云南、四川等干旱日数为 10～15 d，局部地区超过 15 d 外，全国其余大部分地区干旱日数均在 10 d 以下。

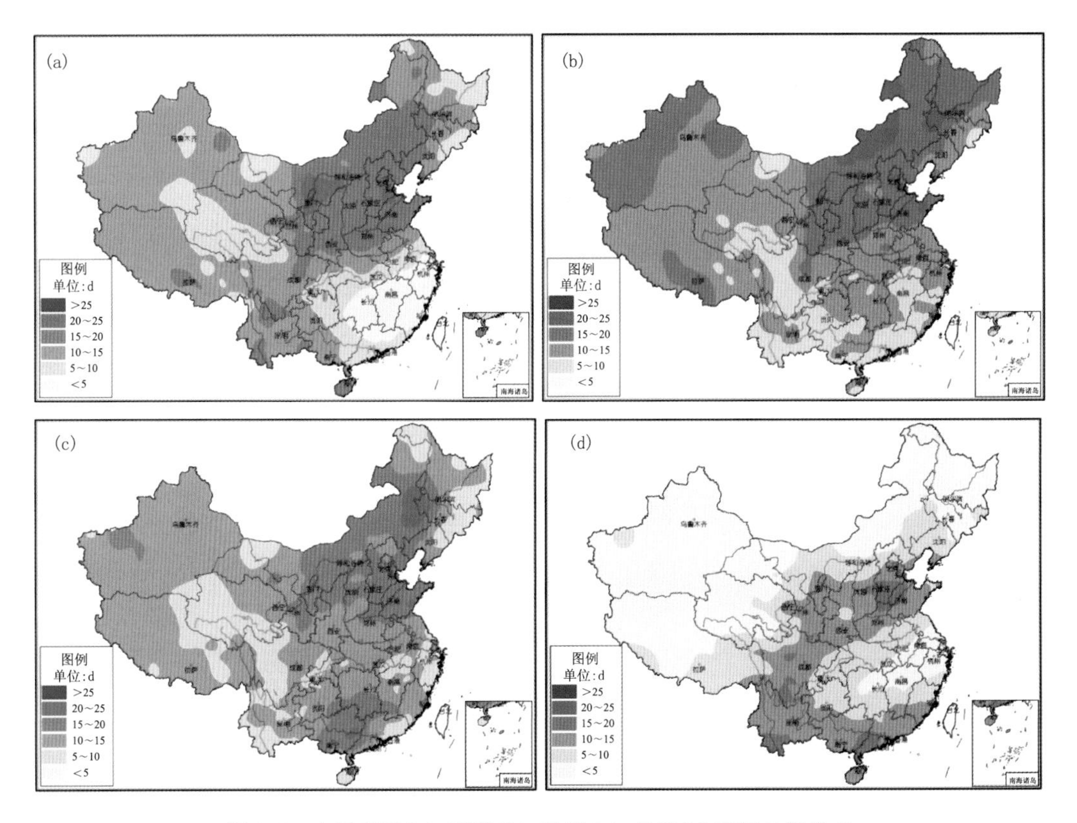

图 9.5　中国春季(a)、夏季(b)、秋季(c)、冬季(d)干旱日数分布

从干旱日数的月分布特征来看，干旱主要出现在春末和夏、秋季，5 月和 10 月干旱日数均占全年的 9.5%以上；1—2 月干旱日数相对较少，占全年百分比不到 6%。我国不同地区干旱的季节分布特征明显，东北、华北干旱主要出现在春末和夏、秋季，西北地区东部干旱主要发生在春末夏初，长江中下游地区干旱主要发生在盛夏和秋季，华南地区干旱主要出现在秋冬季节，西南地区干旱多出现在冬春季节。

9.2　近几十年来中国干湿变化特征及其影响

计算 1961—2019 年共 59 年干燥度指数时，使用了中国气象局国家气象信息中心提供的 2255 个气象观测站逐日降水量、平均气温、最高气温、最低气温、相对湿度、平均风速、日照时数，其中平均气温、最高气温、最低气温、相对湿度、平均风速是经过均一化检验和订正的资料。年和四季平均值计算采用 1981—2010 年数据，线性趋势分析采用 1961—2019 年数据。本文运用 Mann-Kendall 趋势检验法对计算的线性趋势进行显著性检验。年代划分规定每 10 年为一个年代，如 1960 年代指 1961—1970 年，但 2010 年代指 2011—2019 年，只有 9 年。季节划分规定 1—2 月和上年 12 月为冬季，3—5 月为春季，6—8 月为夏季，9—11 月为秋季。为了分析区域气候变化特征，将我国划分为 7 个区域，规定如下：西北地区包括新疆、甘肃、青海、宁夏和陕西 5 个省(区)，华北地区包括北京、天津、河北、山西和内蒙古 5 个省(市)，东北地区包括辽宁、吉林和黑龙江 3 个省，华东地区包括上海、江苏、安徽、山东、浙江、江西和福建 7 个省(市)，华中地区包括河南、湖北和湖南 3 个省，华南地区包括广东、广西和海南 3 个省(区)，西南地区包括四川、重庆、贵州、云南和西藏 5 个省(区、市)。

9.2.1　中国干湿气候总体变化特征

从全国 2255 个站年干燥度指数平均情况来看(图 9.6)，总体呈现下降趋势，即气候呈现变湿态势。各年代的干燥度指数分别为：1960 年代 2.54、1970 年代 2.21、1980 年代 1.98、1990 年代 1.86、2000 年代 1.81、2010 年代 1.85，线性变化趋势为每 10 年下降 0.16，显著性通过了 0.01 的显著性检验。转折点出现在 1980 年代中期，大部分站出现在 1987 年前后，由前期高指数转为低指数，气候出现变湿趋势。

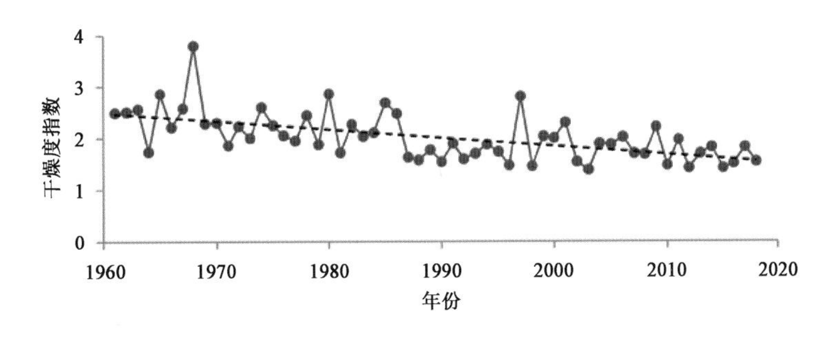

图 9.6　1961—2019 年全国年平均干燥度指数线性变化趋势

从全国年干燥度指数线性趋势分布图(图 9.7)来看，全国大部分地区干燥度指数都呈下降趋势，即呈现变湿的趋势，尤其是中国西部地区，包括新疆大部、青海西部、甘肃和内蒙古西部、西藏西北部等地，变湿趋势最明显，每 10 年干燥度指数下降 2.0 以上，南疆部分地区下降 8.0～16.0。干燥度增加的地区位于内蒙古东部部分地区、吉林西部、甘肃南部、陕西西南部、四川中部、云南西部和东南部、广西西部等地，但量级较小。显著性检验表明(斜线区域)，变干的地区线性趋势不显著，而变湿的大部分地区通过了显著性检验。中国西部地区(包括新疆大部、青海大部、甘肃西部、西藏中北部等地)、江淮、江南、黑龙江部分地区变湿趋势明显，超过 0.05

显著性检验，新疆西部、青海中部、西藏中部等地超过 0.01 显著性检验，变湿趋势非常显著。

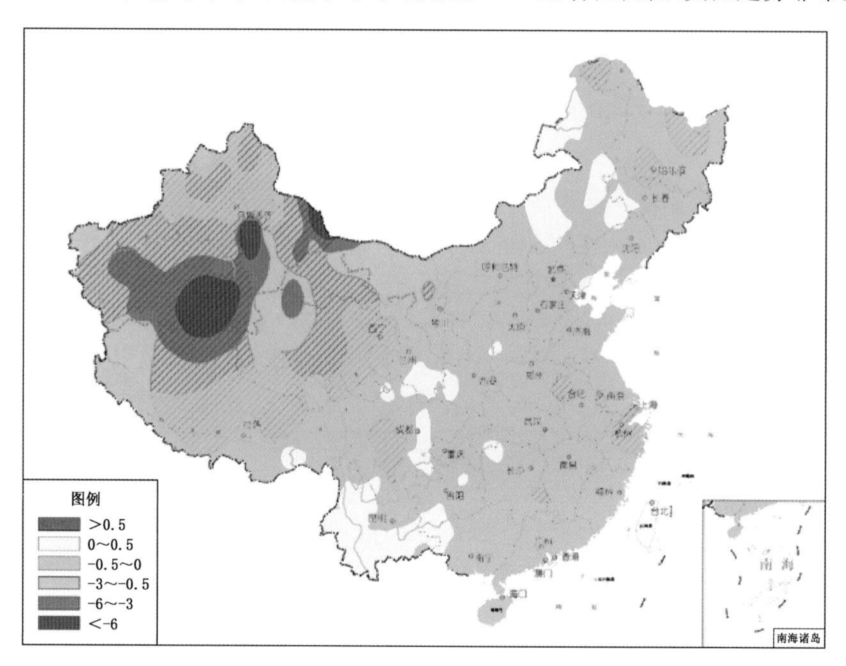

图 9.7　1961—2019 年中国年干燥度指数线性变化趋势
（斜线区代表通过 0.05 显著性检验）

9.2.2　中国干湿气候分区时空演变特征

（1）我国干湿气候区总面积变化特征

从 1981—2010 年平均值来看，我国干旱气候区（包括极干旱、干旱、亚干旱区）主要位于我国西部和北部地区，总面积占国土面积的 48.8%；湿润气候区（包括过湿润、湿润和亚湿润区）主要位于我国东部和南部地区，总面积占国土面积的 51.2%。从图 9.8 可以看出，自 1961 年我国干旱气候区面积呈现下降的趋势，湿润气候区面积呈现增加的趋势。1960 年代和 1970 年代我国湿润气候区总面积与干旱气候区总面积相当，但自 1980 年代开始干旱气候区面积逐

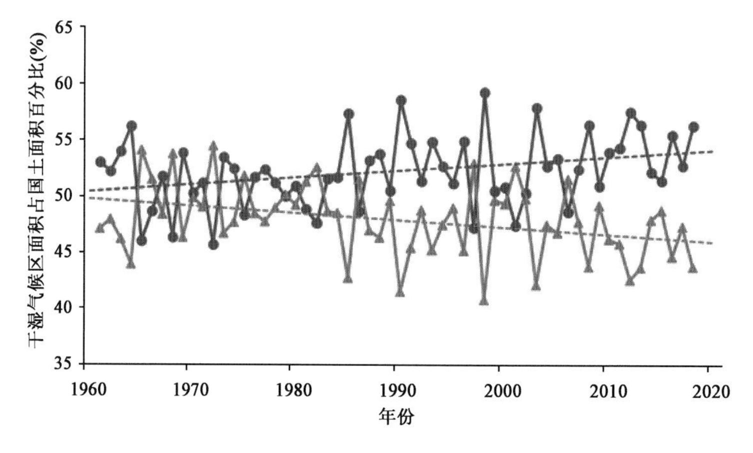

图 9.8　全国干旱气候区面积（橙色）和湿润气候区面积（蓝色）占国土面积百分比

渐下降，湿润气候区面积逐渐增大。2010 年代这种变湿趋势更加明显，与 1960 年代相比，近 8 年我国干旱气候区总面积减少大约 45 万 km^2（图 9.9）。

（2）我国干湿气候分区线性变化趋势

为了研究我国不同区域干湿气候变化特征，我们计算了 1981—2010 年西北、华北、东北、华东、华中、华南、西南 7 个地区不同干湿气候分区面积占本区域面积的比率（表 9.3），并分析了 1961—2019 年的线性变化趋势（表 9.4）。下面针对不同的干湿气候分区分别进行分析。

表 9.3　1981—2010 年各区域干湿气候分区面积所占比率（单位：%）

区域	过湿润	湿润	亚湿润	亚干旱	干旱	极干旱
西北地区	0.22	7.65	9.29	17.51	42.45	22.85
华北地区	0.03	9.88	21.97	39.43	23.02	5.66
东北地区	1.56	49.41	33.72	15.02	0.29	0
华东地区	40.05	42.51	12.1	5.34	0	0
华中地区	29.34	55.8	12.1	2.75	0	0
华南地区	47.77	51.39	0.74	0.1	0	0
西南地区	8.22	42.97	13.95	13.64	17.97	3.25

表 9.4　1961—2019 年全国及区域干湿气候分区面积所占比率线性变化趋势（单位：%/10a）

区域	过湿润	湿润	亚湿润	亚干旱	干旱	极干旱
西北地区	−0.01	−0.03	0.47**	1.14**	1.07	−2.63**
华北地区	0.04	−0.21	0.53	−0.39	0.39	−0.35
东北地区	0.06	2.12	−1.25	−0.98	0.05	0
华东地区	1.89	−1.13	−0.19	−0.55	0	0
华中地区	0.97	−0.18	−0.21	−0.57	0	0
华南地区	1.69	−1.52	−0.15	−0.02	0	0
西南地区	−0.37	0.80*	0.70*	−0.57	0.20	−0.75*
全国	0.22	0.16	0.25	0	0.45	−1.08**

注：* 表示通过 0.05 显著性检验，** 表示通过 0.01 显著性检验。

我国极端干旱分区面积约占全国国土面积的 9%左右，主要位于西北地区中西部、华北西部（即内蒙古西部）和西南地区西部（即西藏西部），其中西北地区极端干旱分区面积最大，占本区域面积的 22.85%。自 1961 年以来，我国极端干旱分区面积呈现显著减少趋势，平均每 10 年减少 1.08%，大约 10.2 万 km^2，其中西北地区极端干旱分区面积下降最明显，平均每 10 年减少 2.63%。显著性检验表明，西北地区通过了 0.01 的显著性检验，西南地区西部通过了 0.05 的显著性检验，华北西部变化不显著。

我国干旱气候分区主要位于西北地区、华北地区、东北地区西部和西南地区西部，其中西北地区面积占比最大，约占西北地区国土面积的 42%。由于极端干旱分区转为干旱分区，导致全国干旱分区面积呈现增加的趋势，但线性趋势不显著。

我国亚干旱气候分区主要位于华北、西北、东北和西南地区，其中华北地区亚干旱分区面积最大，约占本区域国土面积的 39%。1961—2019 年全国亚干旱分区面积趋势变化不明显，但区域特征明显，西北地区呈现出显著增加趋势，其他区域亚干旱分区面积都呈现线性减少趋势，但未通过显著性检验。

我国亚湿润气候分区主要位于从东北到西南的农牧交错带附近，约占我国国土面积的14.49%。华北地区亚湿润气候分区面积最大，约占本区域国土面积的33%。自1961年以来，西北、西南和华北地区亚湿润分区面积呈增加趋势，其中西北和西南地区线性趋势通过了显著性检验，华北地区变化不显著。其余4个地区亚湿润分区面积都呈现减小趋势，但未通过显著性检验。

我国湿润气候分区面积最大，约占我国国土面积的28%，主要位于华东、华中、华南、西南和东北地区，其中华南地区湿润分区面积最大，约占本区域国土面积的51%。1961年以来，全国湿润分区面积平均每10年增加0.16%，大约1.54万km^2。西南地区和东北地区湿润区面积呈现线性增加的趋势，西南地区通过了0.05的显著性检验，东北地区未通过显著性检验。其余5个地区湿润分区面积均呈减小趋势，但未通过显著性检验。

我国过湿润气候分区面积约占全国国土面积的10%左右，主要位于华东和华南地区，分别约占本区域面积的为43%和48%。除西南和西北地区过湿润分区面积减少外，其余区域都为增加趋势，但都未通过显著性检验。

(3)我国干湿气候分区年代际变化特征

不同的干、湿分区气候变化具有明显的区域性(图9.9)和阶段性特征(图9.10)。极端干旱分区面积减少最为明显，近8年与1960年代相比减少近50万km^2，极端干旱分区变为干旱分区主要出现在西北地区中西部(新疆、甘肃、青海等地)；干旱分区面积自1980年代开始呈现明显扩大趋势，分析原因，一方面由于极端干旱分区转为干旱分区，另一方面内蒙古中东部等地干旱分区扩大；亚干旱分区面积总体变化不大，2010年之前内蒙古东部和东北地区西部亚干旱分区面积扩大，2011年以来，西北地区东部、华北地区等气候出现变湿趋势，亚干旱分区面积减少；亚湿润区面积总体呈增加趋势，年代际特征明显，1960年代面积较小，1970年代迅速扩大，1980年代减小，1990年代以后逐步扩大，2000年以来西北地区东部、华北部分地区由亚干旱区向亚湿润区转化；我国南方湿润区和过湿润区总体变化趋势不明显，但年代际特征明显，20世纪90年代江南等地降水量较多，过湿润区面积明显扩大，占11.13%，但进入21世纪，南方降水量减少，过湿润区面积缩小。

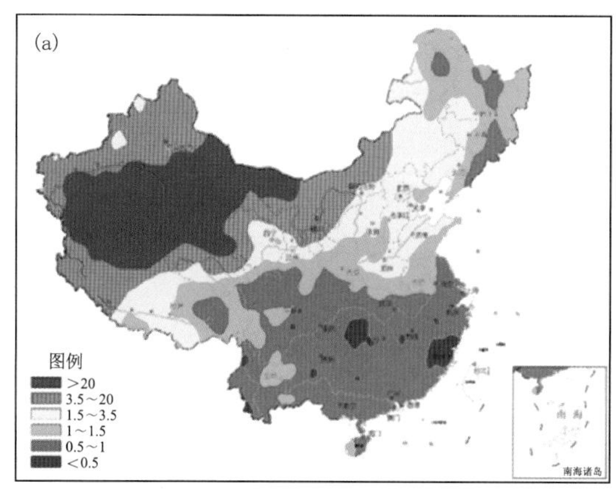

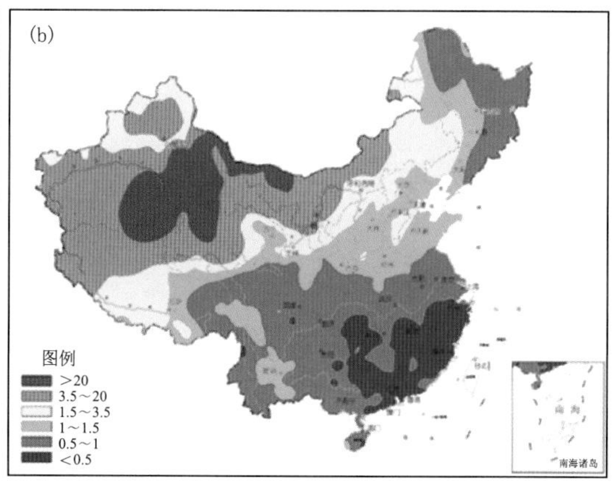

图9.9 1960年代(a)和2010年代(b)全国干湿气候分区

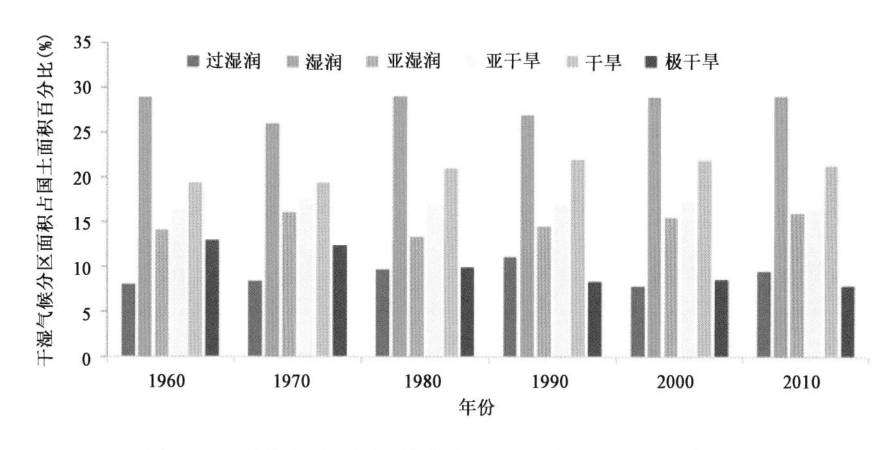

图 9.10　各年代中国不同气候分区面积占国土面积比例变化

(4)我国干湿气候季节变化特征

为了研究我国干湿气候的季节变化特征，我们分析了全国年平均和季节平均的干燥度指数、降水量和蒸散量及其线性变化趋势(表 9.5)。从季节平均干燥度指数线性趋势来看，四个季节的干燥度指数都呈减小趋势，说明四个季节都有变湿的趋势，尤其以夏季变湿最为明显，干燥度指数平均每 10 年减小 0.24，并通过了 0.01 的显著性检验。春季和秋季变湿也比较明显，干燥度指数分别减小 1.55 和 0.94，并通过了 0.05 的显著性检验。冬季减小 0.71，但不显著。

表 9.5　全国年平均和季节平均干燥度、降水量和潜在蒸散量及线性变化趋势(1961—2019 年)

要素	属性	冬季	春季	夏季	秋季	年
干燥度	平均值	13.06	12.89	2.34	8.28	2.02
	线性趋势	−0.71	−1.55*	−0.24**	−0.94*	−0.16**
降水量	平均值	67.74	224.91	435.72	175.01	903.38
	线性趋势	2.89	−0.19	4.08	−1.09	5.53
潜在蒸散量	平均值	62.27	216.99	308.31	138.38	725.95
	线性趋势	−1.79**	−2.50**	−6.38**	−3.11**	−13.75**

注：降水量和潜在蒸散量平均值单位为 mm；线性趋势单位为 mm/10a；* 代表通过 0.05 显著性检验，** 代表通过 0.01 显著性检验。

分析全国年平均和季节平均降水量和蒸散量线性变化趋势(表 9.5)。年降水量呈现增加趋势，平均每 10 年增加 5.53 mm；夏季和冬季降水量呈增加趋势，平均每 10 年分别增加 4.08 mm 和 2.89 mm；秋季和春季降水量呈减少趋势，平均每 10 年分别减少 1.09 mm 和 0.19 mm。年和四个季节的降水量线性变化趋势都未通过显著性检验。年潜在蒸散量呈现减少趋势，平均每 10 年减少 13.75 mm，并通过了 0.01 显著性检验。分析四个季节的潜在蒸散量变化特征，都呈现下降趋势，其中夏季下降最明显，平均每 10 年减少 6.38 mm，四个季节的线性趋势都通过了 0.01 的显著性检验。通过以上分析发现，在全球气候变化背景下，我国干燥度指数下降，即气候变湿，是由于降水量增加和蒸散量减少共同影响的结果，尤其以蒸散量减少影响最为显著。

9.2.3 中国干湿气候变化对农业和生态环境的影响

各地气候干湿变化已对当地农业、生态建设以及城镇化发展造成了明显影响，区域差异大，有利有弊。影响农业、生态建设以及城镇化发展的气候因子有很多，而且是多种自然因素叠加人类活动共同作用的结果，很难分离出来。这里讨论的气候干湿变化影响结果在一定程度上也可能受到了其他因素的影响。

东北及内蒙古东部的亚干旱区和亚湿润区气候变干，对农业生产造成不利影响，部分地区生态环境呈恶化态势。东北西部和内蒙古东部的亚干旱区向东扩展，使得东北和内蒙古农业干旱受灾面积扩大。20 世纪 80 年代东北和内蒙古农业干旱受灾面积平均为 418.7 万 hm^2，90 年代和 21 世纪最初 10 年持续增大，分别为 580.7 万 hm^2、775.7 万 hm^2。特别是吉林西部半干旱区的扩展，导致吉林西部荒漠化，成为东北商品粮基地发展的一个主要障碍。气候变干，导致内蒙古东部、吉林西部生态环境恶化，主要体现为土地沙漠化和草原退化，内蒙古呼伦贝尔湿地周边沙漠化面积超过 100 km^2，1974 年以来植被覆盖度降低 15%～25%；吉林西部湿地面积收缩十分明显，草原退化面积增多、程度加重，在丧失草原和草原退化的土地上，沙漠化和盐碱化问题严重。

华北地区是我国粮食主产区之一，受自然条件的限制，水资源不能满足农业生产需求，主要靠灌溉来解决，近些年来，城市规模、工业不断增加和快速发展，带来城市生活用水和工业用水的迅速增加，水资源更是难以满足需求，地下水消耗不断增加。华北亚干旱和亚湿润区近 50 年来降水总体呈现减少趋势，导致水资源进一步减少，远远满足不了社会经济发展的需求，更加剧了水资源供需矛盾。降水减少使白洋淀湿地的干淀频次增多，最大水面面积和水量不断缩小，1996 年最大水面面积减小到不足 1970 年的一半，最大水量减少到 1963 年的十分之一。1997 年以来，华北地区降水逐渐从少转多，农业生产条件和水资源供应状况均有所好转。农业干旱受灾面积由 20 世纪 90 年代最多的 405.9 万 hm^2，减少到 21 世纪最初 10 年的 258.5 万 hm^2。

西北地区东部（甘肃东部和南部、宁夏等）气候暖干化不仅影响农业，对原本脆弱的生态环境更为不利。由于降水持续偏少，干旱大面积频繁发生，有些地区粮食大幅度减产，还抑制了气候变暖带来的热量资源增加发挥作用，负面影响大于正面影响。气候变干还加剧了天然草场的退化，草地产草量和品质以及草地生产力下降，载畜能力下降。1986 年以来，甘肃草地退化率为 45%，退化面积占总面积的 88%。2017 年以来，西北地区东部降水量增加明显，生态植被有改善趋势。

西北地区中西部 20 世纪 80 年代以来降水增多，气候暖湿化趋势明显，极干旱区缩小。暖湿化趋势对农业生产有利，生态建设应抓住降水增加这一有利条件，合理开发利用。气候呈暖湿趋势是新疆、甘肃和青海等地农作物种植面积扩大的主要原因之一，21 世纪最初 10 年达到 826.5 万 hm^2，相对 20 世纪 90 年代，增加了 80 多万 hm^2。这些地区的种植结构也发生了变化，新疆和甘肃 2001 年以来玉米种植面积明显扩大，21 世纪最初 10 年比 20 世纪 90 年代扩大了 25.3 万 hm^2，同时新疆和甘肃冬小麦种植面积减少，21 世纪最初 10 年比 20 世纪 90 年代减少了 13.9 万 hm^2。随着降水增多以及生态环境建设的加强，沙漠化面积和水土流失面积减小，湿地面积增加，黄河河源区湖泊类湿地面积由 2003 年的 1462.94 km^2 增大为 2006 年的 1594.79 km^2，湖泊数量由 2003 年的 71 个增加为 2006 年的 162 个，青海湖水位 1961—2004

年呈现显著下降趋势，2005年开始青海湖水位转入上升期，到2013年，累计上升1.44 m，较常年偏高，接近20世纪70年代末水平。

西南东部湿润地区呈现一定程度的变干。西南地区自20世纪90年代开始农作物受旱面积不断增大，90年代为261.2万hm^2，21世纪最初10年达到308万hm^2，2001年受灾面积最大，达到566万hm^2，2006年次大，为548.6万hm^2。2006年夏季川渝大旱以及2009/2010年的历史罕见秋冬春特大干旱对社会经济造成严重影响，2011、2012和2013年西南地区连续发生冬春干旱灾害。气候变干对当地生态环境造成一定影响，干旱强度和频率增加导致森林防火期延长，森林火灾增多；地下水位下降，部分河流在极端干旱年断流，滇池水位也出现下降；草地生态系统出现不同程度退化，20世纪80年代末，云南有1277.2万hm^2的草场出现退化，四川西北草地退化面积达786万hm^2；湿地严重萎缩，若尔盖沼泽湿地面积1960—2010年减少了约70%，云南纳帕海湿地面积也锐减，湿地调节气候功能下降，加剧了干旱化、盐渍化和风沙化程度，生物多样性也受到影响。

9.2.4　中国北方干旱区土壤湿度变化特征

运用GLDAS土壤湿度资料，结合线性回归、相关系数等统计方法分析了近50年我国北方4层(0～10 cm、10～40 cm、40～100 cm、100～200 cm)土壤湿度的时、空变化特征，并进一步分析了春季土壤湿度与前期、后期降水的关系(丁旭 等，2016)。图9.11为1960—2010年我国春季土壤湿度线性变化趋势的空间分布，可以看出，35°N以北的干旱区和半干旱地区，以及山东半岛、青海东部、新疆西部地区在0～200 cm层春季土壤湿度均表现出上升趋势，华北平原地区在各深度层表现出一定的下降趋势；西北地区在0～10 cm层春季土壤湿度表现出一

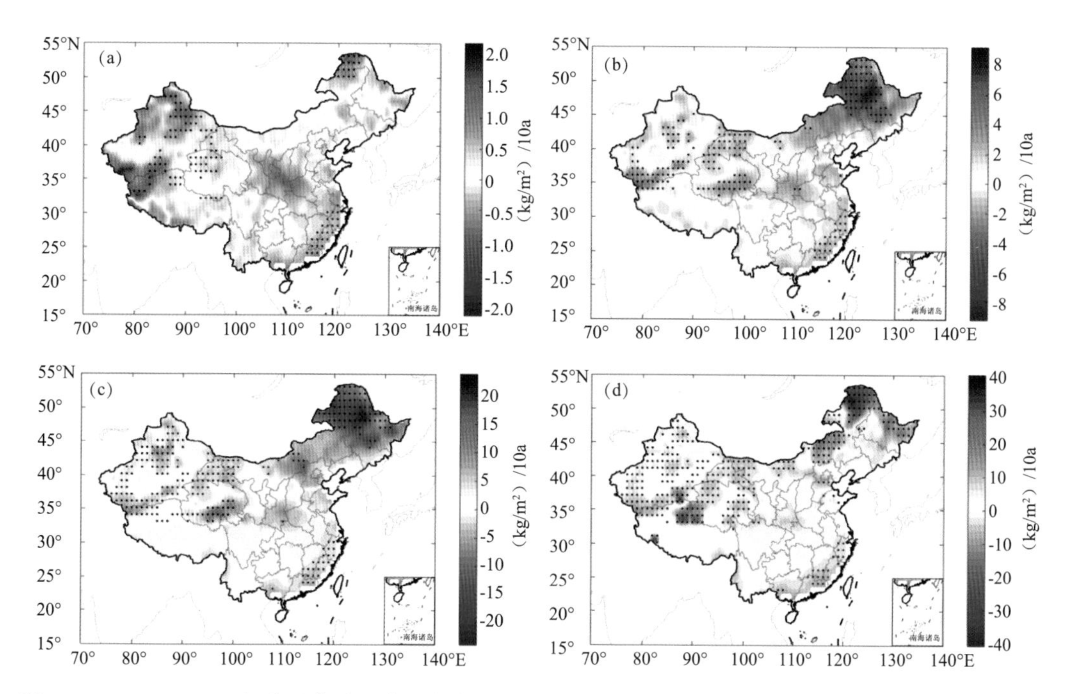

图9.11　1960—2010年我国春季土壤湿度线性变化趋势空间分布(黑点区域表示通过95%显著性检验)

(a)0～10 cm；(b)10～40 cm；(c)40～100 cm；(d)100～200 cm

定的上升趋势，而且随着深度的加深，显著升高的速率在减小，升高的范围也在逐渐缩小，东北地区由浅层的升高逐渐转变为下降，这说明西北地区春季土壤有变湿的趋势，而且浅层比深层变化更显著，东北地区有湿润向干旱转变的过程，且浅层变干明显。总的来看，春季4层土壤湿度基本在西北干旱区都呈现出升高的趋势，东北地区呈现出下降的趋势，而且随着深度的加深，西北地区土壤湿度升高的速率在逐渐下降，东北下降的速率在逐渐变小，这说明在全球变暖的背景下，我国北方西北地区土壤有变湿的趋势，东北地区有变干的趋势，而且浅层土壤响应最快。

我国北方土壤湿度与降水存在较显著的相关，这意味降水是土壤湿度变化的主要水分来源。土壤湿度不仅能够记住前期气候的影响，而且还能体现出其对后期气候的影响，即土壤湿度的气候效应。土壤湿度的记忆性春季是最长的。为了分析土壤湿度的记忆性及其气候效应，图9.12给出了春季土壤湿度与上一年夏季降水相关系数的空间分布。从图中可以看出，0～10 cm浅层土壤湿度与前期降水在北方大部分地区都存在负相关，10～40 cm、40～100 cm、100～200 cm土壤湿度与前期降水以正相关为主。总的来说，10 cm以下土壤湿度随着前期降水的增加而增加，但是浅层土壤湿度可能受到外界的影响较大，使得其对前期降水的记忆有限。春季土壤湿度与当年夏季降水在西北地区存在显著正相关（图略），东北北部存在显著的负相关，随着深度的增加，春季土壤湿度与后期夏季降水的关系没有明显的分布规律，这说明干旱区春季浅层土壤湿度对后期夏季降水影响较大，春季浅层土壤湿度的升高可能有利于后期夏季降水的增多。

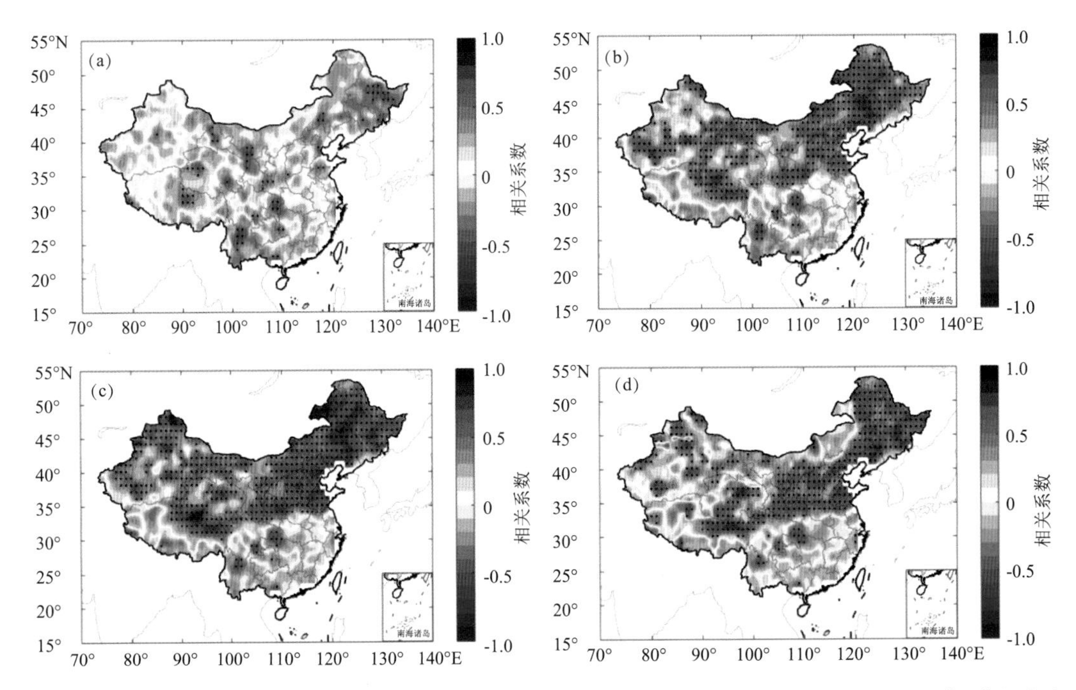

图9.12　1960—2010年春季土壤湿度与上一年夏季降水相关系数空间分布（黑点区域表示通过95%显著性检验）

(a)0～10 cm；(b)10～40 cm；(c)40～100 cm；(d)100～200 cm

9.2.5　中国北方积雪深度时、空变化特征

基于227个台站的积雪深度资料，分析了我国北方(35°N以北)冬季积雪日数、日均积雪深度、最大积雪深度与累积积雪深度的线性趋势的空间分布特征(图9.13)，可以看出，新疆、东北地区为北方积雪分布的两个大值区。新疆地区大部分台站积雪深度、最大积雪深度及累积积雪深度都呈现出显著增大的趋势，且增大的强度要大于东北地区，积雪日数在新疆和东北地区增加或减少的趋势都不明显(个别站除外)。图9.14进一步给出了新疆地区积雪的年际变化特征，可以看出，积雪日数呈现出较弱的减少趋势，最大积雪深度、日均积雪深度、累计积雪深度均呈现出显著的增加趋势($P>99\%$)，且均在1985年前后存在一次突变。新疆地区积雪的变化要比其他地区显著，这可能是由我国西北干旱区较多的极端降雪事件导致的。北方干旱区冬季积雪深度的增加将有利于春季农作物的种植，而且春季积雪融化对西北地区的径流、地下水都有一定的补给作用，这也意味着我国北方干旱区有变湿润的趋势。

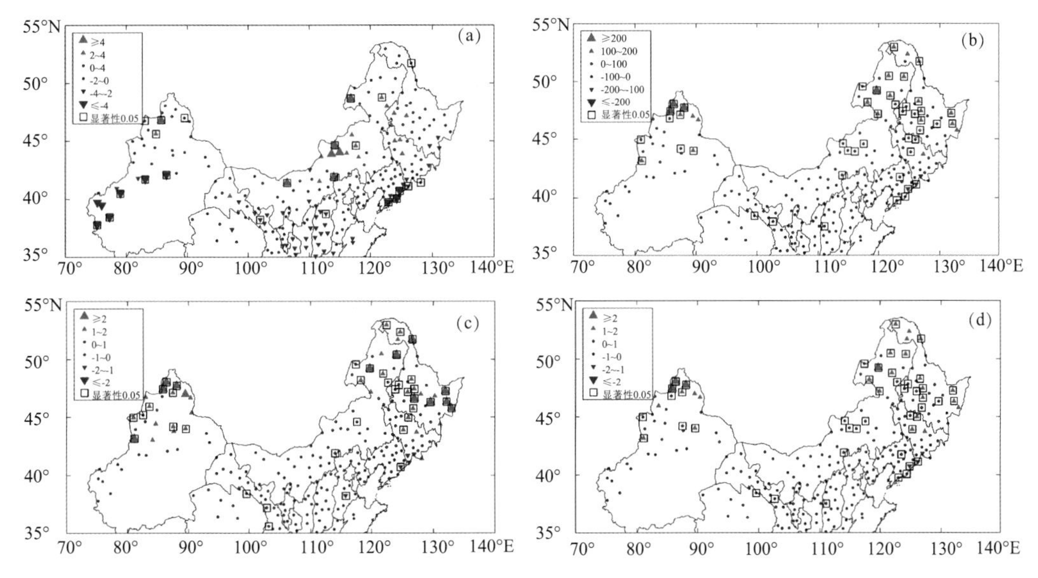

图9.13　1961—2010年我国北方地区积雪线性变化趋势的空间分布

(a)积雪日数；(b)累积积雪深度；(c)最大积雪深度；(d)日均积雪深度

9.2.6　中国北方地区植被变化及其影响分析

(1)数据与方法

利用遥感驱动的生态过程模型BEPS(boreal ecosystem production simulator)对北方地区蒸散进行模拟(柳艺博 等，2017)。BEPS模型把冠层分为阳叶和阴叶两部分，通过积分将瞬时的单叶片尺度模型升至冠层日尺度，从而实现区域尺度碳、水循环过程模拟。BEPS模型将大气降水、冠层截留、林下降水、冠层蒸腾和蒸发、雪融、雪的升华、土壤蒸发、地表和地下径流、下渗及土壤水分变化等水文过程都考虑在内。生态系统蒸散包括了植被冠层阴阳叶蒸腾、土壤表面蒸发以及植被冠层截留，植被蒸腾和土壤蒸发均采用Penman-Monteith方程来计算。该模型已被广泛用于不同类型陆地生态系统水文过程研究。

LAI是BEPS模型中的重要驱动输入，采用由MODIS地表反射率数据(MOD09A1 V05)

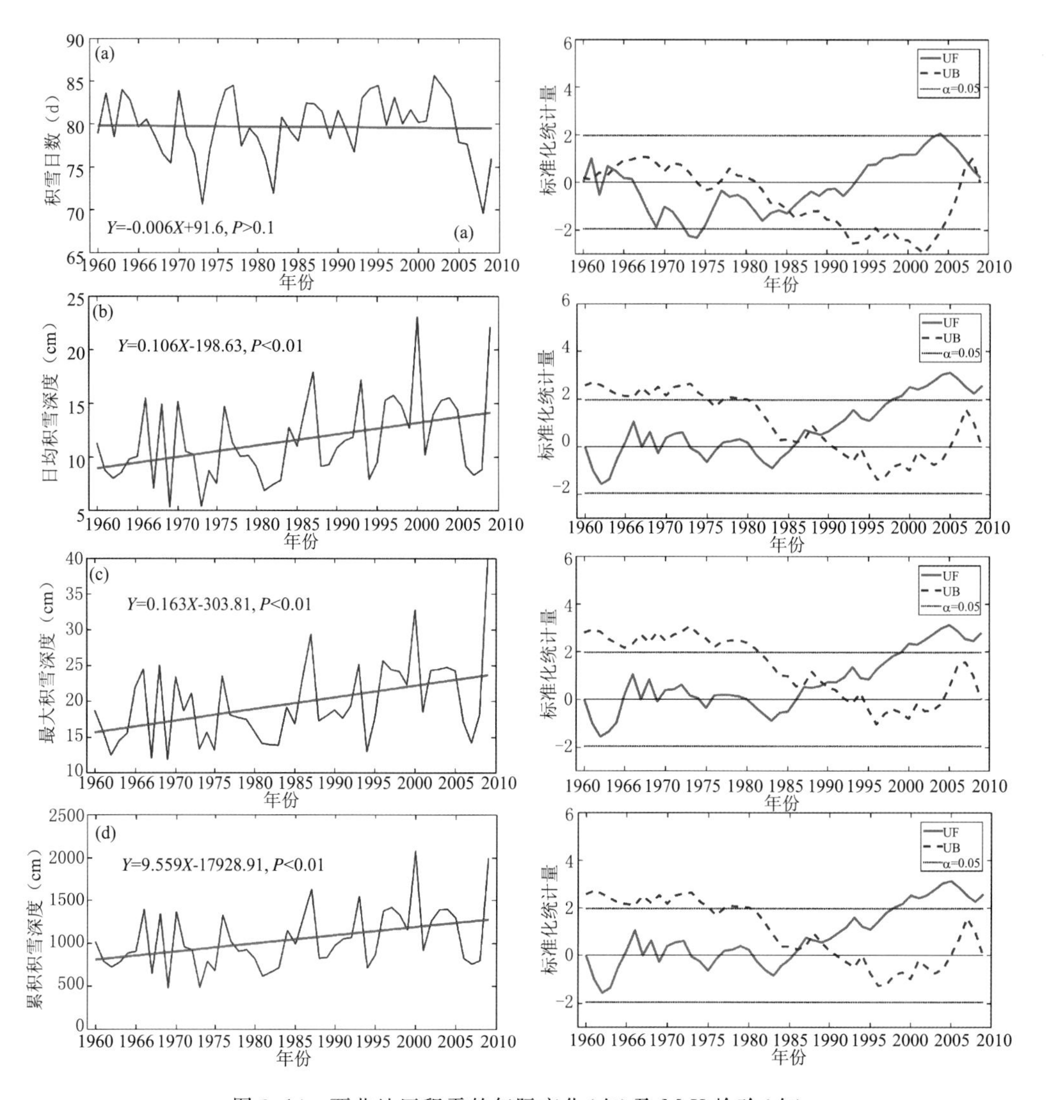

图 9.14　西北地区积雪的年际变化（左）及 M-K 检验（右）

(a)积雪日数；(b)日均积雪深度；(c)最大积雪深度；(d)累积积雪深度

和 MODIS 地表覆被类型数据（MCD12Q1 V051）驱动基于 4 个尺度几何光学模型的 LAI 反演算法生成的 2000—2014 年每 8 d 一次的 500 m 空间分辨率 LAI 驱动 BEPS 模型和探究 LAI 的变化。基于 4 个尺度几何光学模型的 LAI 反演算法的主要特点是通过考虑太阳天顶角—传感器天顶角—太阳与传感器相对方位角变化对反射率和 LAI 与植被指数关系的影响来反演 LAI。在加拿大和我国的验证表明，基于该算法生成的 LAI 产品质量要优于 MODIS LAI。

除 LAI 外，BEPS 模型的主要驱动输入还包括大气 CO_2 浓度数据、土壤数据和地表覆被类型数据以及气象要素数据等。(1)气象要素数据是对 2000—2014 年北方地区内国家基准气象台站的逐日最高气温、最低气温、降水量、相对湿度和日照时数等数据采用反距离权重法进行空间插值，生成覆盖研究区域的 500 m 空间分辨率的逐日气象要素场数据。(2)地表覆被类型数据采用 2001—2014 年逐年 MODIS 地表覆被数据集（MCD12Q1 V051）(500 m 分辨率)。(3)土壤数据采用包含砂粒、黏粒、粉粒的体积百分比数据，该数据以中国 1∶1 000 000

土壤图和全国第二次土壤调查中 8595 个土壤质地剖面数据为基础，采用多边形链接方式，生成 0.00833 °的分布图（~1 km，重采样为 500 m）。

这里利用卫星遥感数据生成覆盖研究区域的 LAI，并采用去趋势法对其仅保留年际变化趋势，去除植被自身变化趋势。基于原始 LAI 和去趋势后 LAI 驱动 BEPS 生态系统过程模型定量模拟和分析了 2000—2014 年植被绿度变化对我国北方（东北、华北、西北和黄淮海）陆地生态系统的蒸散量和产水量的影响。

为评价 LAI 变化对蒸散和产水量的影响，借鉴已有研究成果对发生显著变化的 LAI 像元序列进行去趋势处理。首先采用线性回归模型计算年均 LAI 在 2000—2014 年的变化趋势：

$$y=at+b \tag{9.1}$$

式中，y 为年均 LAI，t 为时间，a 和 b 分别为斜率和截距。对于发生显著变化（$P<0.05$）的 LAI 像元根据年均 LAI 和时间决定的线性回归关系来实现年均 LAI 变化趋势的去除：

$$y_r=y-\hat{y} \tag{9.2}$$

式中，y_r 为去趋势 LAI（即线性拟合的残差），y 为原始 LAI，$\hat{y}$ 为根据式（9.1）拟合得到的 LAI。根据去趋势 LAI 序列 y_r，可生成新的 LAI 序列：

$$y_n=y_{2000}+y_r \tag{9.3}$$

式中，y_n 为新的年均 LAI，y_{2000} 为 2000 年的年均 LAI。

新的年均 LAI 序列（y_n）保留了年均 LAI 的年际变化，但不存在线性趋势变化。在此基础上，根据每 8 d 的 LAI 与年均 LAI 的比值将每年的残差 y_r 按比例分配到每 8 d 的 LAI 序列中，得到去趋势后每 8 d 的 LAI 序列。

利用原始和去趋势后的每 8 d 的 LAI 序列分别驱动 BEPS 模型模拟 2000—2014 年北方地区陆地生态系统蒸散量，得到两种情景 ET（即原始 ET 和去趋势 ET）。对每一个像元尺度而言，年蒸散量即逐日蒸散量累加，产水量（mm/a）计算如下：

$$\mathrm{WY}=\mathrm{PRE}-\mathrm{ET} \tag{9.4}$$

式中，WY、PRE 和 ET 分别为产水量、年降水量和年蒸散量。比较两种不同情景（基于原始 LAI 和去趋势 LAI）模拟的蒸散量和产水量即可评价 LAI 变化对水循环的影响。

（2）研究结果

研究发现，LAI 发生显著变化的地区占到了北方陆地面积的 20.2%，LAI 变大（绿化）和减小（褐化）地区面积分别占到 18.8%和 5.5%。东北、北部、西北和黄淮海地区的植被“绿化”比例分别为 18.5%、24.9%、25.2%和 15.4%，“褐化”占各区面积比例分别为 8.3%、5.6%、1.7%和 9.0%（图 9.15）。LAI 显著升高的地区主要分布在西北地区东部（黄土高原地区）、东北地区西部和黄淮海地区北部（华北平原），增长速度约为 0.02/a。LAI 显著下降的地区主要分布在东北地区东部、北部地区北部以及黄淮海地区南部和中部零星地区，下降速度约为 0.015/a。

4 个地区年均 LAI 的区域均值统计显示，北部地区和西北地区 LAI 在过去 15 年中分别以 0.0014/a（$P<0.05$）和 0.0047/a（$P<0.001$）速度显著增长（图 9.16）。由于 LAI 升高和降低趋势在一定程度上的相互抵消，东北地区和黄淮海地区区域平均 LAI 变化不明显。各地区原始 LAI 和去趋势后 LAI 的差值在 2000—2014 年均呈显著增长（$P<0.0001$），西北地区增幅最大（0.0045/a），黄淮海地区次之（0.0017/a），北部地区和东北地区增幅较小（0.0011/a）。

利用原始 LAI 和去趋势后 LAI 分别驱动 BEPS 模型评价像元尺度 LAI 变化对年蒸散量和产水量及空间格局的影响（图 9.17a－d）。通过两种情景模拟的年蒸散量和产水量 2000—

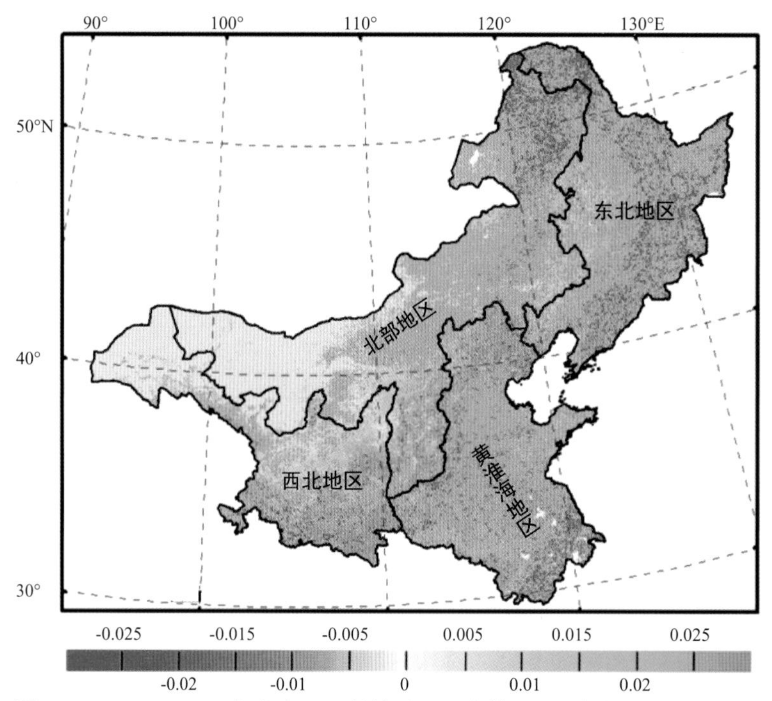

图 9.15　2000—2014 年北方地区植被叶面积指数(LAI)变化趋势空间分布

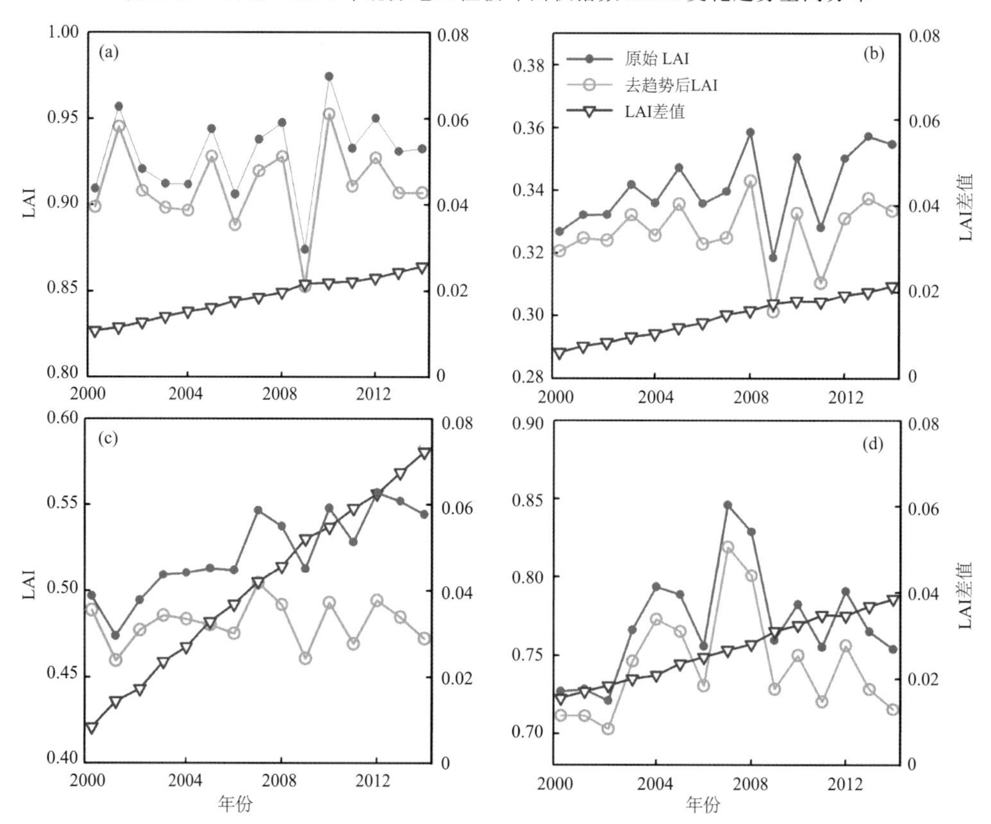

图 9.16　2000—2014 年北方地区原始 LAI 和去趋势后 LAI 的区域均值的变化趋势

(a)东北;(b)北部;(c)西北;(d)黄淮海地区

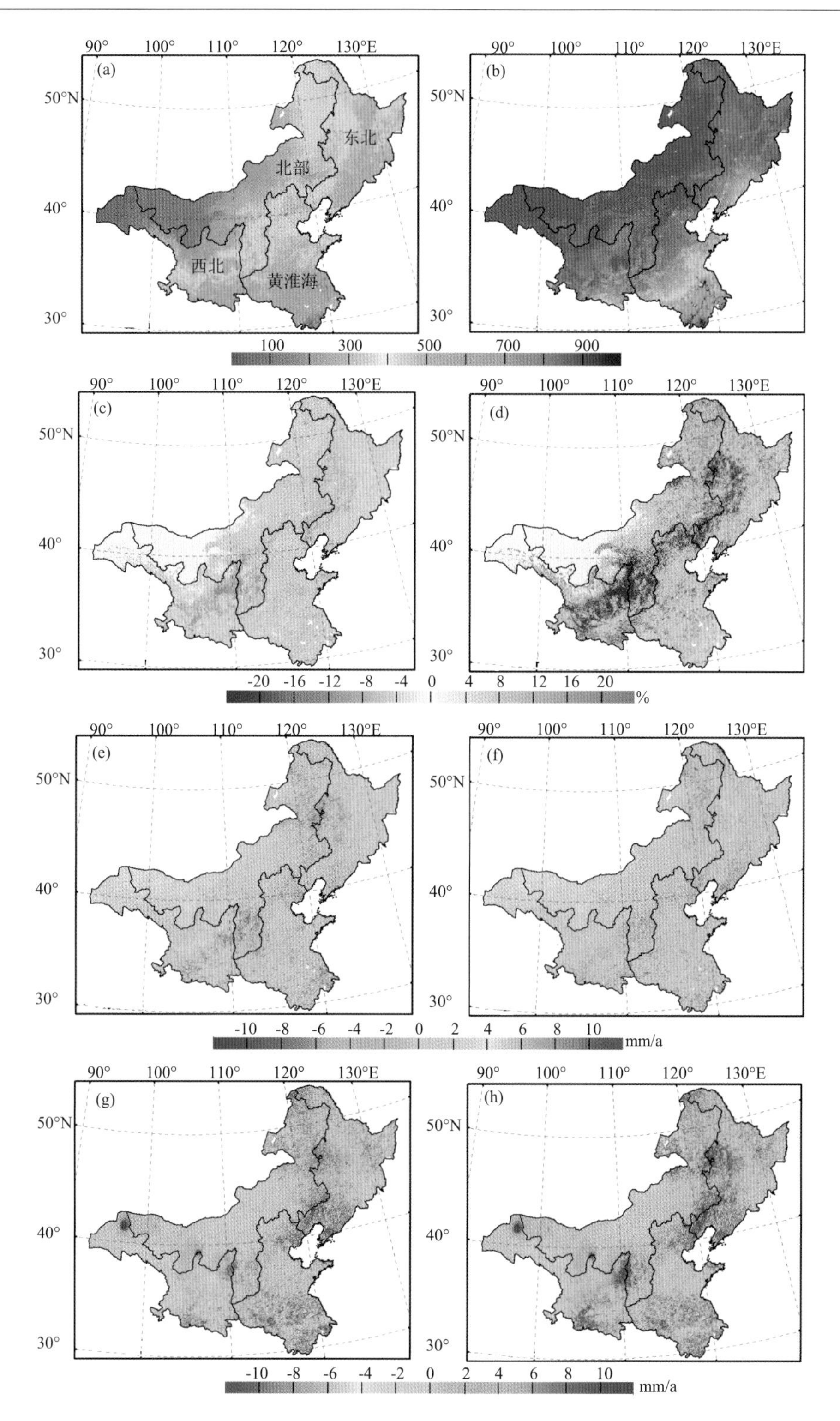

图 9.17 2000—2014 年北方地区蒸散量和产水量变化趋势空间分布(a、b 为真实状况下的蒸散量和产水量多年均值，c、d 为 LAI 变化贡献的蒸散量和产水量相对百分比，e、g 为真实状况下蒸散量和产水量变化趋势，f、h 为不考虑 LAI 变化贡献的蒸散量和产水量变化趋势)

2014 年多年均值空间分布比较可以发现，在像元尺度上 LAI 升高会促进蒸散量并降低产水量，而 LAI 降低则相反。LAI 升高对蒸散量贡献较大的地区主要分布在西北地区中东部、北部地区南部和东北地区西部等 LAI 明显增长地区（12%～16%）。LAI 显著升高对产水量产生的影响超过了其对蒸散量产生的影响，北方广大 LAI 升高地区的产水量减少超过 20%。LAI 降低促进产水量主要发生在东北北部、北方地区北部以及黄淮海东部的零星地区，这些地区 LAI 降低导致蒸散量在一定程度上降低。LAI 变化对蒸散量和产水量影响在空间格局上大体一致，但方向相反，且对产水量影响幅度超过蒸散量。

基于原始 LAI 和去趋势后 LAI 模拟结果评价了 2000—2014 年北方地区年蒸散量和产水量的变化趋势（图 9.17e～h）。2000—2014 年北方大部分地区 ET 呈增加趋势，西北地区和东北地区升高尤为明显，增长速度在 8 mm/a 左右，部分地区 ET 年增长率甚至接近 10 mm/a（图 9.21e）。与原始 LAI 模拟得到的蒸散量变化趋势不同，去趋势 LAI 模拟得到的蒸散量在 LAI 升高地区呈现较小的升高趋势，在 LAI 下降地区呈现较小的下降趋势（图 9.17f）。受同期降水量升高的影响，除黄淮海中南部地区外，广大北方地区产水量呈现升高趋势（图 9.17g），黄土高原北部地区、东北地区南部、东北地区和北方地区相邻地区等产水量增长速度超过 6 mm/a，零星地区产水量增长甚至超过 10 mm/a。从基于去趋势后 LAI 模拟得到的产水量变化趋势可以看出，若不考虑 LAI 变化贡献，以上地区的产水量升高速度会更大（图 9.17h）。以上分析说明，植树造林等活动引起的 LAI 升高促进了我国北方地区蒸散量，但却在一定程度上减缓了产水量的升高。

9.2.7 气候变暖对半干旱区马铃薯生长发育及产量的影响

气候变暖使半干旱区马铃薯花序形成期提前 8～9 d，开花期提前 4～5 d，马铃薯生育期延长。在西北半干旱区马铃薯播种期，由于温度升速较慢，发芽需要足够的热量，热量资源为正效应，马铃薯产量形成对气温变化十分敏感。马铃薯茎块膨大期的气温敏感期大部分地区出现在 7 月，马铃薯成熟期对气温变化敏感性增高。春秋季气温增高有利于马铃薯生长发育及产量形成，夏季气温升高导致马铃薯生育脆弱性增加（姚玉璧 等，2013）。

（1）干旱对马铃薯产量的影响

黄土高原半干旱区马铃薯 6 月处于幼苗期，幼苗抗逆性弱，不耐高温和干旱，气温升高往往伴随干旱，使得幼苗生长发育受阻，甚至失去活性，枯萎死亡，植株成活率降低，导致产量下降。由线性拟合方程可见，6 月平均气温每升高 1 ℃马铃薯产量下降 6798.46 kg/hm^2（图 9.18a）。马铃薯产量与 8 月气温呈负相关（$r=-0.349, P<0.10$），产量与 8 月气温线性回归拟合方程为 $y=-439.139x+10050.865$（$R^2=0.122, P<0.10$）（图 9.18b）。6 月上中旬降水量与马铃薯产量呈正相关（$r=0.334, P<0.10$），6 月上中旬降水量与马铃薯产量一元二次函数拟合方程为 $y=-0.9486x^2+90.655x+396.5$（$R^2=0.284, P<0.01$）（图 9.19），对二次函数求导数，令 $dy/dx=0$，可求得 6 月上中旬降水量为 47.8 mm 时，马铃薯产量最高。6 月上中旬马铃薯适宜降水量的阈值为 47.8 mm（图 9.19）。试验区域为半干旱气候区，随着气候暖干，6 月初降水量偏少，春末初夏干旱频率较高，6 月上中旬正值马铃薯苗期，对水分需求敏感，当降水量低于适宜阈值时，随着降水量的增加，马铃薯产量提高；但当降水量超过适宜阈值时，随着降水量的增加，马铃薯产量反而下降。6 月上中旬是马铃薯水分变化敏感期（姚玉璧 等，2016a）。

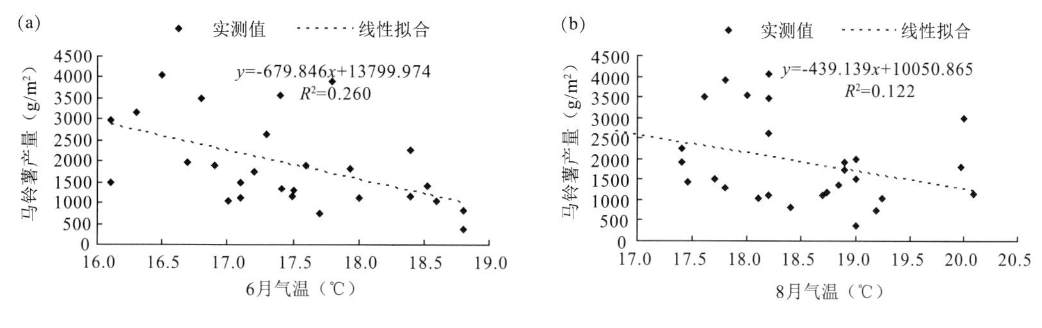

图 9.18　气温变化对马铃薯产量的影响特征

(a)6 月;(b)8 月

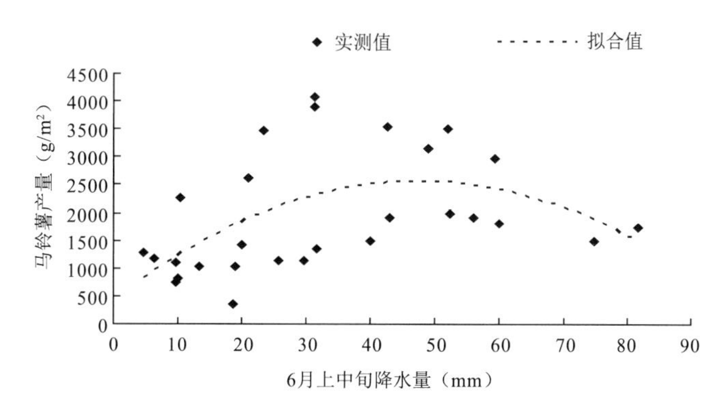

图 9.19　降水量变化对马铃薯产量的影响特征

(2)马铃薯产量形成对温度和降水的敏感性

由于气候变暖,除播种期和可收期外,其余时段热量充足,出苗至分枝期马铃薯对气温变化十分敏感,旬平均气温每升高 1 ℃,马铃薯产量降低 150～250 g/m²,敏感期为 30～40 d。马铃薯分枝以后,地上部分很快形成花序,之后进入开花期,地下茎块也开始膨大,此时段马铃薯适宜凉爽气候,气温过高,马铃薯植株茎节间距伸长,叶片变小,叶面积指数变小,影响光合利用效率,马铃薯块茎随着高温而退化,形成畸形薯、屑薯,产量降低。马铃薯分枝—开花期对降水量变化十分敏感(图 9.20),旬降水量每增加 1 mm,马铃薯增产 150～200 g/m²,敏感期为

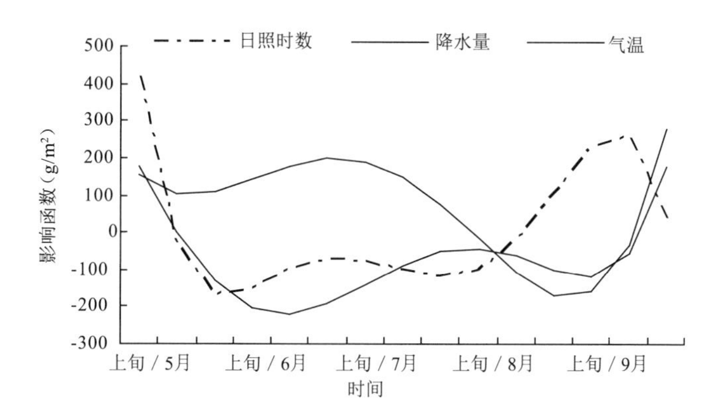

图 9.20　马铃薯产量与温度、降水和日照时数变化积分回归曲线

30～40 d。研究区域分枝—开花期以干旱为主的气象灾害频率，降水减少，马铃薯干旱灾害脆弱性增加，干旱灾害风险增大。降水量对产量影响的第二个敏感时段在块茎膨大期，降水量为负效应，旬降水量每增加 1 mm，马铃薯产量降低 100～150 g/m^2；敏感期为 20～30 d。马铃薯块茎膨大期(7 月下旬以后)，降水量及阴雨天气易引发马铃薯晚疫病，造成马铃薯叶片萎垂、卷缩，直至植株黑腐，块茎染病腐烂而减产。马铃薯块茎膨大期日照时数对马铃薯产量形成也为正效应；旬日照时数每增加 1 h，马铃薯产量增加 150～250 kg/hm^2，敏感期 25～35 d(姚玉璧 等，2016b，2017)。

第 10 章　气候变化背景下中国未来干旱趋势预估及应对

10.1　气候变化背景下中国未来干旱灾害风险预估

10.1.1　气候变化背景下中国未来干湿气候变化趋势分析

利用干燥度指数(年蒸散量/年降水量)，分析 RCP4.5 和 RCP8.5 情景下我国未来(2020—2099 年)干湿气候变化趋势(Xu et al,2017)。图 10.1 为 2020—2099 年全国平均干燥度指数变化曲线，图 10.2 为 2020—2099 年全国干燥度指数线性变化趋势分布。

RCP4.5 情景下，2020—2099 年全国干燥度指数呈现上升趋势，每 10 年上升 0.008，说明 RCP4.5 情景下全国气候有变干趋势，变干较明显的时期主要位于 21 世纪中期(2040—2050 年)和后期(2070—2080 年)。从空间分布来看，我国中东部大部分地区都有变干的趋势，内蒙古中部、西北地区东部、华北大部、东北地区西部、淮河流域、长江中下游地区、西藏地区南部变干最为明显，长江中下游地区以及陕西中南部、山西中南部、河南西北部和南部、内蒙古中部、西藏南部等地通过 0.01 显著性检验，显著变干。西北地区中西部、华南沿海以及云南西南部有变湿趋势，新疆东南部等地区显著变湿。

RCP8.5 情景下，2020—2099 年全国干燥度指数上升趋势明显高于 RCP4.5 情景，每 10 年上升 0.01，说明 RCP8.5 情景下全国气候变干趋势更加明显，变干较明显的时期主要位于 21 世纪中期(2060—2070 年)和后期(2080—2099 年)。从空间分布来看，我国中东部地区变干的趋势更加明显，西北地区东部、华北大部、东北大部、西南地区、华南西部等地变干明显，显著性检验表明，我国西南地区、西北地区东部、华中西部、华南西部等地通过 0.01 显著性检验，显著变干。变湿趋势地区主要位于西北地区中西部和西藏西部等，新疆大部分地区变湿显著。

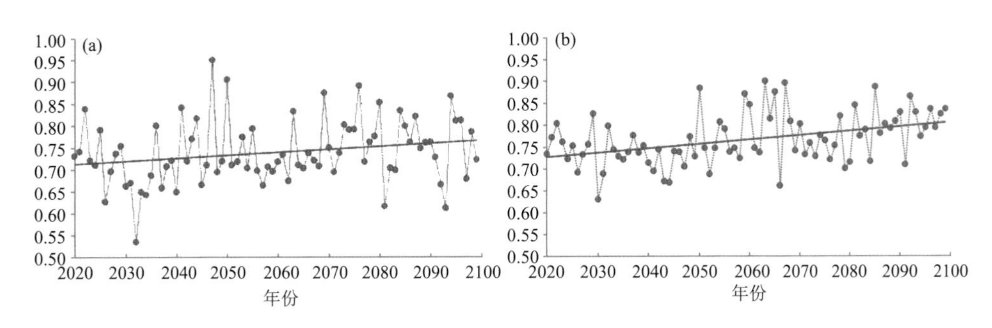

图 10.1　2020—2099 年 RCP4.5(a)和 RCP8.5(b)情景下全国平均干燥度指数变化曲线

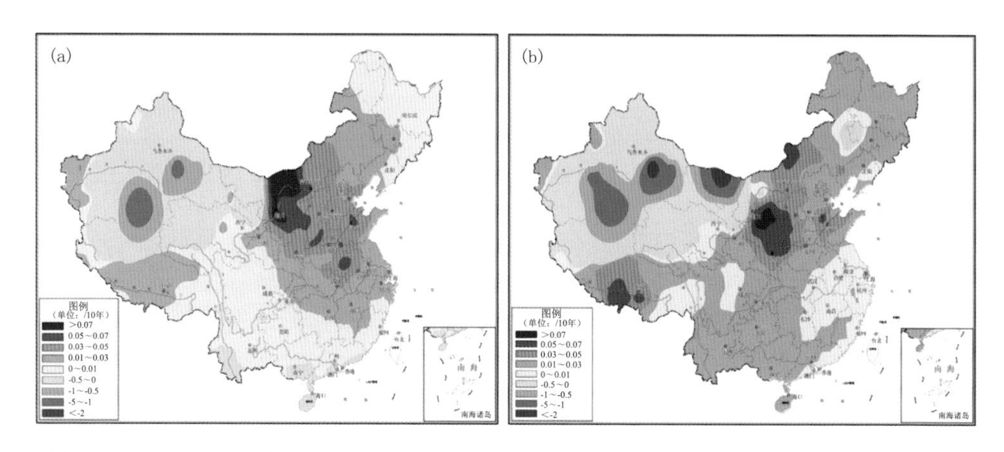

图 10.2　2020—2099 年 RCP4.5(a)和 RCP8.5(b)情景下全国干燥度指数线性变化趋势分布

干湿气候区划(图略)分析表明，到 21 世纪末，我国气候干旱区总面积和气候湿润区总面积总体变化不大，但半干旱半湿润区面积扩大明显，极端干旱区和极端湿润区面积下降明显。

分析 RCP8.5 和 RCP4.5 情景下降水量和蒸散量变化趋势发现，导致我国中东部地区干燥度指数增加的主要原因是蒸散量增加明显，气温显著升高、地面风速减小、净辐射上升、相对湿度下降都是导致蒸散量增大、气候变干的主要气候因素。

因此，我国中东部地区尤其西北东部、华北等地需要进一步加强防旱抗旱措施，西藏地区需要进一步加强生态环境保护。

10.1.2　东北地区 21 世纪干旱变化趋势预估

运用 14 个 CMIP5 模式集合的 PDSI 指数，结合线性趋势和经验正交函数(EOF)模态分解方法，分析了在中等排放情景下(RCP4.5)21 世纪东北地区干旱的时空变化特征(姚世博等，2018)。图 10.3 为 2006—2099 年东北地区年平均及季节平均 PDSI 的线性趋势的空间分布。从年平均的角度来看，黑龙江北部未来 100 年将呈现出变湿润的状态，黑龙江南部、吉林和辽宁大部分地区呈现出干旱化的趋势。春季东北地区干旱分布仍然是南北相反型的，不同的是黑龙江大部分地区都以变湿润为主，辽宁和吉林地区变干的程度和年平均相比也在减弱。夏季整个东北地区都是以变干为主，尤其在辽宁地区，干旱的趋势达到每年 0.6～0.8。秋季黑龙江南部、吉林和辽宁地区仍然呈现干旱化趋势，黑龙江北部以变湿润为主。冬季，东北大部分地区将都有变湿润的趋势。总体来看，2006—2099 年东北地区干旱主要是以夏秋季干旱为主，干旱区域主要位于东北南部，东北北部以变湿润为主，尤其秋季变湿润的速率超过每年 0.4。

从时间变化序列图(图 10.4)可以看出，2006—2099 年整个东北地区平均 PDSI 呈现出减少的趋势，意味着未来 100 年东北地区将呈现出变干的趋势。从 21 世纪的 3 个时间段上(EP、MP、LP)来看，在 21 世纪初期，PDSI 指数呈现出减少的趋势，表明初期东北地区是逐渐变干的，但是在 21 世纪中期和末期，PDSI 指数均呈现出增大的趋势，意味着 21 世纪后半期东北地区将会逐渐变湿润。

为了进一步了解东北地区季节性干旱的变化特征，图 10.5 给出了 2006—2099 年东北地区春季、夏季、秋季、冬季 PDSI 指数的年变化。可以看出，2006—2099 年东北地区春季 PDSI 指数呈现出增大的趋势，意味着未来东北地区春季是变湿润的，而且主要是以 21 世纪前半期

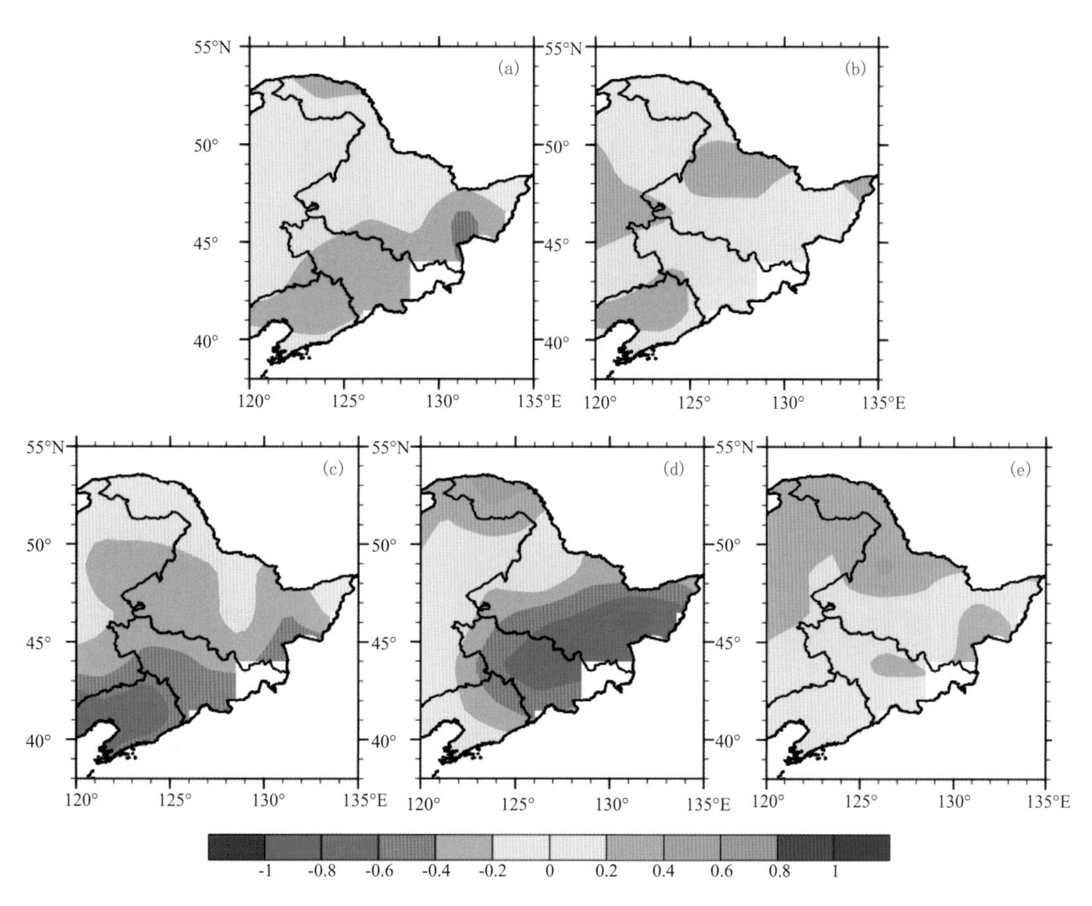

图 10.3　2006—2099 年东北地区 PDSI 指数线性变化趋势的空间分布

(a)年平均;(b)春季;(c)夏季;(d)秋季;(e)冬季

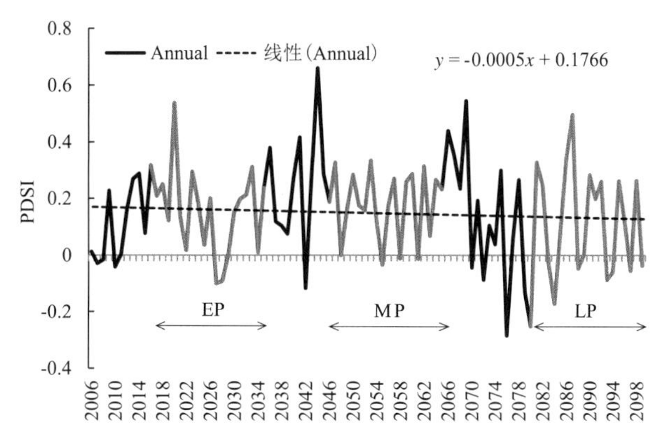

图 10.4　2006—2099 年东北地区年平均 PDSI 指数变化

的变化为主,后半期 PDSI 指数变化比较平稳,变化趋势不明显。冬季 PDSI 也呈现出增大的趋势,而且主要是以 21 世纪后半期的变化为主,但从线性变化率来看,冬季变湿润的趋势大于春季。东北地区秋季和夏季 PDSI 指数均呈现出减小的趋势,表明未来东北地区秋季和夏季都是变干的,夏季变干的趋势大于秋季。总的来说,未来100年东北地区冬春季将会变湿润,夏秋季会变干,夏季比秋季变干更明显。

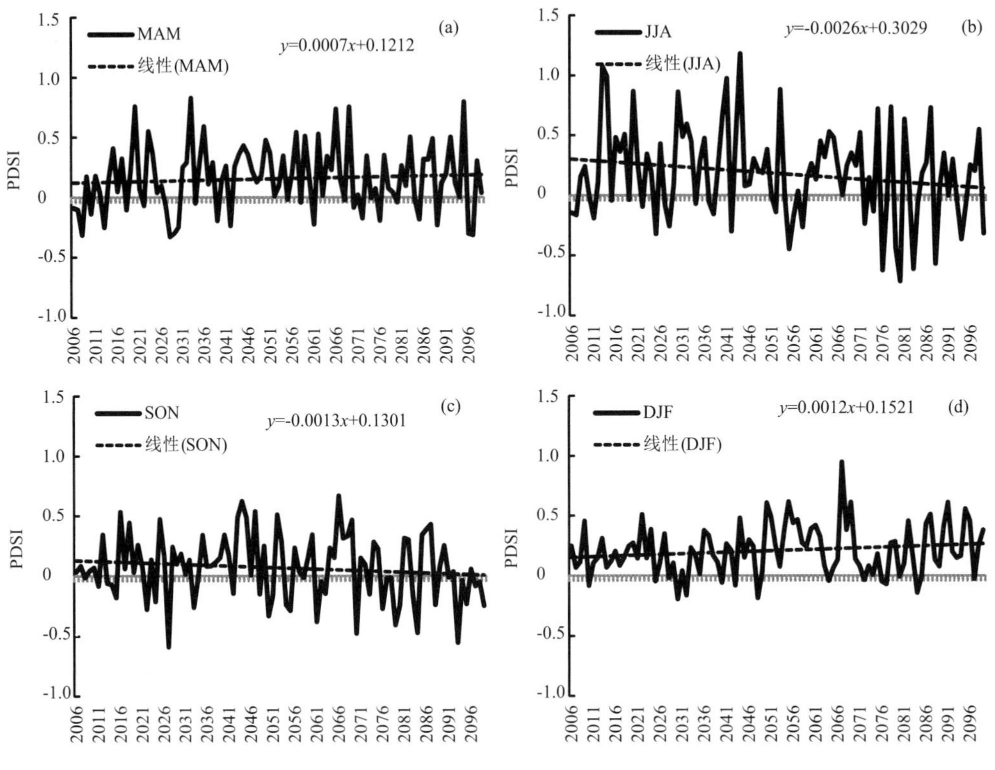

图10.5　2006—2099年东北地区春季(a)、夏季(b)、秋季(c)、冬季(d)PDSI指数年变化

10.1.3　不同气候变化情景下中国典型玉米种植区干旱灾害风险预估

(1)黄淮海区域夏玉米干旱灾害风险预估

利用RCP4.5气候情景数据计算SPEI指数,分析黄淮海区域未来干旱情形。计算危险性指标,并与暴露度、脆弱性、防灾减灾能力一同对黄淮海区域未来的干旱风险进行预估(图10.6)(番聪聪 等,2018)。研究结果表明,黄淮海区域内未来50年干旱灾害低风险区占到整个研究区域的50%以上;具体说,低风险区主要分布在河北北部、河南南部、山东南部以及安徽和江苏全境;次低风险区的范围是河北西部和北部、从河南南部一直延伸到山东南部的一条细长的区域;中等风险区分布主要位于河南西北部、河北南部以及山东东部的一小块区域;次高风险区只分布在35°～38.5°N,主要是河南西北角、河北南部、山东北部以及山东东部角落;高风险区域主要分布在黄淮海区域的中北部,所占面积很小,基本上仅位于河北与山东的交界处。通过对综合干旱风险指标的统计可知,低风险区范围内的站点主要有保定、秦皇岛、常州、北京、赣榆、驻马店、蚌埠、承德、阜阳、寿县、徐州、南通、张家口、宿县等,这个区域的干旱风险指标均低于0.19;次低风险区主要区域包括石家庄、龙口、日照、潍坊、南阳、滁县、黄山、商丘等,这个区域的干旱综合风险指标值波动范围为0.19～0.28;中等风险区主要包含邢台、三门峡、开封、亳州、宝丰、兖州、天津,这个区域的干旱综合风险指标范围为0.28～0.44;次高风险区主要有新乡、威海、安阳、沂源、泰山、许昌,这个区域的干旱综合风险指标波动范围为0.44

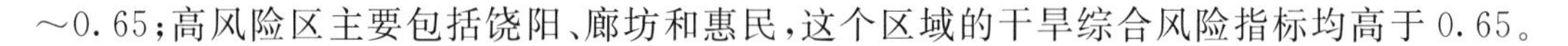

～0.65；高风险区主要包括饶阳、廊坊和惠民，这个区域的干旱综合风险指标均高于 0.65。

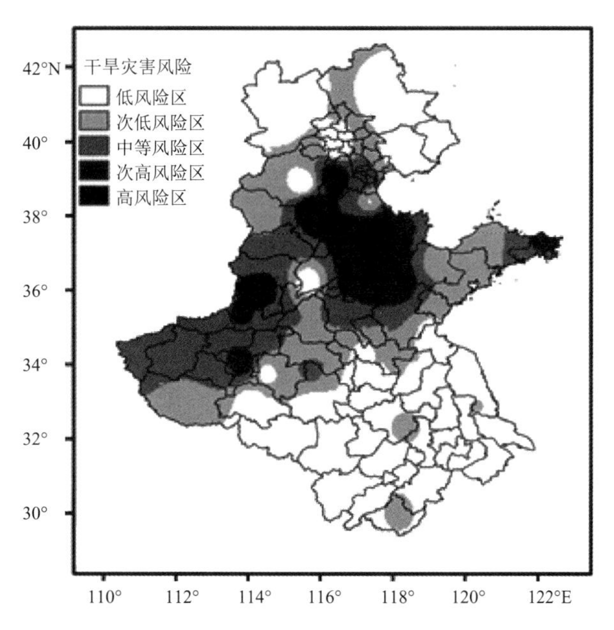

图 10.6　未来气候情景(RCP4.5)下黄淮海区域夏玉米干旱灾害风险预估

(2)吉林省和河南省玉米干旱灾害风险预估

以我国 2020—2050 年 RCP8.5、RCP4.5、RCP2.6 排放情景下月均气温和降水预估数据为基础，使用 SPEI 指数识别干旱，进行干旱危险性评估(Zhang 和 Zhang，2016)，得到不同排放情景下 2020—2050 年吉林省和河南省玉米干旱危险性空间分布(图 10.7a)。基准期河南省干旱危险性较低，2020—2050 年河南省干旱危险性大幅度提高，增加幅度要大于吉林省，到 2020—2050 年干旱危险性普遍高于吉林省，这与河南省降水明显减少有关。

假设不改变现有品种和种植制度，玉米各个生育阶段对干旱的敏感性相对稳定保持不变，农田基础设施和灌溉能力维持不变，区域适应干旱能力不变，得到 2020—2050 年 RCP8.5、RCP4.5 和 RCP2.6 排放情景下干旱灾害风险(图 10.7b)。RCP8.5、RCP4.5 排放情景下吉林省干旱灾害风险仍然较高，主要位于吉林西部大部分地区。RCP8.5、RCP4.5 排放情景下河南省干旱灾害风险增大趋势明显，河南省西北部和东南部干旱高风险区面积扩大。RCP2.6 排放情景下，两省干旱灾害风险较低。

(3)基于 RCP 情景的全球升温 1.5 ℃和 2 ℃下安徽省气象干旱预估

气候变化是当今科学界和社会公众关注的焦点，气候变化对全球自然生态系统产生了重要影响。研究表明，未来相对于工业化前升温 1 ℃或 2 ℃时，全球所遭受的风险将处于中等至高风险水平。干旱是我国主要的气象灾害，其特点是发生频率高、影响范围大、持续时间长。安徽是农业大省，也是气候变化高敏感区。基于全球气候模式(GCM)和 3 种典型浓度路径(RCP)，预估全球升温 1.5 ℃和 2 ℃下安徽省气候变化以及气象干旱时空格局演变(王胜 等，2018)。

从不同升温阈值下气象干旱日数空间分布来看(图 10.8)，与基准期对比，年气象干旱日数淮河以北减少，沿淮及淮河以南增多。全球升温 1.5 ℃，淮河以北减少 1～4 d，沿淮及淮河

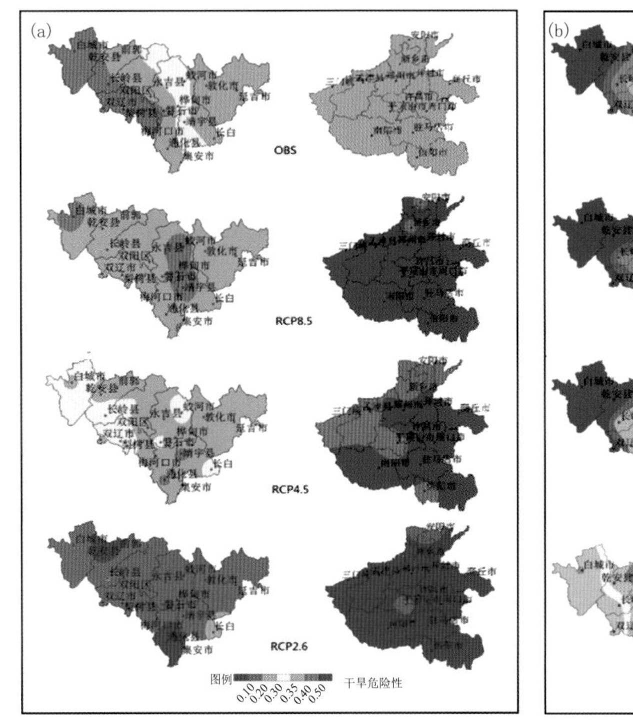

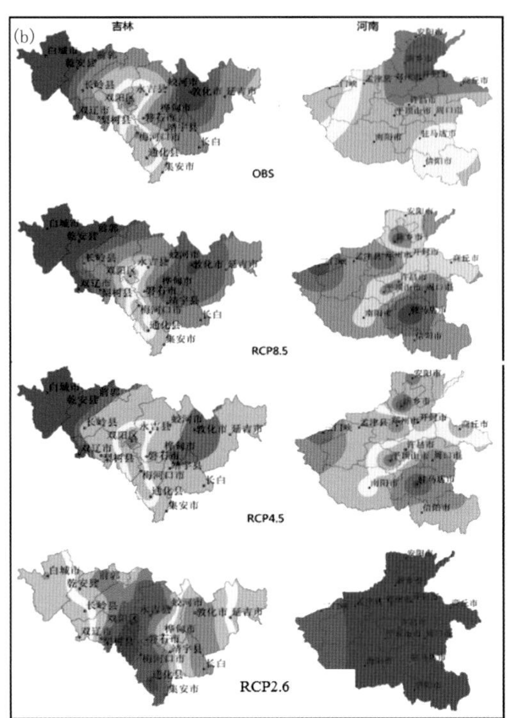

图 10.7　未来不同排放情景下玉米干旱危险性(a)和干旱风险预估(b)

以南增加 2～4 d;全球升温 2 ℃,淮河以北减少 2～7 d,淮河以南普遍增加 2～4 d,沿江江南东部增幅为 4～6 d。

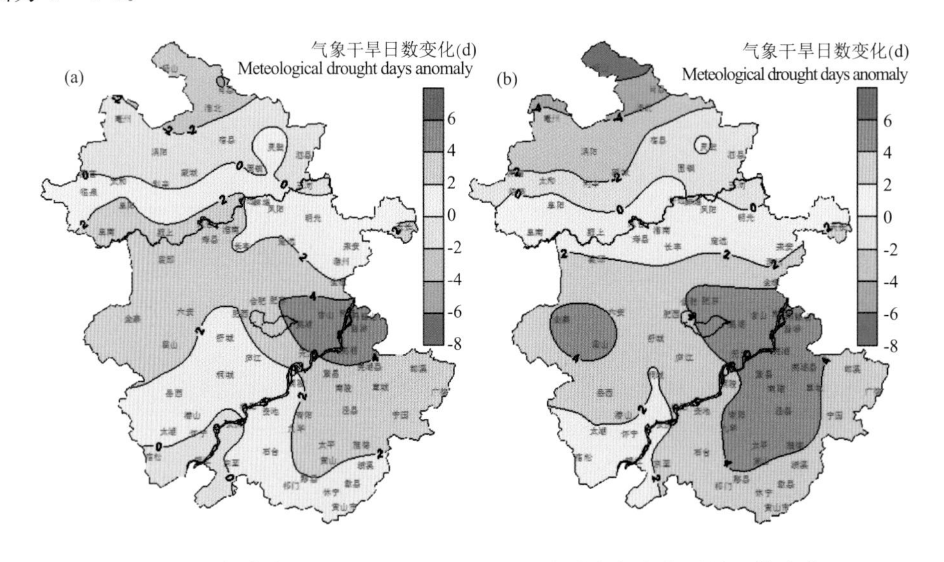

图 10.8　全球升温 1.5 ℃(a)和 2 ℃(b)下安徽省年气象干旱日数变化

从不同季节看(图 10.9),冬、春、秋三季气象干旱日数总体增多,以春季增幅较大,夏季减少。未来月气象干旱分布格局未发生根本性变化,其发生频次秋旱最多,夏旱次之,冬、春旱较少。全球升温 1.5 ℃,5 月、8 月和 10 月预估的气象干旱日数比重降低,其他各月接近基准期或增多。全球升温2 ℃,5月和7—10月预估的干旱日数减少,其他各月接近基准期或增多。

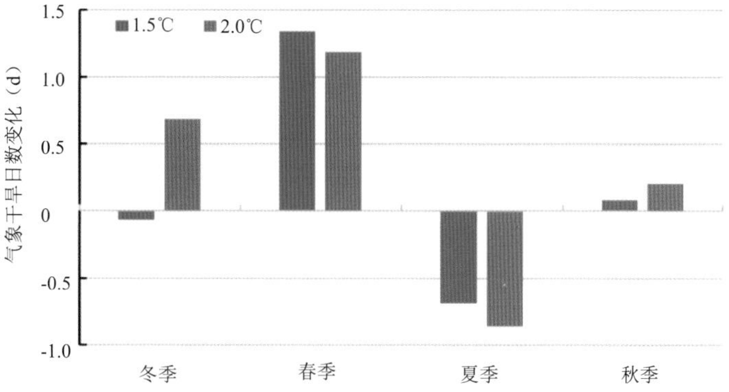

图10.9 不同升温阈值下安徽省季节气象干旱日数变化

未来降水量和气象干旱预估都存在较大的不确定性,全球升温2.0 ℃不确定性更大,不确定性主要来源于全球气候模式。为适应或缓解气候变化的不利影响,应通过调整农业布局、加强农业基础设施建设、选育新品种等方式增强抵御气候变化的能力。

10.2 中国未来面临的干旱灾害风险及对策建议

10.2.1 中国未来面临的干旱灾害风险

随着全球气候变化以及我国经济快速发展和城市化进程不断加快,我国的资源、环境和生态压力增大,自然灾害防范应对形势更加严峻复杂,天气、气候灾害频率和强度呈增加趋势,造成的危害愈来愈重,损失愈来愈大,已经成为当前防灾、减灾中的突出问题。未来我国面临的气象灾害风险将进一步增大,影响将进一步加重,应通过灾害风险管理和气候变化适应,提高经济社会适应和应对天气、气候灾害的能力,减少承灾体的暴露度和脆弱性,从而降低灾害风险(马建堂 等,2017)。

(1)承灾体的暴露度不断增加

人口增加和财富积聚对天气、气候灾害风险有叠加和放大效应。快速的城市化、工业化、经济社会发展、人居模式改变等非气候胁迫因子,已经影响到承灾体的脆弱性和暴露度的变化趋势。1949—2013年,我国旱灾面积以年均17.3万hm^2速率扩大,成灾面积超过1000万hm^2的重灾年份有25年,其中1981—2013年重灾年份占总年数的76%。1984—2013年受台风影响的省(区、市)达23个(含台湾省),受台风影响省份的国内生产总值(GDP)总和由1984年的0.7万亿元,增加到2013年的55.1万亿元(未计台湾省)。北京、上海、广州受高温热浪影响的常住人口,由1984年的2668.5万人,增加到2013年的5822.6万人。我国城镇化率由2000年的36.22%增长到2013年的53.73%,随着城市规模和数量的扩张,人口和财富向城市集中,受气象灾害影响的人口数量和灾害损失都将随之增加。

(2)承灾体的脆弱性趋于增大

我国人口老龄化、高密度化和高流动性,社会财富的快速积累和防灾、减灾基础薄弱,使各类天气、气候灾害的承灾体脆弱性趋于增大。我国65岁及以上人口占总人口的比重由1984

年的 4.9%(约 5056 万)上升到 2013 年 9.7%(约 1.32 亿),社会人口结构明显老龄化。北京、上海、广州外来流动人口数量由 2000 年的 1123 万人增加到 2013 年的 2479 万人。与 1984—1993 年相比,2004—2013 年绝大多数省份暴雨洪涝受灾人口增加;江西、湖南、贵州和广西直接经济损失与 GDP 的比值最大。干旱、台风和低温冷害受灾人口比重由 1984—1993 年的年均 2.0%、1.0%和 0.3%,增加到 2004—2013 年的 10.1%、3.0%和 3.6%。由于经济产值和人口持续向城市主城区和新兴开发区集中,以及防灾、减灾基础设施薄弱,导致城镇人口、经济和基础设施对气象灾害的脆弱性增大,尤其在缺少有效保护措施的农村地区,人口和基础设施等具有很高的脆弱性。

(3)未来中国干旱灾害风险将增大

《中国极端天气气候事件和灾害风险管理与适应国家评估报告》预估,到 21 世纪末我国高温、洪涝和干旱灾害风险加大(秦大河,2015)。温室气体排放情景越高,高温、洪涝和干旱灾害风险越大。高排放情景下,我国高温致灾危险性在 21 世纪近期(2016—2035 年)、中期和后期逐渐增大,高温灾害风险趋于加大,四级及以上高温灾害风险等级范围扩大。未来各时段洪涝灾害风险较高的地区主要位于中东部地区,21 世纪后期四级风险地区比 1986—2005 年有所减少,但五级风险范围略有增大。华北、华东、东北中部和西南地区干旱灾害风险较大,到 21 世纪中后期,旱灾高风险范围显著增大。

10.2.2　应对干旱灾害风险的措施建议

各级气象、水文、海洋部门遇旱情急剧发展时应加强对当地干旱性天气的监测和预报,并将结果及时报送水利、民政、农业、国家减灾委员会和防汛抗旱指挥机构。当地防汛抗旱指挥机构及有关部门应针对干旱灾害的成因、特点,因地制宜采取预警防范措施,如抗旱设施的检查维修、抗旱水源调度方案、节水限水方案的制订等相关措施,并掌握水雨情变化、当地蓄水情况、农田土壤墒情和城乡供水情况,通知有关区域做好相关准备。各级政府应建立、健全旱情监测网络和干旱灾害统计队伍,随时掌握实时旱情,气象、水文部门应该做好干旱的监测、预警,评估干旱发展趋势及其可能影响,根据不同干旱等级和灾害预评估,提出相应对策,为抗旱指挥决策提供科学依据。各级政府还应当加强抗旱服务网络建设,鼓励和支持社会力量开展多种形式的社会化服务组织建设,防范干旱灾害的发生和蔓延。在抗旱工作中,物资保障工作也尤为重要,各级政府防汛抗旱指挥机构和民政部门,以及受旱的其他单位应按规范储备抗旱抢险物资,并做好生产流程和生产能力储备有关工作。

旱灾一旦形成,各级政府要及时组织动员全社会的力量救灾。民政部门负责调查辖区旱灾情况,拟定辖区政府旱灾救济的工作方针、政策、法规,组织实施农村救灾工作,发放救灾物资和救灾款,开展农业救灾合作保险工作;组织生产自救和劳务输出。水利行政部门组织向人畜饮水困难地区紧急输水,修建临时管线,在有可能的地区打井或建水窖,挖掘当地水源;组织抗旱服务队,抢修抗旱用到的机具或者向旱情严重地区应急提供提水机具。保险公司按照保险合同,根据投保险种和经核实的灾害损失,对受灾地区进行赔付。卫生部门和红十字会组织灾区的卫生防疫工作,派出医疗队,对饮水水源进行消毒,宣传普及卫生防疫知识。农业部门组织向受灾地区运送种子、化肥、柴油等救灾物资,派出科技人员进行抗旱救灾技术咨询服务,重点是根据灾情和旱情缓解后的热量条件选择适宜的救灾作物,对受灾作物采取适宜的补救措施,加强对未受灾农田的管理。

合理利用各种水资源，全力建设节水型社会。节水是缓解水资源供需矛盾，防御干旱灾害的根本措施。在农业用水方面，塑造利用农业节水的制度，大力发展节水农业。为此，首先要培育灌溉水市场；其次是推动作物节水技术创新、培育节水技术市场；再次是应重构包括工程节水、生物节水、农艺节水和管理节水四个子系统在内的节水农业技术系统；最后，由于我国版图较大，农用水资源丰歉并存，故可以在灌溉农业区推广输水工程＋常规节灌＋水价控制的模式，在旱作农业区推行集水工程＋现代喷微灌＋农艺措施的节水模式。在工业用水方面，塑造利于工业节水的制度，建造节水工业。为此，应做好以下两方面的工作：首先要实行节水考核制度，对于定额以内的用水，采用较低的费率；高于配额的用水，按分级提价的原则，收取较高的水资源税费。为了鼓励节约用水，可允许企业对节水部分进行有偿转让，促进节水成本低的企业率先节水，从而带动整个工业向节水方向迈进。其次是严格实行用水许可制度。针对无证开采、超量开采问题，应加大整治力度，搞好执法检查。在城市用水方面，塑造利于城市生活节约用水的制度，加强生活用水的节约管理。首先应使生活用水的价格合理，起到激励节水的作用。生活用水水价的确定应更多由市场、消费者和政府共同参与制定，其价格不仅要包含制水、供水成本和合理的利润，还要包括污水处理费用。其次应推广使用节水器具。最后，利用公共传媒在全社会广泛进行节约、合理利用和保护水资源的宣传教育，使节约用水成为居民的自觉行动。

参考文献

陈少勇，郭凯忠，董安祥，2008. 黄土高原土壤湿度变化规律研究[J]. 高原气象，27(3)：530-537.

陈昱潼，畅建霞，黄生志，等，2014. 基于 PDSI 的渭河流域干旱变化特征[J]. 自然灾害学报，23(5)：29-37.

丁旭，赖欣，范广洲，2016. 中国不同气候区土壤湿度特征及其气候响应[J]. 高原山地气象研究，36(4)：28-35.

董朝阳，杨晓光，杨婕，等，2013. 中国北方地区春玉米干旱的时间演变特征和空间分布规律[J]. 中国农业科学，46(20)：4234-4245.

董秋婷，李茂松，刘江，等，2011. 近 50 年东北地区春玉米干旱的时空演变特征[J]. 自然灾害学报，20(4)：52-59.

董姝娜，庞泽源，张继权，等，2014. 基于 CERES-Maize 模型的吉林西部玉米干旱脆弱性曲线研究[J]. 灾害学，29(3)：115-119.

番聪聪，胡正华，黄进，等，2018. 河北省夏玉米生长季干旱时空特征及对夏玉米产量的影响[J]. 江苏农业科学，46(10)：69-74.

高晓容，王春乙，张继权，等，2014. 东北地区玉米主要气象灾害风险评价模型研究[J]. 中国农业科学，47(21)：4257-4268.

郭建茂，2007. 基于遥感与作物生长模型的冬小麦生长模拟研究[D]. 南京：南京信息工程大学.

郭建茂，王琦，施俊怡，等. 2014. 遥感信息与作物模型结合在冬小麦区域模拟中的应用[J]. 大气科学学报，37(2)：237-242.

国家气候中心，2018. 中国灾害性天气气候图集(1961—2015)[M]. 北京：气象出版社.

郝晶晶，陆桂华，闫桂霞，等，2010. 气候变化下黄淮海平原的干旱趋势分析[J]. 水电能源科学，28(11)：12-14，115.

胡定军，2012. 基于 DEA 模型的区域自然灾害脆弱性评价研究[D]. 成都：西南财经大学.

李丹君，张继权，王蕊，等，2017. 基于 SVDI 的吉林省中西部干旱识别及干旱危险性分析[J]. 水土保持通报，37(4)：321-326.

李红英，张晓煜，王静，等，2014. 基于 CI 指数的宁夏干旱致灾因子特征指标分析[J]. 高原气象，33(4)：995-1001.

李克让，徐淑英，郭其蕴，等，1990. 华北平原旱涝气候[M]. 北京：科学出版社.

李琪，胡秋丽，朱大威，等，2019. 基于 WOFOST 模型的吉林省春玉米干旱复水模拟研究[J]. 农业现代化研究，40(1)：153-160.

李琪，李莹莹，任景全，等，2018. 吉林省春玉米不同生育期干旱时空特征分析[J]. 江苏农业科学，46(8)：50-56.

李睿涛，刘京会，周洪奎，等，2017. 华北平原冬小麦因旱减产气象指数保险产品研究[J]. 灾害学[J]，32(3)：216-221.

廖要明，张存杰，2017. 基于 MCI 的中国干旱时空分布及灾情变化特征[J]. 气象，43(11)：1402-1409.

刘兰芳，关欣，唐云松，2005. 农业旱灾脆弱性评价及生态减灾研究[J]. 水土保持通报，25(2)：69-73.

刘晓静，张继权，马东来，2016. 基于 MODIS 数据的辽西北地区玉米干旱脆弱性评价研究[J]. 中国农业资源与区划，37(11)：44-49.

刘云辉，2005. 朝阳地区开展封冻期人工增雨对改善春播期土壤墒情的探讨[J]. 中国农业气象，26(3)：194-196.

柳艺博,胡正华,李琪,等,2017.北方地区叶面积指数变化对蒸散和产水量的影响[J].中国生态农业学报,25(8):1206-1215.

龙鑫,成升魁,甄霖,等,2010.水土资源对旱涝灾害的承险脆弱性研究方法探讨[J].资源科学,32(5):1000-1005.

罗健,郝振纯,2001.我国北方干旱的时空分布特征分析[J].河海大学学报,29(4):61-66.

马建堂,郑国光,2017.国家行政学院政策读本:气候变化应对与生态文明建设[M].北京:国家行政学院出版社.

马晓刚,2008.基于秋季降水量的春播关键期土壤墒情预测[J].中国农业气象,29(1):56-57.

马柱国,华丽娟,任小波,2003.中国近代北方极端干湿事件的演变规律[J].地理学报,58(S1):69-74.

倪深海,顾颖,王会容,2005.中国农业干旱脆弱性分区研究[J].水科学进展,16(5):705-709.

庞泽源,董姝娜,张继权,等,2014.基于CERES-Maize模型的吉林西部玉米干旱脆弱性评价与区划[J].中国生态农业学报,22(6):705-712.

秦大河,2015.中国极端天气气候事件和灾害风险管理与适应国家评估报告[M].北京:科学出版社.

任鲁川,1999.区域自然灾害风险分析研究进展[J].地球科学进展,14(3):242-246.

商彦蕊,2000.干旱、农业旱灾与农户旱灾脆弱性分析[J].自然灾害学报,9(2):55-61.

石勇,许世远,石纯,等,2011.自然灾害脆弱性研究进展[J].自然灾害学报,20(2):131-137.

舒晓慧,刘建平,2004.利用主成分回归法处理多重共线性的若干问题[J].统计与决策,(10):25-26.

王春乙,张继权,霍治国,等,2015a.农业气象灾害风险评估研究进展与展望[J].气象学报,73(1):1-19.

王春乙,张继权,张京红,等,2015b.综合农业气象灾害风险评估与区划研究[M].北京:气象出版社.

王富强,王雷,2014.基于降水距平百分率的河南省干旱特征分析[J].中国农村水利水电,(12):84-88.

王劲松,张洪芬,2007.西峰黄土高原土壤含水量干旱指数[J].土壤通报,38(5):867-872.

王劲松,李忆平,任余龙,等,2013.多种干旱监测指标在黄河流域应用的比较[J].自然资源学报,28(8):1337-1349.

王静爱,商彦蕊,苏筠,等,2005.中国农业旱灾承灾体脆弱性诊断与区域可持续发展[J].北京师范大学学报,189:130-137.

王连喜,胡海玲,李琪,等,2015.基于水分亏缺指数的陕西冬小麦干旱特征分析[J].干旱地区农业研究,33(5):237-244.

王连喜,缪淼,李琪,等,2016.陕西省冬小麦干旱时空变化特征分析[J].自然灾害学报,25(2):35-42.

王连喜,王田,李琪,等,2019.基于作物水分亏缺指数的河南省冬小麦干旱时空特征分析[J].江苏农业科学,47(12):83-88.

王蕊,张继权,曹永强,等,2017.基于SEBS模型估算辽西北地区蒸散发及时空特征[J].水土保持研究,24(6):382-387.

王胜,许红梅,杨玮,等,2018.基于RCP情景的全球1.5和2.0℃升温下安徽省气候变化及气象干旱预估[J].中国农业大学学报,23(6):100-107.

王素萍,张存杰,李耀辉,等,2014.基于标准化降水指数的1960—2011年中国不同时间尺度干旱特征[J].中国沙漠,34(3):827-834.

王莺,李耀辉,赵福年,等,2013.基于信息扩散理论的甘肃省农业旱灾风险分析[J].干旱气象,31(1):43-48.

王莺,王劲松,姚玉璧,2014.甘肃省河东地区干旱灾害风险评估与区划[J].中国沙漠,34(4):1115-1124

王莺,赵文,张强,2019.中国北方地区农业干旱脆弱性评价[J].中国沙漠,39(4):149-158.

王有恒,张存杰,段居琦,等,2018.中国北方春玉米干旱灾害风险评估[J].干旱地区农业研究,36(2),257-272.

王志伟,翟盘茂,武永利,2007.近55年来中国10大水文区域干旱化分析[J].高原气象,26(4):874-880.

袭祝香,刘玉莹,张丽,等,1996.吉林省西部地区春播期土壤湿度气候影响因子探析[J].吉林气象,4:13-17.

徐建文，居辉，刘勤，等，2014. 黄淮海地区干旱变化特征及其对气候变化的响应[J]. 生态学报，34(2)：460-470.

许莹，马晓群，田晓飞，等，2011. 安徽省冬小麦和一季稻分时段水分敏感性研究[J]. 中国农学通报，27(24)：33-39.

薛昌颖，马志红，胡程达，2016. 近 40a 黄淮海地区夏玉米生长季干旱时空特征分析[J]. 自然灾害学报，25(2)：1-14.

颜玉倩，朱克云，李建云，等，2017. 基于改进后地表湿润指数的我国西南干旱气候特征研究[J]. 冰川冻土，39(5)：1012-1021.

杨小利，2009. 陇东黄土高原土壤水分演变及其对气候变化的响应[J]. 中国沙漠，29(2)：305-311.

杨小利，王丽娜，2011. 陇东地区冬小麦水分亏缺特征研究[J]. 干旱地区农业研究，29(6)：255-261.

姚蓬娟，王春乙，张继权，2016. 长江中下游地区双季早稻冷害、热害危险性评价[J]. 地球科学进展，31(5)：503-514.

姚世博，姜大膀，范广洲，2018. 中国降水季节性的预估[J]. 大气科学，42(6)：1378-1392.

姚玉璧，王润元，赵鸿，2013. 甘肃黄土高原不同海拔气候变化对马铃薯生育脆弱性的影响[J]. 干旱地区农业研究，31(2)：52-58.

姚玉璧，王润元，刘鹏枭，等，2016a. 气候暖干化对半干旱区马铃薯水分利用效率的影响[J]. 土壤通报，47(3)：594-598.

姚玉璧，雷俊，牛海洋，等，2016b. 气候变暖对半干旱区马铃薯产量的影响[J]. 生态环境学报，25(8)1264-1270.

姚玉璧，杨金虎，肖国举，等，2017. 气候变暖对马铃薯生长发育及产量影响研究进展与展望[J]. 生态环境学报，26(3)：538-546.

尤新媛，胡正华，张雪松，等，2019. 基于作物水分亏缺指数的江苏省冬小麦生长季干旱时空特征[J]. 江苏农业科学，47(2)：243-249.

张存杰，廖要明，段居琦，等，2016. 我国干湿气候区划研究进展[J]. 气候变化研究进展，12 (4)：261-267.

张存杰，刘海波，宋艳玲，等，2017. 气象干旱等级：GB/T 20481－2017[S]. 北京：中国标准出版社.

张存杰，王胜，宋艳玲，2014. 我国北方地区冬小麦干旱灾害风险评估[J]. 干旱气象，32(6)：883-893.

张继权，岗田宪夫，多多纳裕一，2006. 综合自然灾害风险管理——全面整合的模式与中国的战略选择[J]. 自然灾害学报，15(1)：29-37.

张继权，刘兴朋，严登华，2012. 综合灾害风险管理导论[M]. 北京：北京大学出版社.

张继权，刘兴朋，刘布春，2013 农业灾害风险管理//郑大玮，李茂松，霍治国. 农业灾害与减灾对策[M]. 北京：中国农业大学出版社.

张继权，王春乙，郭春明，等，2017. 玉米干旱风险评价方法：QX/T383－2017[S]. 北京：中国标准出版社.

张强，邹旭恺，肖风劲，等，2006. 气象干旱等级：GB/T 20481－2006 [S]. 北京：中国标准出版社.

张旭晖，居为民，2000. 江苏省近 40 年农业干旱发生规律[J]. 灾害学，15(3)：42-45.

张阳，王连喜，李琪，等，2018. 基于 WOFOST 模型的吉林省中西部春玉米灌溉模拟[J]. 中国农业气象，39(6)：411-420.

张玉静，王春乙，张继权，2015. 基于 SPEI 指数的华北冬麦区干旱时空分布特征分析[J]. 生态学报，35(21)：7097-7107.

赵林，武建军，吕爱锋，等，2011. 黄淮海平原及其附近地区干旱时空动态格局分析[J]. 资源科学，33(3)：468-476.

中国气象局，2014. 中国气象灾害年鉴(2013)[M]. 北京：气象出版社.

中国气象局，2015. 中国气象灾害年鉴(2014)[M]. 北京：气象出版社.

中国气象灾害大典编委会，2008. 中国气象灾害大典：综合卷[M]. 北京：气象出版社，

ABEDINPOUR M,SARANGI A,RAJPUT T B S,et al,2010. Performance evaluation of AquaCrop model for maize crop in a semi-arid environment[J]. Agricultural Water Management,110(3):55-66.

ALCANTARA-AYALA I,2002. Geomorphology,natural hazards,vulnerability and prevention of natural disasters in developing countries[J]. Geomorphology,47(2-4):107-124.

ALLEN R G,PEREIRA L S,RAES D,et al,1998. Crop Evapotranspiration-Guidelines for Computing Crop Water Requirements[M]. FAO Irrigation and Drainage Paper 56. Rome:United Nations Food and Agriculture Organization,15-86.

BOOMIRAJ K,2012. Assessing the Vulnerabilty of Indian Mustard to Climate Change:Climate change and Indian Mustard by using crop simulation model InfoCrop[M]. Lambert Academic Publishing.

BUDYKO M I,1948. Evaporation under Natural Conditions[M]. Leningrad:Gidrometeoizdat.

CHALLINOR A,WHEELER T,GARFORTH C et al,2009. Assessing the vulnerability of food crop systems in Africa to climate change[J]. Climatic Change,83 (3):381-399.

CUTTER S L,2003. The Vulnerability of Science and the Science of Vulnerability[J]. Annals of the Association of American Geographers,93(1):1-12.

IPCC,2012. Managing the Risks of Extreme Events and Disasters to Advance Climate Change Adaptation. A Special Report of Working Groups I and II of the Intergovernmental Panel on Climate Change[M]. Cambridge University Press,Cambridge,UK and New York,NY,USA.

MCKEE T B,DOESKIN N J,KIEIST J,1993. The Relationship of Drought Frequency and Duration to Time Scales [C]//Proc. 8th Conf. on Applied Climatology,American Meteorological Society,Boston,Massachusetts,179-184.

PALMER W C,1965. Meteorological drought[M]. Washington,D C:U. S. Department of Commerce,Weather Bureau,58.

PALMER W C,1968. Keeping track of crop moisture conditions,nationwide:the new crop moisture index [J]. Weather Wise,21(4):156-161.

SHAFER B A,DEZMAN L E,1982. Development of a Surface Water Supply Index (SWSI) to assess the severity of drought conditions in snowpack runoff areas [C]//Proceedings of the 50th Annual Western Snow Conference. Colorado State University,Fort Collins.

VICENTS-SERRANO S M,BEGUERIA S,LOPES-MORENO J I,2010. A multi-scalar drought index sensitive to global warming:the standardized precipitation evapotranspiration index[J]. Journal of Climate,23 (7):1696-1718.

WANG Rui,ZHANG Jiquan,GUO Enliang,et al,2019. Integrated drought risk assessment of multi-hazard-affected bodies based on copulas in the Taoerhe Basin,China[J]. Theoretical and Applied Climatology,135: 577-592.

WANG Rui,ZHAO Chunli,ZHANG Jiquan,et al,2018a. Bivariate copula function? based spatial-temporal characteristics analysis of drought in Anhui Province,China. Meteorology and Atmospheric Physics. 131 (5):1341-1355.

WANG Ying,ZHAO Wen,ZHANG Qiang,et al,2018b. Characteristics of drought vulnerability for maize in the eastern part of Northwest China[J]. Scientific Reports,9:1-9.

WILLIAMS,J R,JONES C A,DYKE P T,1984. A modeling approach to determining the relationship between erosion and soil productivity. Trans. ASAE 27(1):129-144.

XIAO Jinfeng,2014. Satellite evidence for significant biophysical consequences of the "Grain for Green" Program on the Loess Plateau in China [J]. Journal of Geophysical Research-Biogeosciences,119(12): 2261-2275.

XU Yin,ZHOU Botao,WU Jie,et al,2017. Asian climate change in response to four global warming targets [J]. Climate Change Research,13(4):306-315.

ZHANG Qi,ZHANG Jiquan,2016. Drought hazard assessment in typical corn cultivated areas of China at present and potential climate change[J]. Natural Hazards,81:1323-1331.

ZHANG Qi,HU Zhenghua,2018. Assessment of drought during corn growing season in Northeast China[J]. Theoretical and Applied Climatology,133:1315-1321.

附录1　气象干旱等级(GB/T 20481—2017)

1　范围

本标准规定了气象干旱指数的计算方法、等级划分标准以及干旱过程的确定方法。

本标准适用于气象、农业、水文等相关领域的干旱监测、评估业务与科研。

2　规范性引用文件

下列文件对于本文件的应用是必不可少的。凡是注日期的引用文件，仅注日期的版本适用于本文件。凡是不注日期的引用文件，其最新版本(包括所有的修改单)适用于本文件。

GB/T 32135　区域旱情等级

GB/T 32136　农业干旱等级

3　术语和定义

下列术语和定义适用于本文件。

3.1　气象干旱(meteorological drought)

某时段内，由于蒸散量和降水量的收支不平衡，水分支出大于水分收入而造成地表水分短缺的现象。

3.2　气象干旱指数(meteorological drought index)

根据气象干旱形成的原理，构建由降水量、蒸散量等要素组成的综合指标，用于监测或评价某区域某时间段内由于天气气候异常引起的地表水分短缺的程度。

3.3　气象干旱等级(grades of meteorological drought)

描述气象干旱程度的级别。

3.4　降水量距平百分率(precipitation anomaly in percentage，PA)

某时段的降水量与同期气候平均降水量之差除以同期气候平均降水量的百分比，单位用%表示。

3.5　潜在蒸散量(potential evapotranspiration，PET)

在下垫面足够湿润条件下，水分保持充分供应的蒸散量，单位用 mm 表示。

3.6　相对湿润度指数(relative moisture index，MI)

某时段的降水量与同期潜在蒸散量之差除以同期潜在蒸散量的值。

3.7 标准化降水指数(standardized precipitation index,SPI)

假设某时间段降水量服从 Γ 概率分布,对其经过正态标准化处理得到的指数。

3.8 标准化降水蒸散指数(standardized precipitation evapotranspiration index,SPEI)

假设某时间段降水量与潜在蒸散量之差服从 log-logistic 概率分布,对其经过正态标准化处理得到的指数。

3.9 帕默尔干旱指数(Palmer drought severity index,PDSI)

基于土壤水分平衡原理,考虑降水量、蒸散量、径流量和土壤有效储水量等要素,由帕默尔(Wayne C. Palmer)等提出而建立的一种干旱指数。

3.10 气象干旱综合指数(meteorological drought composite index,MCI)

综合考虑前期不同时间段降水和蒸散对当前干旱的影响而构建的一种干旱指数。

4 降水量距平百分率

4.1 概述

降水量距平百分率(PA)是用于表征某时段降水量较常年值偏多或偏少的指标之一,能直观反映降水异常引起的干旱,一般适用于半湿润、半干旱地区平均气温高于 10 ℃时间段的干旱事件的监测和评估。

4.2 降水量距平百分率干旱等级

依据降水量距平百分率(PA)划分的干旱等级见表 1。

表 1 降水量距平百分率干旱等级划分表

等级	类型	降水量距平百分率(%)		
		月尺度	季尺度	年尺度
1	无旱	−40<PA	−25<PA	−15<PA
2	轻旱	−60<PA≤−40	−50<PA≤−25	−30<PA≤−15
3	中旱	−80<PA≤−60	−70<PA≤−50	−40<PA≤−30
4	重旱	−95<PA≤−80	−80<PA≤−70	−45<PA≤−40
5	特旱	PA≤−95	PA≤−80	PA≤−45

4.3 降水量距平百分率计算方法

降水量距平百分率的计算原理和方法见附录 A。

5 相对湿润度指数

5.1 概述

相对湿润度指数(MI)是用于表征某时段降水量与蒸散量平衡状况的指标之一。本指数反映作物生长季节大气中的水分平衡特征,适用于作物生长季节月以上尺度的干旱监测和评估。

5.2 相对湿润度指数干旱等级

依据相对湿润度指数划分的干旱等级见表2。

表2 相对湿润度干旱等级的划分表

等级	类型	相对湿润度
1	无旱	$-0.40<MI$
2	轻旱	$-0.65<MI\leqslant-0.40$
3	中旱	$-0.80<MI\leqslant-0.65$
4	重旱	$-0.95<MI\leqslant-0.80$
5	特旱	$MI\leqslant-0.95$

5.3 相对湿润度指数计算方法

相对湿润度指数的计算原理和方法见附录B,其中潜在蒸散量的计算方法见附录C。

6 标准化降水指数

6.1 概述

标准化降水指数(SPI)是用以表征某时段降水量出现概率多少的指标,该指标适用于不同地区不同时间尺度干旱的监测与评估。

6.2 标准化降水指数干旱等级

依据标准化降水指数划分的干旱等级见表3。

表3 标准化降水指数干旱等级划分表

等级	类型	SPI
1	无旱	$-0.5<SPI$
2	轻旱	$-1.0<SPI\leqslant-0.5$
3	中旱	$-1.5<SPI\leqslant-1.0$
4	重旱	$-2.0<SPI\leqslant-1.5$
5	特旱	$SPI\leqslant-2.0$

6.3 标准化降水指数计算方法

标准化降水指数的计算原理和方法见附录D。

7　标准化降水蒸散指数

7.1　概述

标准化降水蒸散指数(SPEI)是用于表征某时段降水量与蒸散量之差出现概率多少的指标,该指标适合于半干旱、半湿润地区不同时间尺度干旱的监测与评估。

7.2　标准化降水蒸散指数干旱等级

依据标准化降水蒸散指数划分的干旱等级见表4。

表4　标准化降水蒸散指数干旱等级划分表

等级	类型	SPEI
1	无旱	−0.5<SPEI
2	轻旱	−1.0<SPEI≤−0.5
3	中旱	−1.5<SPEI≤−1.0
4	重旱	−2.0<SPEI≤ −1.5
5	特旱	SPEI≤−2.0

7.3　标准化降水蒸散指数计算方法

标准化降水蒸散指数的计算原理和方法见附录E。

8　帕默尔干旱指数

8.1　概述

帕默尔干旱指数(PDSI)依据土壤水分平衡原理建立,用于表征某时间段某地区土壤实际水分供应相对于当地气候适宜水分供应的亏缺程度。针对不同的地区,需要对计算公式中用到的各种参数进行修订。该指数适用于月以上尺度的干旱监测和评估。

8.2　帕默尔干旱指数干旱等级

依据帕默尔干旱指数划分的干旱等级见表5。

表5　帕默尔干旱指数干旱等级划分表

等级	类型	PDSI
1	无旱	−1.0<PDSI
2	轻旱	−2.0<PDSI≤−1.0
3	中旱	−3.0<PDSI≤−2.00
4	重旱	−4.0<PDSI≤−3.0
5	特旱	PDSI≤−4.0

8.3 帕默尔干旱指数计算方法

帕默尔干旱指数的计算原理和方法见附录F。

9 气象干旱综合指数

9.1 概述

干旱是由于降水长期亏缺和近期亏缺综合效应累加的结果，气象干旱综合指数(MCI)考虑了60 d内的有效降水(权重累积降水)、30 d内蒸散(相对湿润度)以及季度尺度(90 d)降水和近半年尺度(150 d)降水的综合影响。该指数考虑了业务服务的需求，增加了季节调节系数。该指数适用于作物生长季逐日气象干旱的监测和评估。干旱影响程度依据GB/T 32135—2015确定。

9.2 气象干旱综合指数等级

依据气象干旱综合指数划分的气象干旱等级见表6。

表6　气象干旱综合指数等级的划分表

等级	类型	MCI	干旱影响程度
1	无旱	$-0.5<\mathrm{MCI}$	地表湿润，作物水分供应充足；地表水资源充足，能满足人们生产、生活需要
2	轻旱	$-1.0<\mathrm{MCI}\leqslant-0.5$	地表空气干燥，土壤出现水分轻度不足，作物轻微缺水，叶色不正；水资源出现短缺，但对生产、生活影响不大
3	中旱	$-1.5<\mathrm{MCI}\leqslant-1.0$	土壤表面干燥，土壤出现水分不足，作物叶片出现萎蔫现象；水资源短缺，对生产、生活造成影响
4	重旱	$-2.0<\mathrm{MCI}\leqslant-1.5$	土壤水分持续严重不足，出现干土层(1～10 cm)，作物出现枯死现象；河流出现断流，水资源严重不足，对生产、生活造成较重影响
5	特旱	$\mathrm{MCI}\leqslant-2.0$	土壤水分持续严重不足，出现较厚干土层(大于10 cm)，作物出现大面积枯死；多条河流出现断流，水资源严重不足，对生产、生活造成严重影响

9.3 气象干旱综合指数计算方法

气象干旱综合指数(MCI)的计算见式(1)：

$$\mathrm{MCI}=K_a\times(a\times \mathrm{SPIW}_{60}+b\times \mathrm{MI}_{30}+c\times \mathrm{SPI}_{90}+d\times \mathrm{SPI}_{150}) \tag{1}$$

式中，MCI为气象干旱综合指数；MI_{30}为近30天相对湿润度指数，计算方法见附录B；SPI_{90}为近90天标准化降水指数，计算方法见附录D；SPI_{150}为近150天标准化降水指数，计算方法见附录D；SPIW_{60}为近60天标准化权重降水指数，计算方法见附录G；a为SPIW_{60}项的权重系数，北方及西部地区取 0.3，南方地区取 0.5；b 为 MI_{30} 项的权重系数，北方及西部地区取 0.5，南方地区取 0.6；c 为 SPI_{90} 项的权重系数，北方及西部地区取 0.3，南方地区取 0.2；d 为 SPI_{150} 项的权重系数，北方及西部地区取 0.2，南方地区取 0.1；K_a 为季节调节系数，根据不同季节各地主要农作物生长发育阶段对土壤水分的敏感程度确定(参见 GB/T 32136—2015)，取值方法参见附录 H。

注：本标准中北方及西部地区指我国西北、东北、华北和西南地区，南方地区指我国华南、华中、华东地区等地。

附录 A：降水量距平百分率的计算方法

降水量距平百分率反映某一时段降水量与同期平均状态的偏离程度，按式(A.1)计算：

$$PA = \frac{P - \bar{P}}{\bar{P}} \times 100\% \tag{A.1}$$

式中，PA 为某时段降水量距平百分率，用%表示；P 为某时段降水量，单位为 mm；$\bar{P}$ 为计算时段同期气候平均降水量，单位为 mm，按式(A.2)计算。

$$\bar{P} = \frac{1}{n}\sum_{i=1}^{n} P_i \tag{A.2}$$

式中，n 一般取 30，指 30 日(月或年)；P_i 为计算时段第 i 日(月或年)降水量，单位为 mm。

附录 B：相对湿润度指数的计算方法

相对湿润度指数为某段时间的降水量与同时段内潜在蒸散量之差再除以同时段内潜在蒸散量得到的指数，按式(B.1)计算：

$$MI = \frac{P - PET}{PET} \tag{B.1}$$

式中，MI 为某时段相对湿润度，P 为某时段的降水量(单位为 mm)，PET 为某时段的潜在蒸散量(用 FAO Penman-Monteith 或 Thornthwaite 方法计算，单位为 mm)。

附录 C：潜在蒸散量的计算方法

C.1 潜在蒸散量的计算

本标准推荐两种方法计算潜在蒸散量，即 Thornthwaite 方法和 FAO Penman-Monteith 方法。FAO Penman-Monteith 方法计算误差小，但需要的气象要素多，Thornthwaite 方法计算相对简单，需要的气象要素少，但有一定的局限性。使用者请根据资料条件选择合适的计算方法。

C.2 Thornthwaite 方法

Thornthwaite 方法求算潜在蒸散量是以月平均温度为主要依据，并考虑纬度因子（日照长度）建立的经验公式，需要输入的因子少，计算方法简单：

$$PET = 16.0 \times \left(\frac{10T_i}{H}\right)^A \tag{C.1}$$

式中，PET 为潜在蒸散量，此处是指月的潜在蒸散量，单位为 mm/month；T_i 为月的平均气温，单位为℃；H 为年热量指数；A 为常数。

各月热量指数 H_i 由下式计算：

$$H_i = \left(\frac{T_i}{5}\right)^{1.514} \tag{C.2}$$

年热量指数 H 为

$$H = \sum_{i=1}^{12} H_i = \sum_{i=1}^{12} \left(\frac{T_i}{5}\right)^{1.514} \tag{C.3}$$

常数 A 由下式计算：

$$A = 6.75 \times 10^{-7} H^3 - 7.71 \times 10^{-5} H^2 + 1.792 \times 10^{-2} H + 0.49 \tag{C.4}$$

当月平均气温 $T \leqslant 0$ ℃时，月热量指数 $H=0$，潜在蒸散量 PET=0[mm/month]。

C.3 FAO Penman-Monteith 方法

C.3.1 FAO Penman-Monteith 方法介绍

FAO Penman-Monteith 方法是世界粮农组织（FAO）推荐计算潜在蒸散量的方法。这里，定义潜在蒸散量为一种假想参照作物冠层的蒸散速率。假设作物植株高度为 0.12 m，固定的作物表面阻力为 70 s/m，反射率为 0.23，非常类似于表面开阔、高度一致、生长旺盛、完全遮盖地面而水分充分适宜的绿色草地的蒸散量。FAO Penman-Monteith 修正公式表达如下：

$$PET = \frac{0.408\Delta(R_n - G) + \gamma \dfrac{900}{T_{mean} + 273} u_2 (e_s - e_a)}{\Delta + \gamma(1 + 0.34u_2)} \tag{C.5}$$

式中，PET 为潜在蒸散量，单位为 mm/d；R_n 为地表净辐射，单位为 MJ/(m · d)；G 为土壤热通量，单位为 MJ/(m^2 · d)；T_{mean} 为日平均气温，单位为℃；u_2 为距地表 2 m 高处风速，单位为 m/s；e_s 为饱和水汽压，单位为 kPa；e_a 为实际水汽压，单位为 kPa；Δ 为饱和水汽压曲线斜率，单位为 kPa/℃；γ 为干湿表常数，单位为 kPa/℃。

C.3.2 FAO Penman-Monteith 方法潜在蒸散量计算步骤

C.3.2.1 计算日平均气温（T_{mean}）

由于 FAO Penman-Monteith 公式中温度资料的非线性分布，某时段的平均气温以该时段的日最高气温、日最低气温计算得来。月、季、年的日最高气温、日最低气温为月、季、年日最高气温、日最低气温的总和除以月、季、年的总日数得到。FAO Penman-Monteith 公式中用到的日平均气温(T_{mean}),建议由日最高气温(T_{max})和日最低气温(T_{min})的平均值计算得到,而不是当日 24 h 逐时(或一日 4 次、8 次)观测气温的平均值。

$$T_{mean}=\frac{T_{max}+T_{min}}{2} \tag{C.6}$$

式中,T_{mean} 为日平均气温,单位为℃;T_{max} 为日最高气温,单位为℃;T_{min} 为日最低气温,单位为℃。

C.3.2.2 计算 2 m 高处风速 (u)

在计算潜在蒸散时,需要距地表 2 m 高处测量的风速。其他高度观测到的风速可以根据下式进行订正:

$$u_2=u_z\frac{4.87}{\ln(67.8z-5.42)} \tag{C.7}$$

式中,u_2 为距地表 2 m 高处的风速,单位为 m/s;u_z 为距地表 z m 高处测量的风速,单位为 m/s;z 为风速计仪器安放的离地面高度,单位为 m。

C.3.2.3 计算平均饱和水汽压(e_s)

饱和水汽压 e_0 与气温相关,计算公式如下:

$$e_0(T)=0.6108\times\exp\left[\frac{17.27T}{T+237.3}\right] \tag{C.8}$$

式中,$e_0(T)$为气温为 T 时的饱和水汽压,单位为 kPa;T 为空气温度,单位为℃。

由于饱和水汽压方程(C.8)的非线性,日、旬、月等时间段的平均饱和水汽压应当以该时段的日最高气温、日最低气温计算出来的饱和水汽压的平均值来计算:

$$e_s=\frac{e_0(T_{max})+e_0(T_{min})}{2} \tag{C.9}$$

式中,e_s 为平均饱和水汽压,单位为 kPa;$e_0(T_{max})$为日最高气温(T_{max})时的饱和水汽压,单位为 kPa;$e_0(T_{min})$为日最低气温(T_{min})时的饱和水汽压,单位为 kPa。

如果用平均气温代替日最高气温和日最低气温会造成偏低估计饱和水汽压 e_s 的值,相应的饱和水汽压与实际水汽压的差减少,最终的潜在蒸散量的计算结果也会减少。

C.3.2.4 计算实际水汽压(e_a)

实际水汽压 e_a 就是露点温度 T_{dew}下的饱和水汽压,单位为 kPa。实际水汽压计算公式:

$$e_a=e_0(T_{dew})=0.6108\times\exp\left[\frac{17.27T_{dew}}{T_{dew}+237.3}\right] \tag{C.10}$$

式中,e_a 为实际水汽压,单位为 kPa;T_{dew}为露点温度,单位为℃;$e_0(T_{dew})$为露点温度(T_{dew})下的饱和水汽压,单位为 kPa。

C.3.2.5 计算饱和水汽压曲线斜率(Δ)

饱和水汽压与温度的斜率 Δ 的计算公式:

$$\Delta=\frac{4098\times\left[0.6108\times\exp\left(\frac{17.27T}{T+237.3}\right)\right]}{(T+237.3)^2} \tag{C.11}$$

式中,Δ 为气温(T)时的饱和水汽压斜率,单位为 kPa/℃;T 为空气温度,单位为℃。

C.3.2.6 计算土壤热通量(G)

运用复杂模式可以计算土壤热通量。相对于净辐射(R_n)来说,土壤热通量(G)是很小的量,特别是当地表被植被覆盖、计算时间尺度是 24 h 或更长时。当计算较长的时间尺度时,下面的简化公式可以用来计算土壤热通量：

$$G = c_s \frac{T_i - T_{i-1}}{\Delta t} \Delta z \tag{C.12}$$

式中，G 为土壤热通量，单位为 MJ/(m^2 · d)；c_s 为土壤热容量，单位为 MJ/(m^3 · ℃)；T_i 为时刻 i 时的空气温度，单位为℃；T_{i-1} 为时刻 $i-1$ 时的空气温度，单位为℃；Δt 为时间步长，单位为 d；Δz 为有效土壤深度，单位为 m。

土壤热容量与土壤组成成分和水分含量有关。

1～10 d 的时间尺度，参考草地的土壤热容量相当小，可以忽略不计：

$$G_{day} \approx 0 \tag{C.13}$$

月时间尺度，假设在适当的土壤深度、土壤热容量为常数 2.1 MJ/(m^3 · ℃)时，由方程(C.14)可以估算月土壤热通量 G：

$$G = c_s \frac{T_i - T_{i-1}}{\Delta t} \Delta z = \frac{c_s \Delta z}{\Delta t}(T_{momth,i} - T_{month,i-1}) = 0.14(T_{month,i} - T_{month,i-1}) \tag{C.14}$$

式中，$T_{month,i}$ 为第 i 月时的平均气温，单位为℃；$T_{month,i-1}$ 为上月平均气温，单位为℃。

C.3.2.7 计算干湿表常数(γ)

干湿表常数 γ 由下式计算得到：

$$\gamma = \frac{c_p p}{\varepsilon \lambda} = 0.665 \times 10^{-3} p \tag{C.15}$$

式中，γ 为干湿表常数，单位为 kPa/℃；λ 为蒸发潜热，取值 2.45 MJ/kg；c_p 为空气定压比热，取值 1.013×10^{-3} MJ/(kg · ℃)；ε 为水与空气的分子量之比，取值 0.622；z 为当地的海拔高度，单位为 m；p 为大气压，单位为 kPa，无观测值时，可由公式(C.16)计算。

$$p = 101.3 \times \left(\frac{293 - 0.0065z}{293}\right)^{5.26} \tag{C.16}$$

C.3.2.8 计算地表净辐射(R_n)

净辐射(R_n)是收入的短波净辐射 R_{ns} 和支出的长波净辐射 R_{nl} 之差：

$$R_n = R_{ns} - R_{nl} \tag{C.17}$$

式中，R_n 为净辐射，单位为 MJ/(m^2 · d)；R_{ns} 为太阳净辐射或短波净辐射，单位为 MJ/(m^2 · d)；R_{nl} 为长波净辐射，单位为 MJ/(m^2 · d)。

计算地表净辐射的步骤如下：

第一步计算地球外辐射(R_a)。不同纬度一年中每日的地球外辐射(R_a)可以由太阳常数、太阳磁偏角和这一天在一年中的位置来估计：

$$R_a = \frac{24 \times 60}{\pi} G_{sc} d_r [\omega_s \sin\varphi \sin\delta + \cos\varphi \cos\delta \sin\omega_s] \tag{C.18}$$

式中，R_a 为地球外辐射，单位为 MJ /(m^2 · d)；G_{sc} 为太阳常数，取值 0.0820 MJ/(m^2 · min)；d_r 为反转日地平均距离，由方程(C.19)计算；ω_s 为日落时角，单位为 rad，由方程(C.21)和(C.22)计算；φ 为纬度，单位为 rad；δ 为太阳磁偏角，单位为 rad，由方程(C.20)计算。

日地平均距离(d_r)和太阳磁偏角 δ 由下式计算：

$$d_r = 1 + 0.033\cos\left(\frac{2\pi}{365}J\right) \tag{C.19}$$

$$\delta = 0.408 \sin\left(\frac{2\pi}{365}J - 1.39\right) \tag{C.20}$$

式中，J 为日序，取值范围为 1 到 365 或 366，1 月 1 日取日序为 1。

日落时角（ω_s）由下式计算：

$$\omega_s = \arccos[-\tan\varphi\tan\delta] \tag{C.21}$$

如果在所使用的计算机语言中没有反余弦函数，日落时角 ω_s 也可以用反正切函数计算：

$$\omega_s = \frac{\pi}{2} - \arctan\left[\frac{-\tan\varphi\tan\delta}{X^{0.5}}\right] \tag{C.22}$$

式中，

$$X = 1 - \tan^2\varphi\tan^2\delta \tag{C.23}$$

如果 $X \leqslant 0$，$X = 0.00001$。

第二步计算可日照时数（N），由下式计算：

$$N = \frac{24}{\pi}\omega_s \tag{C.24}$$

式中，N 为可日照时角；ω_s 为由式（C.21）或（C.22）计算的日落时角。

第三步计算太阳辐射（R_s），如果没有太阳辐射（R_s）的观测值，可以由太阳辐射与地球外辐射和相对日照的关系公式求得：

$$R_s = (a_s + b_s\frac{n}{N})R_a \tag{C.25}$$

式中，R_s 为太阳辐射或短波辐射，单位为 $MJ/(m^2 \cdot d)$；n 为实际日照时数，单位为 h；N 为最大可能日照时数，单位为 h；n/N 为相对日照；R_a 为地球外辐射，单位为 $MJ/(m^2 \cdot d)$；a_s 表示阴天（$n=0$）时到达地球表面的地球外辐射的透过系数；$a_s + b_s$ 为晴天（$n=N$）时到达地球表面的地球外辐射透过率。

a_s 和 b_s 随大气状况（湿度、尘埃）和太阳磁偏角（纬度和月份）而变化。当没有实际的太阳辐射资料和经验参数可以利用时，推荐使用 $a_s=0.25$，$b_s=0.50$。

第四步计算太阳净辐射或短波净辐射（R_{ns}）。地表短波净辐射由接收和反射的太阳辐射的平衡来计算：

$$R_{ns} = (1 - \alpha)R_s \tag{C.26}$$

式中，R_{ns} 为太阳净辐射或短波净辐射，单位为 $MJ/(m^2 \cdot d)$；α 为反照率，此处取绿色草地参考作物的反照率 0.23；R_s 为接收的太阳辐射，单位为 $MJ/(m^2 \cdot d)$。

第五步计算晴空太阳辐射（R_{so}）。在接近海平面或者 a_s 和 b_s 有经验参数可以利用时，晴空太阳辐射由下式计算：

$$R_{so} = (a_s + b_s)R_a \tag{C.27}$$

式中，R_{so} 为晴空太阳辐射，单位为 $MJ/(m^2 \cdot d)$；$a_s + b_s$ 为晴天（$n=N$）时到达地球表面的地球外辐射透过率；R_a 为地球外辐射，单位为 $MJ/(m^2 \cdot d)$。

在没有 a_s 和 b_s 的经验值可以利用时，以下式计算晴空太阳辐射：

$$R_{so} = (0.75 + 2 \times 10^{-5} z)R_a \tag{C.28}$$

式中，z 为站点海拔高度，单位为 m。

第六步计算长波净辐射（R_{nl}）。长波辐射与地表绝对温度的 4 次幂成比例关系，这种关系可以由斯蒂芬-波尔兹曼定律（Stefan-Boltzmann law）定量表示。然而，由于大气的吸收和向下辐射，地表的净能量通量要少于用斯蒂芬-波尔兹曼定律计算出来的值。水汽、云、二氧化碳和尘埃都能吸收和释放长波辐射,在估算净支出辐射通量时应当知道它们的浓度。由于湿度和云量的影响大,因此在使用斯蒂芬-波尔兹曼定律估算长波辐射净支出通量时,用这两个因子进行订正,并假设其他吸收体的浓度为常数:

$$R_{nl} = \sigma\left[\frac{T_{max,K}^4 + T_{min,K}^4}{2}\right](0.34 - 0.14\sqrt{e_a})(1.35\frac{R_s}{R_{so}} - 0.35) \tag{C.29}$$

式中,R_{nl}为长波净辐射,单位为 MJ/(m² · d);σ 为斯蒂芬-波尔兹曼常数,数值为 4.903×10^{-9} MJ/(K⁴ · m² · d);$T_{max,K}$ 为一天(24 小时)中最高绝对温度,单位为 K(K=℃+273.16);$T_{min,K}$为一天(24 小时)中最低绝对温度,单位为 K(K=℃+273.16);e_a 为实际水汽压,单位为 kPa;R_s 为太阳辐射,单位为 MJ/(m² · d);R_{so}为晴空辐射,单位为 MJ/(m² · d);R_s/R_{so}为相对短波辐射 (≤1.0);$(0.34-0.14\sqrt{e_a})$为空气湿度的订正项,如果空气湿度升高,该项的值将变小;$(1.35-R_s/R_{so}-0.35)$为云的订正项,如果云量增大,R_s 将减少,该项的值也相应减少。

附录 D:标准化降水指数(SPI)的计算方法

由于降水量一般不是正态分布,而是一种偏态分布。因此,在进行降水分析和干旱监测、评估中,采用 Γ 分布概率来描述降水量的变化。标准化降水指标(简称 SPI)就是在计算出某时段内降水量的 Γ 分布概率后,再进行正态标准化处理,最终用标准化降水累积频率分布来划分干旱等级。

标准化降水指数(SPI)的计算步骤为

a)　假设某时段降水量为随机变量(x),则其 Γ 分布的概率密度函数为

$$f(x) = \frac{1}{\beta^\gamma \Gamma(\gamma)} x^{\gamma-1} e^{-x/\beta} \qquad x > 0 \tag{D.1}$$

式中,$\beta>0$,$\gamma>0$ 分别为尺度和形状参数,β 和 γ 可用极大似然估计方法求得:

$$\hat{\gamma} = \frac{1+\sqrt{1+4A/3}}{4A} \tag{D.2}$$

$$\hat{\beta} = \bar{x}/\hat{\gamma} \tag{D.3}$$

其中,

$$A = \lg\bar{x} - \frac{1}{n}\sum_{i=1}^{n}\lg x_i \tag{D.4}$$

式中,x_i 为降水量资料样本;$\bar{x}$ 为降水量气候平均值。

确定概率密度函数中的参数后,对于某一年的降水量(x_0),可求出随机变量(x)小于 x_0 事件的概率为

$$F(x < x_0) = \int_0^{x_0} f(x)\mathrm{d}x \tag{D.5}$$

利用数值积分可以计算用式(D.1)代入式(D.5)后的事件概率近似估计值。

b)　降水量为 0 时的事件概率由下式估计:

$$F(x = 0) = m/n \tag{D.6}$$

式中,m 为降水量为 0 的样本数;n 为总样本数。

c) 对 Γ 分布概率进行正态标准化处理，即将式(D.5)、式(D.6)求得的概率值代入标准化正态分布函数，即

$$F(x < x_0) = \frac{1}{\sqrt{2\pi}}\int_0^{x_0} e^{-z^2/2} dx \tag{D.7}$$

对式(D.7)进行近似求解可得：

$$Z = S\left[t - \frac{(c_2 t + c_1)t + c_0}{((d_3 t + d_2)t + d_1)t + 1.0}\right] \tag{D.8}$$

式中，$t=\sqrt{\ln \frac{1}{F^2}}$，$F$ 为式(D.5)或式(D.6)求得的概率；并当 $F>0.5$ 时，F 值取 $1.0-F$，$S=1$；当 $F\leqslant 0.5$ 时，$S=-1$。$c_0=2.515517$，$c_1=0.802853$，$c_2=0.010328$，$d_1=1.432788$，$d_2=0.189269$，$d_3=0.001308$。

由式(D.8)求得的 Z 值就是此标准化降水指数(SPI)。

附录 E:标准化降水蒸散指数的计算方法

E.1 标准化降水蒸散指数原理

干旱不仅受到降水量大小的影响，而且与蒸散量也密切相关。2010 年 Vicente-Serrano 采用降水量与蒸散量的差值构建了 SPEI 指数，并采用了 3 个参数的 log-logistic 概率分布函数来描述其变化，通过正态标准化处理，最终用标准化降水量与蒸散量差值的累积频率分布来划分干旱等级。

E.2 标准化降水蒸散指数计算步骤

第一步计算潜在蒸散(PET)。Vicente-Serrano 推荐的是 Thornthwaite 方法，该方法的优点是考虑了温度变化，能较好反映地表潜在蒸散。

第二步用式(E.1)计算逐月降水量与潜在蒸散量的差值：

$$D_i = P_i - \mathrm{PET}_i \tag{E.1}$$

式中，D_i 为降水量与潜在蒸散量的差；P_i 为月降水量；PET_i 为月潜在蒸散量，计算方法见式(C.1)。

第三步如同 SPI 方法，对 D_i 数据序列进行正态化处理，计算每个数值对应的 SPEI 指数。由于原始数据序列(D_i)中可能存在负值，因此 SPEI 指数采用了 3 个参数的 log-logistic 概率分布。log-logistic 概率分布的累积函数为

$$F(x) = \left[1 + \left(\frac{\alpha}{x-\gamma}\right)^{\beta}\right]^{-1} \tag{E.2}$$

式中，参数 α、β、γ 分别采用线性矩阵方法拟合获得：

$$\alpha = \frac{(W_0 - 2W_1)\beta}{\Gamma(1+1/\beta)\Gamma(1-1/\beta)} \tag{E.3}$$

$$\beta = \frac{(2W_1 - W_0)}{(6W_1 - W_0 - 6W_2)} \tag{E.4}$$

$$\gamma = W_0 - \alpha\Gamma(1 + 1/\beta)\Gamma(1 - 1/\beta) \tag{E.5}$$

式中，Γ 为阶乘函数，W_0、W_1、W_2 为原始数据序列 D_i 的概率加权矩。计算方法如下：

$$W_s = \frac{1}{N}\sum_{i=1}^{N}(1 - F_i)^s D_i \tag{E.6}$$

$$F_i = \frac{i - 0.35}{N} \tag{E.7}$$

式中，N 为参与计算的月份数。

对累积概率密度进行标准化：

$$P = 1 - F(x) \tag{E.8}$$

当累积概率 $P \leqslant 0.5$ 时：

$$W = \sqrt{-2\ln P} \tag{E.9}$$

$$\mathrm{SPEI} = W - \frac{c_0 - c_1 W + c_2 W^2}{1 + d_1 W + d_2 W^2 + d_3 W^3} \tag{E.10}$$

式中，$c_0 = 2.515517$，$c_1 = 0.802853$，$c_2 = 0.010328$，$d_1 = 1.432788$，$d_2 = 0.189269$，$d_3 = 0.001308$。

当 $P > 0.5$ 时，P 值取 $1 - P$：

$$\mathrm{SPEI} = -\left(W - \frac{c_0 - c_1 W + c_2 W^2}{1 + d_1 W + d_2 W^2 + d_3 W^3}\right) \tag{E.11}$$

附录 F:帕默尔干旱指数的计算方法

F.1　帕默尔干旱指数原理

帕默尔干旱指数(PDSI，Palmer drought severity index)是表征在一段时间内，该地区实际水分供应持续地少于当地气候适宜水分供应的水分亏缺情况。基本原理是土壤水分平衡原理。该指数是基于月值资料来设计的，指数经标准化处理，指数值一般在－6(干)和＋6(湿)之间变化，可以对不同地区、不同时间的土壤水分状况进行比较。PDSI 在计算水分收支平衡时，考虑了前期降水量和水分供需，物理意义明晰。

F.2　帕默尔干旱度指数计算方法

F.2.1　第一步计算水分异常指数(*Z*)

水分供需达到气候适应的水平衡方程表示如下：

$$\hat{P} = \widehat{\mathrm{ET}} + \hat{R} + \widehat{\mathrm{RO}} - \hat{L} \tag{F.1}$$

式中，$\hat{P}$ 为气候适宜降水量；$\widehat{\mathrm{ET}}$为气候适宜蒸散量；$\hat{R}$ 为气候适宜补水量；$\hat{L}$ 为气候适宜失水量；$\hat{RO}$为气候适宜径流量。

上述气候适宜值分别由下列方程计算：

$$\hat{ET} = \alpha PE \quad (F.2)$$

$$\hat{R} = \beta PR \quad (F.3)$$

$$\hat{RO} = \gamma PRO \quad (F.4)$$

$$\hat{L} = \delta PL \quad (F.5)$$

式中，PET 为潜在蒸散量，由 FAO Penman-Monteith 或 Thornthwaite 方法计算，计算方法见附录 C。

PR 为土壤可能水分供给量，计算方程：

$$PR = AWC - (S_s + S_u) \quad (F.6)$$

PRO 为可能径流，计算方程：

$$PRO = AWC - PR = S_s + S_u \quad (F.7)$$

PL 为土壤可能水分损失量，计算方程：

$$PL = PL_S + PL_U \quad (F.8)$$

$$PL_S = \min(PE, S_s) \quad (F.9)$$

即 PE 和 S_s 两者选小的。

$$PL_U = (PE - PL_S)S_u/AWC \quad (F.10)$$

式(F.6)～(F.10)中，AWC 为整层土壤田间有效持水量；S_s 为初始上层土壤有效含水量；S_u 为初始下层土壤有效含水量。

α、β、γ 、δ 分别为蒸散系数、土壤水供给系数、径流系数和土壤损失系数，每站每月分别有 4 个相应的常系数值，计算如下：

$$\alpha = \frac{\overline{ET}}{\overline{PE}} \quad (F.11)$$

$$\beta = \frac{(\overline{R})}{\overline{PR}} \quad (F.12)$$

$$\gamma = \frac{\overline{RO}}{\overline{PRO}} \quad (F.13)$$

$$\delta = \frac{(\overline{L})}{\overline{PL}} \quad (F.14)$$

各量上面的横线代表其多年平均值。$\overline{ET}$为平均实际蒸散量，$\overline{PET}$为平均潜在蒸散量，$\overline{R}$ 为平均土壤实际水分供给量，$\overline{PR}$为平均土壤可能水分供给量，$\overline{RO}$为平均实际径流量，$\overline{PRO}$为平均可能径流量，$\overline{L}$ 为平均实际土壤水分损失量，$\overline{PL}$为平均可能土壤水分损失量。

Palmer 假定土壤为上下两层模式，当上层土壤中的水分全部丧失，下层土壤才开始失去水分，而且下层土壤的水分不可能全部失去。在计算蒸散量、径流量、土壤水分交换量的可能值与实际值时，需要遵循一系列的规则和假定。另外，土壤有效持水量(AWC，available water holding capacity)也作为初始输入量。在计算 PDSI 过程中，实际值与正常值相比的水分距平 d 表示为实际降水量(P)与气候适宜降水量($\hat{P}$)的差：

$$d = P - \hat{P} \tag{F.15}$$

式中，d 为水分距平；P 为实际降水量；$\hat{P}$ 为气候适宜降水量。

为了使 PDSI 成为一个标准化的指数，水分距平(d)求出后，又将其与指定地点给定月份的气候权重系数(K)相乘，得出水分异常指数(Z)，也称 Palmer Z 指数，表示给定地点给定月份，实际气候干湿状况与其多年平均水分状态的偏离程度。

$$Z = dK \tag{F.16}$$

式中，Z 为水分异常指数，d 为水分距平；K 为气候权重系数。

气候权重系数(K)的取值由月份和地理位置决定，由式(F.17)计算。

F.2.2 第二步计算修正的气候特征系数(*K*)

式(F.16)的气候特征系数(K)，根据中国气候特点进行修正得：

$$K_i = \left(\frac{16.84}{\sum_{j=1}^{12} \overline{D}_j K'_j} \right) K'_i \tag{F.17}$$

其中，

$$K'_i = 1.6 \cdot \lg \left[\frac{\frac{\overline{PE}_i + \overline{R}_i + \overline{RO}_i}{\overline{P}_i + \overline{L}_i} + 2.8}{\overline{D}_i} \right] + 0.4 \tag{F.18}$$

式中，K 为气候特征系数或权重因子；i 表示第 i 个月，$i=1,2,\cdots,12$；$\sum_{j=1}^{12} \overline{D}_j K'_j$ 为多年平均年绝对水分异常，j 表示 1～12 月；$\overline{D}_i$ 为第 i 月的水分距平(d)的绝对值的多年平均值；$\overline{PET}_i$ 为第 i 月的平均潜在蒸散量；$\overline{R}_i$ 为第 i 月的平均土壤实际水分供给量；$\overline{RO}_i$ 为第 i 月的平均实际径流量；$\overline{P}_i$ 为第 i 月的平均实际降水量；$\overline{L}_i$ 为第 i 月的平均实际土壤水分损失量。

F.2.3 第三步建立修正帕默尔干旱指数

根据帕默尔旱度模式的思路，利用我国气象站资料对帕默尔旱度模式进行修正，得：

$$\mathrm{PDSI}_i = 0.755\mathrm{PDSI}_i + \frac{1}{1.63} Z_i \tag{F.19}$$

式中，$PDSI_i$ 为第 i 月 PDSI；Z_i 为 i 月水分异常指数；PDSI_{i-1} 为第 $i-1$ 月的 PDSI。

式(F.19)中的 0.755 和 $\frac{1}{1.63}$ 为持续因子，起始月份的 PDSI_i 的计算公式为

$$\mathrm{PDSI}_i = \frac{1}{1.63} Z_i \tag{F.20}$$

附录 G：标准化权重降水指数的计算方法

标准化权重降水指数(SPIW)首先对某一时段内逐日降水量进行加权累计，然后对权重累计的降水量(WAP，weighted average of precipitation)进行标准化处理而得到的指数，标准化处理方法见附录 D。

标准化降水权重指数的计算步骤为：

a)第一步计算权重累计降水量,按式(G.1)计算:

$$\mathrm{WAP} = \sum_{n=0}^{N} a^N P_n \qquad (G.1)$$

式中,WAP为权重累计降水量,单位为mm;N为某一时段的长度,单位为d;a为贡献参数,当N=60 d时,a取0.85;P_n为距离当天前第n天的降水量,单位为mm。

b)第二步计算标准化权重降水指数,按式(G.2)计算:

$$\mathrm{SPIW} = \mathrm{SPI}(\mathrm{WAP}) \qquad (G.2)$$

式中,SPIW为标准化权重降水指数;SPI为标准化处理,计算方法见附录C;WAP为权重累计降水量,单位为mm,计算见式(G.1)。

附录H:季节调节系数(K_a)的取值方法

季节调节系数(K_a),根据各地不同季节主要农作物生长发育阶段对土壤水分的敏感程度确定,一般取0.4~1.2。作物生长旺季(一般指3—9月),作物需水量较大,对土壤水分敏感度较高,K_a取值则较大(一般为1.0~1.2);作物生长初期或成熟期(一般指10月至次年2月),作物需水量较小,对土壤水分敏感度较低,则K_a取值较小(一般为0.4~1.0)。无农作物或非植被生长区域或常年干旱区,不考虑气象干旱,K_a一般取0。草原区和森林区可根据当地情况设定调节系数。

我国各省(市、区)不同月份的K_a取值参考值见表H.1,各地根据本地实际情况可以进行修正(参见GB/T 32136)。如用于逐日干旱监测,可把附表H.1中的值作为每月15日的值,其余日期的K_a值可通过线性插值获得。

表H.1　各省(区、市)不同月份季节调节系数(K_a)取值参考表

省(区、市)	农业气候区	月份											
		1	2	3	4	5	6	7	8	9	10	11	12
北京	小麦玉米区	0.4	0.8	1.0	1.2	1.2	1.2	1.2	1.0	1.0	0.8	0.6	0.4
天津		0.4	0.8	1.0	1.2	1.2	1.2	1.2	1.0	1.0	0.8	0.6	0.4
河北		0.4	0.8	1.0	1.2	1.2	1.2	1.2	1.0	1.0	0.8	0.6	0.4
山西		0.4	0.8	1.0	1.2	1.2	1.2	1.2	1.0	1.0	0.8	0.6	0.4
山东		0.4	0.8	1.0	1.2	1.2	1.2	1.2	1.0	1.0	0.8	0.6	0.4
河南		0.6	0.8	1.0	1.2	1.2	1.2	1.2	1.1	1.0	0.8	0.6	0.4
内蒙古	玉米区	0	0	0	0.6	1.0	1.2	1.2	1.0	0.9	0.4	0	0
辽宁		0	0	0	0.8	1.0	1.2	1.2	1.0	0.9	0.4	0	0
吉林		0	0	0	0.6	1.0	1.2	1.2	1.0	0.9	0.4	0	0
黑龙江		0	0	0	0.6	1.0	1.2	1.2	1.0	0.9	0.4	0	0

表 H.1 各省(区、市)不同月份季节调节系数 *Ka* 取值参考表(续)

省(区、市)	农业气候区	月份											
		1	2	3	4	5	6	7	8	9	10	11	12
湖北	冬小麦水稻区	1.0	1.0	1.1	1.2	1.0	1.2	1.2	1.2	1.0	1.0	1.0	1.0
安徽		1.0	1.0	1.1	1.2	1.0	1.2	1.2	1.2	1.0	1.0	1.0	1.0
江苏		1.0	1.0	1.1	1.2	1.0	1.2	1.2	1.2	1.0	1.0	1.0	1.0
浙江	水稻区	0.9	0.9	1.0	1.0	1.2	1.2	1.2	1.2	1.0	1.0	0.9	0.9
湖南		0.9	0.9	1.0	1.0	1.2	1.2	1.2	1.2	1.0	1.0	0.9	0.9
江西		0.9	0.9	1.0	1.0	1.2	1.2	1.2	1.2	1.0	1.0	0.9	0.9
福建		0.9	0.9	1.0	1.0	1.2	1.2	1.2	1.2	1.0	1.0	0.9	0.9
广东		0.9	0.9	1.0	1.0	1.2	1.2	1.2	1.2	1.0	1.0	0.9	0.9
广西		0.9	0.9	1.0	1.0	1.2	1.2	1.2	1.2	1.0	1.0	0.9	0.9
海南		0.9	0.9	1.0	1.0	1.2	1.2	1.2	1.2	1.0	1.0	0.9	0.9

表中给出的 Ka 值为作物种植区的季节调节系数，主要考虑了小麦、玉米和水稻三大粮食作物不同生育期对土壤水分的敏感程度，如果各地考虑其他农作物，可根据实际情况设定季节调节系数。

附录2　玉米干旱灾害风险评价方法
(QX/T 383—2017)

1　范围

本标准规定了玉米干旱灾害风险评价的指标、计算方法及等级划分。

本标准适用于玉米干旱灾害风险评价。

2　规范性引用文件

下列文件对于本文件的应用是必不可少的。凡是注日期的引用文件，仅注日期的版本适用于本文件。凡是不注日期的引用文件，其最新版本(包括所有的修改单)适用于本文件。

GB/T 20481 气象干旱等级

3　术语和定义

下列术语和定义适用于本文件。

3.1　玉米干旱灾害(maize drought disaster)

由于水分供应不足造成玉米体内水分失去平衡，发生水分亏缺，影响玉米正常生长发育，进而导致减产或绝收的农业气象灾害。

3.2　玉米干旱灾害风险(maize drought disaster risk)

玉米干旱发生的可能性及其可能造成的玉米产量损失的大小。

3.3　玉米干旱灾害危险性(maize drought disaster hazard)

某一地区某一时段造成玉米干旱灾害的自然变异因素程度及其导致玉米干旱灾害发生的可能性。

3.4　玉米干旱灾害暴露性(maize drought disaster exposure)

可能受到干旱灾害危险因素威胁的玉米种植数量。

3.5　玉米干旱灾害脆弱性(maize drought disaster vulnerability)

给定地区的玉米面对某一强度的干旱灾害致灾因子可能遭受的伤害或损失程度。

3.6　玉米干旱灾害防灾减灾能力(maize drought disaster emergency response & recovery capability)

受灾玉米种植区在长期和短期内对干旱灾害预防、抗御和恢复的能力。

4　玉米干旱灾害风险评价计算方法

4.1　玉米干旱灾害风险指数

玉米干旱灾害风险指数按式(1)计算：

$$R_{\mathrm{ADRI}} = \frac{H \cdot E \cdot V}{1+R} \tag{1}$$

式中，R_{ADRI}为玉米干旱灾害风险指数，用于表示玉米干旱灾害风险程度，其值越大，玉米干旱灾害风险程度越大；H 为玉米干旱灾害危险性指数；E 为玉米干旱灾害暴露性指数；V 为玉米干旱灾害脆弱性指数；R 为玉米干旱灾害防灾减灾能力指数。

4.2　玉米干旱灾害危险性指数

4.2.1　玉米干旱灾害危险性指数计算方法

玉米干旱灾害危险性指数按式(2)计算：

$$H = \sum_{i=1}^{n} X_{hi} W_{hi} \tag{2}$$

式中，H 为玉米干旱灾害危险性指效；X_{hi} 为玉米干旱灾害危险性指标的标准化值，计算方法见附录 A；W_{hi} 为玉米干旱灾害危险性指标的权重；i 为评价玉米干旱灾害危险性的第 i 个指标，主要包括作物水分亏缺距平指数和干旱频率；n 为玉米干旱灾害危险性指标的个数。

4.2.2　作物水分亏缺距平指数计算方法

玉米不同生育阶段水分亏缺距平指数按式(3)计算：

$$X_{h1} = \begin{cases} \dfrac{C_{\mathrm{WDI}} - \overline{C_{\mathrm{WDI}}}}{100 - C_{\mathrm{WDI}}} & \overline{C_{\mathrm{WDI}}} > 0 \\ C_{\mathrm{WDI}} & C_{\mathrm{WDI}} \leqslant 0 \end{cases} \tag{3}$$

式中，X_{h1} 为某生育阶段水分亏缺距平指数；C_{WRI} 某生育阶段水分亏缺指数，计算方法见附录 B；$\overline{C_{\mathrm{WDI}}}$ 为所计算时段同期作物水分亏缺指数平均值(取 30 年)，计算方法见附录 B。

4.2.3　干旱频率

干旱频率按式(4)计算：

$$X_{h2} = \frac{1}{n}\sum_{i=1}^{n} D_i \tag{4}$$

式中，X_{h2} 为干旱频率；D_i 为某时段干旱次数，由作物水分亏缺距平指数确定；i 为第 i 个年份；n 为资料总年数，取值为 30。

4.3　玉米干旱灾害暴露性指数

玉米干旱灾害暴露性指数按式(5)计算：

$$E = \frac{S_m}{S} \times 100\% \tag{5}$$

式中，E 为玉米干旱灾害暴露性指数；S_m 为某行政区多年平均玉米种植面积，单位为 hm^2；m 为第 m 个行政区；S 为某行政区耕地总面积，单位为 hm^2。

4.4 玉米干旱灾害脆弱性指数

4.4.1 玉米干旱灾害脆弱性指数计算方法

玉米干旱灾害脆弱性指数按式(6)计算：

$$V = \sum_{i=1}^{n} X_{vi} W_{vi} \tag{6}$$

式中，V 为玉米干旱灾害脆弱性指数；i 为评价玉米干旱灾害脆弱性的第 i 个指标，包括区域易旱面积比和玉米产量气候波动指数；n 为玉米干旱灾害脆弱性指标的个数；X_{vi} 为玉米干旱灾害脆弱性指标的标准化值，计算方法见附录 A；W_{vi} 为玉米干旱灾害脆弱性指标的权重。

4.4.2 区域易旱面积比

区域易旱面积比按式(7)计算：

$$X_{v1} = \frac{S_v}{S} \times 100\% \tag{7}$$

式中，X_{v1} 为区域易旱面积比，单位为%；S_v 为区域多年玉米平均受旱面积，单位为 hm^2；S 为区域玉米播种总面积，单位为 hm^2。

4.4.3 玉米产量气候波动指数

玉米产量气候波动指数按式(8)计算：

$$X_{v2} = \frac{\sqrt{\sum_{i=1}^{n} (Y_{wi})^2 / (n-1)}}{Y_m} \tag{8}$$

式中，X_{v2} 为玉米产量的气候波动指数。X_{v2} 表示因气候影响导致玉米产量波动值的相对大小，其值为 0～1，X_{v2} 值越大，产量受气候影响越大，年际之间的变率越大；i 为年份；n 为年数，n 取值 30；Y_{wi} 为第 i 年产量波动值，单位为 kg/hm^2，计算方法见式(9)；Y_m 为累计多年平均单位面积实际产量，单位为 kg/hm^2。

$$Y_{wi} = Y_i - Y_{ti} \tag{9}$$

式中，Y_{wi} 为第 i 年产量波动值，单位为 kg/hm^2；Y_i 为玉米单位面积实际产量，单位为 kg/hm^2；Y_{ti} 为时间趋势产量，为玉米单位面积实际产量的五年滑动平均值，单位为 kg/hm^2。

4.5 玉米干旱灾害防灾减灾能力指数

4.5.1 玉米干旱灾害防灾减灾能力指数计算方法

玉米干旱灾害防灾减灾能力指数按式(10)计算：

$$R = \sum_{i=1}^{n} X_{ri} W_{ri} \tag{10}$$

式中，R 为玉米干旱灾害防灾减灾能力指数；i 为评价玉米干旱灾害防灾减灾能力的第 i 个指标，包括有效灌溉率和机电井数量；n 为干旱灾害防灾减灾能力指标的个数；X_{ri} 为玉米干旱灾害防灾减灾能力指标的标准化值，计算方法见附录 A；W_{ri} 为玉米干旱灾害防灾减灾能力指标的权重。

4.5.2 有效灌溉率

有效灌溉率按式(11)计算：

$$X_{r1} = \frac{S_r}{S} \tag{11}$$

式中,X_{r1}为有效灌溉率,单位为%;S_v为区域多年有效灌溉面积,单位为hm^2;S为区域耕地总面积,单位为hm^2。

4.5.3 机井数量

单位面积机井数量按式(12)计算:

$$X_{r2} = \frac{P}{S} \tag{12}$$

式中,X_{r2}为区域机井数量,单位为眼/hm^2;P为区域多年平均机井数量,单位为眼;S为区域耕地总面积,单位为hm^2。

4.6 权重确定方法

指标权重按式(13)计算:

$$W_j = \frac{\sqrt{W_{1j} \cdot W_{2j}}}{\sum_{j=1}^{n} \sqrt{W_{1j} \cdot W_{2j}}} \tag{13}$$

式中,W_j为指标j的综合权重;W_{1j}为指标j的主观权重,计算方法参见附录C;W_{2j}为指标j的客观权重,计算方法参见附录D;n为所有指标的个数。

5 玉米干旱灾害风险等级划分

玉米干旱灾害风险划分为轻风险、低风险、中风险、高风险,划分标准见表1,玉米干旱灾害风险防控措施参见附录E表E.1。

表1 玉米干旱灾害风险等级划分标准

等级	划分标准	风险等级颜色	风险程度	
			减产率可能危害参考值(Y_d)	受灾面积可能危害参考值(C)
轻风险	$\bar{x}-2\delta < R_{ADRI} \leqslant \bar{x}-\delta$	蓝色	$Y_d \leqslant 5\%$	$C \leqslant 10\%$
低风险	$\bar{x}-\delta < R_{ADRI} \leqslant \bar{x}+\delta$	黄色	$5\% < Y_d \leqslant 10\%$	$10\% < C \leqslant 15\%$
中风险	$\bar{x}+\delta < R_{ADRI} \leqslant \bar{x}+2\delta$	橙色	$10\% < Y_d \leqslant 15\%$	$15\% < C \leqslant 20\%$
高风险	$R_{ADRI} > \bar{x}+2\delta$	红色	$Y_d > 15\%$	$C > 20\%$

注:$\bar{x}$为玉米种植区R_{ADRI}的算术平均值,δ为玉米种植区ADRI的标准差,具体算法为:所有评价单元的R_{ADRI}值减去$\bar{x}$的平方和,所得结果除以评价单元的总个数,再把所得值开根号,所得之数就是该玉米种植区的标准差。

附录A:玉米干旱灾害风险评价指标标准化

玉米干旱灾害风险评价指标标准化值计算方法见式(A.1)和式(A.2)。

正向指标:指标值越大,玉米干旱灾害风险越大,计算方法见式(A.1):

$$X_{ij} = \frac{x_{ij} - x_{j\min}}{x_{j\max} - x_{j\min}} \tag{A.1}$$

式中，X_{ij} 为无量纲化处理后第 i 个对象的第 j 项指标值；x_{ij} 为第 i 个对象的第 j 项指标；$x_{j\min}$ 为第 j 项指标的最小值；$x_{j\max}$ 为第 j 项指标的最大值。

负向指标：指标值越大，玉米干旱灾害风险越小，计算方法见式(A.2)：

$$X_{ij} = \frac{x_{j\max} - x_{ij}}{x_{j\max} - x_{j\min}} \tag{A.2}$$

附录 B：水分亏缺指数计算方法

水分亏缺指数计算方法见式(B.1)：

$$C_{\mathrm{WDI}} = a \times C_{\mathrm{WDI}j-4} + b \times C_{\mathrm{WDI}j-3} + c \times C_{\mathrm{WDI}j-2} + d \times C_{\mathrm{WDI}j-1} + e \times C_{\mathrm{WDI}j} \tag{B.1}$$

式中，C_{WDI} 为某生育期内的累计水分亏缺指数(%)，$C_{\mathrm{WDI}j}$ 为第 j 旬内的水分亏缺指数(%)，$C_{\mathrm{WDI}j-1}$ 为第 $j-1$ 旬内的水分亏缺指数(%)，$C_{\mathrm{WDI}j-2}$ 为第 $j-2$ 旬内的水分亏缺指数(%)，$C_{\mathrm{WDI}j-3}$ 为第 $j-3$ 旬内的水分亏缺指数(%)，$C_{\mathrm{WDI}j-4}$ 为第 $j-4$ 旬内的水分亏缺指数(%)，j 为从某生育阶段开始的那天算起，向玉米生长前期推 50 d，按照旬计算水分亏缺指数，取值为 5；a、b、c、d、e 为各时间单位水分亏缺的权重系数，a 取值为 0.3，b 取值为 0.25，c 取值为 0.2，d 取值为 0.15，e 取值为 0.1。各地可根据当地的实际情况，通过历史资料或田间试验确定相应系数值。

$$\overline{C_{\mathrm{WDI}}} = \frac{1}{n}\sum_{i=1}^{n} C_{\mathrm{WDI}i} \tag{B.2}$$

式中，N 取 30，代表最近 3 个年代；i 为各年的序号，$i=1,2,\cdots,n$。

$$C_{\mathrm{WDI}j} = \left(1 - \frac{P_j + I_j}{ET_{c,j}}\right) \times 100\% \tag{B.3}$$

式中，P_j 为某 10 d 的累计降水量，单位为 mm；I_j 为某 10 d 的灌溉量，单位为 mm；$\mathrm{ET}_{c,j}$ 为玉米某 10 d 的潜在蒸散量，单位为 mm，可由式(B.4)计算：

$$\mathrm{ET}_{c,j} = K_C \mathrm{ET}_0 \tag{B.4}$$

式中，ET_0 为某 10 d 的参考作物蒸散量，计算方法见 GB/T 20481；K_C 为某 10 d 某种作物所处发育阶段的作物系数，有条件的地方可以根据实验数据来确定本地的作物系数，无条件地区可以直接采用联合国粮食及农业组织(FAO)的数值或者国内临近地区通过实验确定的数值(参见附录 F)。

附录 C：层次分析法计算过程

C.1 构造两两比较判断矩阵

设上层元素 C 为准则，所支配的下层元素为 $u_1, u_2, \cdots, u_n$，对于准则 C 相对重要性即权重。对于准则 C，元素 u_i 和 u_j 哪一个更重要，重要的程度如何，通常按 1～9 比例标度对重要性程度赋值，表 C.1 列出了 1～9 标度的含义。

表C.1　标度的含义

标度	含义
1	表示两个元素相比，具有同样重要性
3	表示两个元素相比，前者比后者稍重要
5	表示两个元素相比，前者比后者明显重要
7	表示两个元素相比，前者比后者强烈重要
9	表示两个元素相比，前者比后者极端重要
2,4,6,8	表示上述相邻判断的中间值
倒数	若元素 i 与 j 的重要性之比为 a_{ij}，那么元素 i 与元素 j 重要性之比为 $a_{ij}=1/a_{ij}$

对于准则C，n 个元素之间相对重要性的比较得到个两两比较判所矩阵：

$$\mathbf{A}=(a_{ij})_{n\times n} \tag{C.1}$$

式中，a_{ij} 为元素 u_i 和 u_j，相对于C的重要性的比例标度。

判断矩阵 **A** 具有下列性质：$a_{ij}>0$，$a_{ji}=1/a_{ij}$，$a_{ii}=1$。

由判断矩阵所具有的性质知，n 个元素的判断矩阵只需要给出其上(或下)三角的 $n(n-1)/2$ 个元素就可以了，即只需做 $n(n-1)/2$ 个比较判断即可。

若判断矩阵 **A** 的所有元素满足 $a_{ij}\cdot a_{jk}=a_{ik}$，则称 **A** 为一致性矩阵。

C.2　单一准则下元素相对权重的计算以及判断矩阵的一致性检验

C.2.1　权重计算方法

将判断矩阵 **A** 的 n 个行向量归一化后的算术平均值，近似作为权重向量。计算公式见式(C.2)：

$$\omega_i=\frac{1}{n}\sum_{j=1}^{n}\frac{a_{ij}}{\sum_{k=1}^{n}a_{kj}}\quad i=1,2,\cdots,n \tag{C.2}$$

计算步骤如下：

——**A** 的元素按行归一化；

——将归一化后的各行相加；

——将相加后的向量除以 n，即得权重向量。

类似的还有列归一化方法计算，计算公式见式(C.3)：

$$\omega_i=\frac{\sum_{j=1}^{n}a_{ij}}{n\sum_{k=1}^{n}\sum_{j=1}^{n}a_{kj}}\quad i=1,2,\cdots,n \tag{C.3}$$

C.2.2　一致性检验

计算一致性指标 C_I。

$$C_I=\frac{\lambda_{\max}-n}{n-1} \tag{C.4}$$

查找相应的平均随机一致性指标(R_1)。

表 C.2 给出了 1～15 阶正互反矩阵计算 1000 次得到的平均随机一致性指标。

表 C.2　平均随机一致性指标

矩阵阶数	1	2	3	4	5	6	7	8
R_I	0	0	0.52	0.89	1.12	1.26	1.36	1.41
矩阵阶数	9	10	11	12	13	14	15	
R_I	1.46	1.49	1.52	1.54	1.56	1.58	1.59	

C.2.3　一致性比例(C_R)

一致性比例(C_R)计算公式见式(C.5)：

$$C_R = \frac{C_I}{R_I} \tag{C.5}$$

当 $C_R<0.1$ 时，认为判断矩阵的一致性是可以接受的；当 $C_R \geqslant 0.1$ 时，应该对判断矩阵做适当修正。

矩阵最大特征根($\lambda_{\max}$)计算公式见式(C.6)：

$$\lambda_{\max} = \sum_{i=1}^{n} \frac{(\boldsymbol{A}_w)_i}{n\omega_i} = \frac{1}{n}\sum_{i=1}^{n} \frac{\sum_{j=1}^{n} a_{ij}\omega_j}{\omega_i} \tag{C.6}$$

式中，$(\boldsymbol{A}_w)_i$ 为权重向量($\boldsymbol{w}$)右乘判断矩阵($\mathbf{A}$)得到的列向量($\boldsymbol{A}_w$)中的第 i 个分量，即 $\boldsymbol{A}_w$ 的第 i 个元素。

C.2.4　各层元素对目标层的总排序权重

计算各层元素对目标层的总排序权重，设 $\boldsymbol{W}^{k-1}=(\omega_1^{(k-1)},\omega_2^{(k-1)},\cdots,\omega_{k-1}^{(k-1)})^{\mathrm{T}}$ 表示第 $k-1$ 层上 n_{k-1} 个元素相对于总目标的排序权重向量，用 $\boldsymbol{P}_j^{(k)}=(p_{1j}^{(k)},p_{2j}^{(k)},\cdots,p_{n_kj}^{(k)})^{\mathrm{T}}$ 表示第 k 层上 n_k 个元素对第 $k-1$ 层上第 j 个元素为准则的排序权重向量，其中不受 j 元素支配的元素权重取为零。矩阵 $\boldsymbol{P}^{(k)}=(P_1^{(k)},P_2^{(k)},\cdots,P_{n_{k-1}}^{(k)})^{\mathrm{T}}$ 是 $n_k \times n_{k-1}$ 阶矩阵，它表示第 k 层上元素对 $k-1$ 层上各元素的排序，那么第 k 层上元素对目标的总排序 $\boldsymbol{W}^{(k)}$ 为

$$\boldsymbol{W}^{(k)} = (\omega_1^{(k)},\omega_2^{(k)},\omega_{n_k}^{(k)})^{\mathrm{T}} = \boldsymbol{P}^{(k)} \cdot \boldsymbol{W}^{(k-1)} \tag{C.7}$$

或

$$\omega_i^{(k)} = \sum_{j=1}^{n_{k-1}} p_{ij}^{(k)} \omega_j^{(k-1)} \quad i = 1,2,\cdots,n \tag{C.8}$$

并且一般公式为

$$\boldsymbol{W}^{(k)} = \boldsymbol{P}^{(k)}\boldsymbol{P}^{(k-1)} L \boldsymbol{W}^{(2)}$$

式中，($\boldsymbol{W}^{(2)}$)是第二层上元素的总排序向量，也是单准则下的排序向量。

要从上到下逐层进行一致性检，若已求得 $k-1$ 层上元素 j 为准则的一致性指标 $C.I._j^{(k-1)}$，平均随机一致性指标 $R.I._j^{(k-1)}$，一致性比例 $C.R._j^{(k-1)}$(其中 $j=1,2,\cdots,n_{k-1}$)，则 k 层的综合指标：

$$C_I^{(k)} = (C_{I1}^{(k)},\cdots,C_{In_k^{(k)}-1}) \cdot \boldsymbol{W}^{(k-1)} \tag{C.9}$$

$$R_I^{(k)} = (R_{I1}^{(k)},\cdots,R_{In_k^{(k)}-1}) \cdot \boldsymbol{W}^{(k-1)} \tag{C.10}$$

$$C.R^{(k)} = C_I^{(k)} / R_I^{(k)} \tag{C.11}$$

当 $C_R^{(k)} < 0.1$ 时，认为递阶层次结构在 k 层水平的所有判断具有整体满意的一致性。

附录 D:熵值法计算过程

第 j 项指标的指标信息熵的计算方法见式(D.1)：

$$e_j = -k \sum_{i=1}^{n} Y_{ij} \ln Y_{ij} \tag{D.1}$$

式中，e_j 为第 j 项指标的指标信息熵，其中 $e_j \geqslant 0$；$k = \frac{1}{\ln n}$，$k > 0$；Y_{ij} 为第 i 年份第 j 项指标值的比重，计算方法见式(D.2)：

$$Y_{ij} = \frac{X_{ij}}{\sum_{i=1}^{n} X_{ij}} \tag{D.2}$$

式中，X_{ij} 为第 i 年份第 j 项指标值的标准化值。

各评价指标的信息效用值和权重的计算方法见式(D.3)；

$$w_j = \frac{g_j}{\sum_{j=1}^{m} g_j} \tag{D.3}$$

式中，j 为指标的数量，其中 $1 \leqslant j \leqslant m$；$g_j$ 为信息熵冗余度，其中 $0 \leqslant g_j \leqslant 1$；$\sum_{j=1}^{m} g_j = 1$，计算方法见式(D.4)：

$$g_j = \frac{1 - e_j}{m - E_e} \tag{D.4}$$

式中，e_j 为第 j 项指标的指标信息熵；m 为评价的年数；E_e 为信息熵冗余度的累计和，其中 $E_e = \sum_{j=1}^{m} e_j$。

附录 E:玉米干旱灾害风险防控措施

表 E.1　玉米干旱灾害风险防控措施

等级	风险防控措施	
	日常风险管理	应急风险管理
轻风险	推广旱作节水农业技术 推广高抗旱性玉米品种 健全水资源管理体系	发布蓝色干旱灾害风险预警 不需要采取行动、按常规程序处理

表 E.1 玉米干旱灾害风险防控措施(续)

<table>
<tr><th rowspan="2">等级</th><th colspan="2">风险防控措施</th></tr>
<tr><th>日常风险管理</th><th>应急风险管理</th></tr>
<tr><td>低风险</td><td>调整新建水利工程布局
提高农田灌溉水利用率
优化作物布局,调整种植结构</td><td>发布黄色干旱灾害风险预警
增加灌溉设施,扩大灌溉面积
乡镇干部指挥抗旱</td></tr>
<tr><td>中风险</td><td>健全地下水开采法律法规
建立干旱监测、预警预报机制
完善灌排系统,提高农业净节水潜力</td><td>发布橙色干旱灾害风险预警
编制干旱监测报告
启动应急水源进行灌溉
农业部门指挥抗旱</td></tr>
<tr><td>高风险</td><td>建立干旱监测、预警预报机制
调整减灾工作部署,全面编制和修订旱灾的减灾应急预案
建立多水源综合应急调度管理体系,提高流域外调水能力</td><td>发布红色干旱灾害风险预警
编制干旱监测报告
启动旱灾减灾应急预案
需要高级别行政干预,多部门联合协助抗旱
跨流域调水灌溉</td></tr>
</table>

附录 F:玉米作物系数(*Kc*)参考值

表 F.1 联合国粮农组织(FAO)给出的玉米各生育阶段的作物系数值

作物	初级阶段	前期阶段	中期阶段	后期阶段	收获期	全生育期
玉米	0.30～0.50	0.70～0.85	1.05～1.20	0.80～0.95	0.55～0.60	0.75～0.90

注 1: 表中第一个数字表示在高湿(最小相对湿度 70%)和弱风(风速 5 m/s)条件下,第二个数字表示在低湿(最小相对湿度 20%)和强风(风速 5 m/s)条件下。

注 2: 初期阶段:播种—七叶,前期阶段:七叶—抽雄,中期阶段:抽雄—乳熟,后期阶段:乳熟—成熟,收获期:成熟—收获。

表 F.2 北方部分地区春玉米作物系数参考值

省	地区	4 月	5 月	6 月	7 月	8 月	9 月	全生育期
黑龙江省	东部	0.30	0.49	0.75	1.08	1.02	0.74	0.81
	南部	0.30	0.48	0.71	1.04	1.11	0.80	0.83
	西部	0.30	0.37	0.69	1.11	1.01	0.65	0.77
	北部	0.30	0.49	0.77	1.03	1.02	0.74	0.81
	中部	0.30	0.46	0.76	1.10	1.02	0.74	0.81

表 F.2　北方部分地区春玉米作物系数参考值(续)

省	地区	4月	5月	6月	7月	8月	9月	全生育期
吉林省	西部干旱区	0.30	0.40	0.80	1.26	1.25	0.73	0.88
	中部平原区	0.30	0.45	0.63	1.15	0.96	0.74	0.79
	东部山区	0.30	0.40	0.70	1.10	0.95	0.70	0.83
辽宁省	东部	0.47	0.68	0.92	1.13	1.12	0.84	0.86
	南部	0.46	0.70	0.92	1.21	1.11	0.83	0.87
	西部	0.36	0.51	0.72	1.12	1.04	0.77	0.75
	北部	0.39	0.50	0.70	1.17	1.12	0.86	0.79
	中部	0.40	0.52	0.76	1.21	1.13	0.89	0.81
内蒙古自治区	西辽河灌区(通辽)		0.16	0.62	1.51	1.39	1.21	0.86

表 F.3　北方夏玉米作物系数参考值

省	6月	7月	8月	9月	全生育期
山东省	0.47～0.88	0.92～1.08	1.27～1.56	1.06～1.27	1.05～1.18
河北省	0.49～0.65	0.6～0.84	0.94～1.22	1.34～1.76	0.84～0.96
河南省	0.47～0.85	1.13～1.35	1.67～1.79	1.06～1.32	0.99～1.14
陕西省	0.51～0.73	0.67～1.05	0.94～1.43	0.99～1.86	0.85～1.07

附录 3　区域性气象干旱过程监测评估技术（征求意见稿）

1　范围

本标准规定了区域性气象干旱过程的监测和评估的具体要求。

本标准适用于区域性气象干旱过程的监测、评估业务和科研。

2　术语和定义

下列术语和定义适用于本文件。

2.1　气象干旱(meteorological drought)

某时段内，由于蒸散量和降水量的收支不平衡，水分支出大于水分收入而造成地表水分短缺的现象。

2.2　气象干旱指数(meteorological drought index)

根据气象干旱形成的原理，构建由降水量、蒸散量等要素组成的综合指标，用于监测或评价某区域某时间段内由于天气气候异常引起的水分短缺的程度。

2.3　气象干旱等级(grades of meteorological drought)

描述气象干旱程度的级别。

2.4　气象干旱综合监测指数(Meteorological drought composite index, MCI)

综合考虑前期不同时间段降水和蒸散对当前干旱的影响而构建的一种干旱指数。

2.5　百分位数(percentile)

将一组数据从小到大排序，并计算相应的累计百分位，某一百分位所对应数据的值即为这一百分位的百分位数。

2.6　综合强度指数(index of integrated strength)

综合反映区域性气象干旱过程强度的指标。

2.7　综合强度等级(grades of integrated strength index)

综合强度指数的级别。

3　单站干旱过程的确定

3.1　干旱过程确定

当某站连续 15 d 以上出现轻度及以上气象干旱,且最强干旱强度达中旱以上,则发生一次干旱过程。干旱过程时段内第一次出现轻旱的日期,为干旱开始日;干旱过程发生后,当连续 5 d 气象干旱等级为无旱时,则干旱过程结束,干旱过程结束前最后一天气象干旱等级为轻旱或以上的日期为结束日。干旱开始日到结束日(含结束日)的总天数为干旱过程日数。

3.2　干旱过程强度

3.2.1　相当干旱强度

相当干旱强度(S)按式(1)计算:

$$S = \frac{I_1 + I_2 + \cdots + I_n}{n} n^a \tag{1}$$

式中,n 为干旱持续天数;I_1、I_2、…、I_n 为第 1、2、…、n 天的干旱指数;a 为权重系数,通常取 0.5。

3.2.2　干旱过程强度

取能反映干旱过程内最强相当干旱强度持续天数(m)的强度值为干旱过程强度(I_m),其值按式(2)计算:

$$I_m = \max_m S(i,n) \tag{2}$$

式中,n 为干旱过程总天数;m 为干旱过程内最强干旱持续天数,$1 \leqslant m \leqslant n$;$S(i,n)$为第 i 天的相当干旱强度,按式(1)计算;$\max_m S(i,n)$为表示通过不断滑动干旱过程内天数 $i(i=1,2,\cdots,n)$进行组合,找到能反映干旱过程的最大相当干旱强度来确定。

4　固定区域干旱过程的确定

4.1　固定区域

某区域内至少有 2 个气象观测站点,且具有相同的气候特征。

4.2　区域日干旱强度

当某日固定区域内监测站点平均干旱强度为轻旱及以上,且最强干旱强度达中旱,则认为该日发生区域干旱,其区域日干旱强度为(I_a)按式(3)计算:

$$I_a = \frac{I_1 + I_2 + \cdots + I_j}{k} \tag{3}$$

式中,k 为区域内总站数,j 为区域内气象干旱等级达轻旱及以上的站点数,I_1、I_2、…I_j 为区域内气象干旱等级不低于轻旱站点的干旱指数。

4.3　区域性干旱过程确定

求得区域日干旱强度后,按单站干旱过程的确定方法来确定区域性干旱过程开始日、结束日以及区域性干旱过程强度。区域性干旱过程强度(I_d)按式(4)计算：

$$I_d = \max_m S(i,n,d) \tag{4}$$

式中，n 为区域性干旱过程总天数；m 为区域性干旱过程内最强干旱持续天数，$1 \leqslant m \leqslant n$；$S(i,n,d)$为区域性干旱过程第 i 天的相当干旱强度，按式(1)计算；$\max_m S(i,n,d)$表示通过不断滑动区域性干旱过程内天数 $i(i=1,2,\cdots,n)$进行组合，找到能反映区域性干旱过程的最大相当干旱强度来确定。

5　非固定区域干旱过程的确定

5.1　非固定区域

区域范围较大且气候差异明显，需要通过站点间的重叠率来判断干旱过程。

5.2　相邻监测站点

指站点之间的距离在一定范围(全国区域性干旱过程推荐 200 km)以内。站点 A(x_1，y_1)、B(x_2，y_2)之间的距离(D)按式(5)计算：

$$D = \frac{R \times \arccos(\sin y_1 \sin y_2 + \cos y_1 \cos y_2 \cos(x_1 - x_2)) \times \pi}{180} \tag{5}$$

式中，R 为地球平均半径，取 6371 km；x_1、y_1 为站点 A 的经度和纬度；x_2、y_2 为站点 B 的经度和纬度；π 为常数，取 3.14。

5.3　区域性干旱日

某日监测范围内有不小于某一百分比(全国区域性干旱过程推荐 5%)的相邻监测站点出现不低于中度的干旱，则定义为 1 个区域性干旱日。

5.4　区域性干旱过程

当连续的区域性干旱日之间站点重合率不低于某一百分比(全国区域性干旱过程推荐 30%)，且持续时间在一定天数(全国区域性干旱过程推荐 30 d)以上时，则定义为一个区域性干旱过程。满足区域性干旱过程判定条件的首日为区域性干旱过程开始日；区域性干旱过程开始后，当连续一定时间(全国区域性干旱过程推荐 5 d)出现不低于中旱强度的站点数小于区域总站数的某一百分比(全国区域性干旱过程推荐 5%)或者与前一天的站点数重合率小于某一百分比(全国区域性干旱过程推荐 30%)时，即表示该次干旱过程结束，并将前一天确定为该次区域性干旱过程的结束日。

5.5　区域性干旱过程持续时间(*T*)

区域性干旱过程开始日至结束日(包括结束日)之间的天数定义为该次区域性干旱过程持续时间(T)。

5.6 区域性干旱过程评估指标

5.6.1 干旱过程持续时间(*T*)

区域性干旱过程开始日至结束日(包括结束日)之间的天数。

5.6.2 干旱过程影响面积(*A*)

区域性干旱过程内逐日干旱影响面积的平均值,单位为 km^2。干旱过程影响面积 A 按式(6)计算:

$$A = \frac{1}{T}\sum_{t=1}^{T} A_t \tag{6}$$

式中,T 为区域性干旱过程持续时间;A_t 为区域性干旱过程内某日干旱达到和超过中旱以上程度的干旱影响面积,单位为 km^2。

5.6.3 干旱过程强度(*I*)

区域性干旱过程内逐日干旱强度(I_t)的平均值,按式(7)计算:

$$I = \frac{1}{T}\sum_{t=1}^{T} I_t \tag{7}$$

式中,I 干旱过程强度;T 为区域性干旱过程持续时间;I_t 为区域性干旱过程内某日干旱达到和超过中旱以上程度的所有站点的干旱指数的平均值。

5.6.4 综合干旱强度(*Z*)

依据一次区域性干旱过程中的干旱强度、影响面积和持续时间确定其综合干旱强度(Z),按式(9)计算:

$$Z = I \times \sqrt{A} \times \sqrt{T} \tag{9}$$

6 区域性干旱过程评估

采用百分位数,基于最近3个整年代(1981—2010年)的各次固定或非固定区域性干旱过程强度,将区域性干旱过程划分为4级:一般、较强、强和特强(见表1)。

表1 区域性干旱过程强度划分等级和标准

等级	强度指数的百分位数
特强	$P \geqslant 95\%$
强	$80\% \leqslant P < 95\%$
较强	$50\% \leqslant P < 80\%$
一般	$P < 50\%$

附录4　中国区域性干旱过程事件

（1961年1月1日至2019年10月17日）

附表4.1　东北地区(辽宁、吉林、黑龙江、内蒙古东部)干旱事件

序号	开始日期	结束日期	持续时间(d)	最大影响范围(%)	平均影响范围(%)	平均强度	综合强度	强度等级
1	19610412	19610528	47	62	25	17	228	较强
2	19620420	19620708	80	20	13	19	257	较强
3	19621004	19630105	94	53	20	16	279	强
4	19630219	19630625	127	78	29	17	421	特强
5	19640512	19640612	32	39	22	16	175	一般
6	19650304	19651124	266	100	30	17	640	特强
7	19670827	19671118	84	59	25	15	288	强
8	19680426	19680613	49	45	19	17	205	一般
9	19680719	19680820	33	51	27	17	197	一般
10	19690310	19690420	42	56	23	17	212	较强
11	19700329	19700526	59	78	35	17	319	强
12	19700611	19700721	41	46	17	16	167	一般
13	19710409	19710528	50	54	20	16	203	一般
14	19720420	19720520	31	74	33	17	218	较强
15	19720621	19720921	93	75	26	16	320	强
16	19740308	19740419	43	16	10	16	130	一般
17	19741029	19741208	41	14	8	16	118	一般
18	19750317	19750416	31	38	17	16	145	一般
19	19750418	19750604	48	53	23	16	220	较强
20	19760906	19761120	76	33	16	17	238	较强
21	19770906	19771029	54	46	24	16	234	较强
22	19790927	19791110	45	40	17	15	170	一般
23	19800623	19800901	71	67	24	16	274	较强
24	19820606	19821201	179	78	25	17	463	特强
25	19830319	19830426	39	38	17	16	164	一般
26	19831210	19840115	37	33	17	15	152	一般
27	19850509	19850610	33	36	17	17	159	一般

续表

序号	开始日期	结束日期	持续时间(d)	最大影响范围(%)	平均影响范围(%)	平均强度	综合强度	强度等级
28	19860517	19860624	39	73	40	17	267	较强
29	19860918	19861019	32	16	10	16	116	一般
30	19881123	19881230	38	40	19	15	164	一般
31	19890406	19890519	44	68	26	15	212	较强
32	19890730	19890927	60	57	27	16	268	较强
33	19940414	19940525	42	76	27	16	212	较强
34	19940527	19940627	32	60	28	16	192	一般
35	19950328	19950512	46	25	15	17	179	一般
36	19950515	19950621	38	23	13	17	154	一般
37	19950813	19951001	50	22	11	16	154	一般
38	19960529	19960630	33	54	24	16	177	一般
39	19960927	19961029	33	24	12	15	124	一般
40	19970404	19970528	55	57	23	16	235	较强
41	19970625	19970821	58	59	25	16	252	较强
42	19990211	19990425	74	18	11	17	199	一般
43	19990814	19990918	36	15	10	16	122	一般
44	19990906	19991028	53	49	22	15	215	较强
45	20000420	20000602	44	14	9	17	136	一般
46	20000609	20000831	84	80	33	17	357	强
47	20000902	20001007	36	33	18	15	157	一般
48	20010406	20010821	138	100	34	16	459	特强
49	20010825	20011214	112	65	25	16	346	强
50	20020223	20020405	42	43	17	16	167	一般
51	20020903	20021017	45	54	29	17	240	较强
52	20021017	20021221	66	23	11	16	178	一般
53	20030404	20030709	97	71	26	17	350	强
54	20040325	20040502	39	33	14	16	153	一般
55	20040504	20040906	126	75	21	17	364	强
56	20070714	20071031	110	76	32	16	397	强
57	20071105	20071209	35	38	21	16	172	一般
58	20090803	20091113	103	57	25	16	332	强
59	20100831	20101001	32	21	13	16	132	一般
60	20110313	20110430	49	52	22	17	227	较强
61	20110701	20110826	57	19	10	16	161	一般
62	20110828	20111026	60	48	28	16	271	较强

续表

序号	开始日期	结束日期	持续时间(d)	最大影响范围(%)	平均影响范围(%)	平均强度	综合强度	强度等级
63	20130321	20130509	50	17	11	17	158	一般
64	20140409	20140513	35	61	30	17	216	较强
65	20140803	20141003	62	44	22	16	240	较强
66	20141020	20141210	52	44	20	15	201	一般
67	20150715	20150823	40	37	14	16	152	一般
68	20170406	20170804	121	71	25	16	370	强
69	20190226	20190404	38	47	20	17	187	一般
70	20190407	20190526	50	71	32	17	265	较强

附表 4.2 华北黄淮地区(北京、天津、河北、山西、河南、山东)干旱事件

序号	开始日期	结束日期	持续时间(d)	最大影响范围(%)	平均影响范围(%)	平均强度	综合强度	强度等级
1	19610512	19610711	61	37	14	15	204	一般
2	19620410	19620719	101	65	24	17	377	较强
3	19620924	19630216	146	17	9	17	277	较强
4	19650317	19650422	37	54	26	16	227	一般
5	19650522	19650710	50	64	25	15	243	一般
6	19650711	19651108	121	51	26	17	447	强
7	19660515	19660724	71	61	16	15	230	一般
8	19660812	19661114	95	37	18	17	320	较强
9	19680225	19681006	225	79	34	17	665	特强
10	19691222	19700224	65	57	26	15	287	较强
11	19720415	19720902	141	78	31	17	520	强
12	19720904	19721020	47	23	11	15	150	一般
13	19731128	19740204	69	44	19	16	267	较强
14	19740318	19740731	136	76	24	16	428	强
15	19750316	19750504	50	54	22	16	240	一般
16	19750521	19750729	70	63	16	15	228	一般
17	19750816	19751001	47	22	9	15	136	一般
18	19751027	19751203	38	16	9	15	128	一般
19	19760511	19760721	72	65	17	15	240	一般
20	19770109	19770423	105	89	38	17	487	强
21	19780407	19780725	110	88	31	16	431	强
22	19780910	19781026	47	25	13	15	173	一般
23	19790928	19791218	82	61	28	15	329	较强

续表

序号	开始日期	结束日期	持续时间(d)	最大影响范围(%)	平均影响范围(%)	平均强度	综合强度	强度等级
24	19800714	19800828	46	30	12	16	168	一般
25	19810423	19810621	60	88	45	16	383	强
26	19810904	19811021	48	44	21	16	227	一般
27	19811114	19820223	102	59	20	15	301	较强
28	19820629	19820730	32	38	14	15	145	一般
29	19830206	19830322	45	56	20	15	201	一般
30	19830707	19830908	64	50	15	15	212	一般
31	19840115	19840522	129	87	31	15	433	强
32	19860404	19861022	202	93	28	16	536	特强
33	19861023	19861213	52	49	17	14	194	一般
34	19880329	19880523	56	75	23	17	274	较强
35	19880620	19880724	35	43	16	16	168	一般
36	19880914	19890106	115	88	30	16	430	强
37	19890303	19890421	50	28	13	16	182	一般
38	19890730	19891223	147	59	19	16	380	强
39	19910803	19910918	47	31	12	16	166	一般
40	19911010	19911224	76	54	22	15	285	较强
41	19920204	19920505	92	75	17	15	263	较强
42	19920525	19920901	100	77	23	17	364	较强
43	19920902	19921011	40	14	8	15	121	一般
44	19930321	19930706	108	75	20	16	334	较强
45	19930914	19931109	57	45	19	15	225	一般
46	19940401	19940503	33	32	12	16	142	一般
47	19940902	19941015	44	40	18	17	215	一般
48	19950314	19950718	127	72	20	16	361	较强
49	19951222	19960620	182	93	29	16	530	强
50	19970610	19971010	123	89	39	18	556	特强
51	19971011	19971122	43	73	42	16	305	较强
52	19980923	19990518	238	93	42	17	781	特强
53	19990717	19991001	77	76	31	16	360	较强
54	19991003	19991102	31	20	10	14	114	一般
55	20000315	20000719	127	91	37	17	522	强
56	20010420	20010727	99	91	44	18	537	特强
57	20010826	20011203	100	63	20	15	312	较强
58	20020202	20020305	32	35	15	14	138	一般

续表

序号	开始日期	结束日期	持续时间(d)	最大影响范围(%)	平均影响范围(%)	平均强度	综合强度	强度等级
59	20020710	20021206	150	72	27	16	465	强
60	20051101	20060124	85	39	16	15	253	较强
61	20060305	20060525	82	76	24	15	304	较强
62	20060926	20061202	68	72	32	15	326	较强
63	20081209	20090213	67	68	29	15	294	较强
64	20100619	20100819	62	53	15	16	216	一般
65	20101123	20110227	97	74	38	16	448	强
66	20110330	20110511	43	67	25	15	219	一般
67	20110531	20110707	38	46	17	15	176	一般
68	20120510	20120708	60	57	21	16	259	较强
69	20130501	20130608	39	69	25	15	218	一般
70	20130830	20131110	73	31	15	16	246	一般
71	20131212	20140207	58	61	20	14	212	一般
72	20140318	20140418	32	55	22	15	175	一般
73	20140709	20140929	83	69	26	16	333	较强
74	20141017	20141128	43	18	9	14	130	一般
75	20150303	20150402	31	40	14	15	141	一般
76	20150703	20150804	33	60	23	16	196	一般
77	20150809	20150911	34	42	19	16	177	一般
78	20150915	20151027	43	39	17	15	180	一般
79	20160318	20160417	31	42	16	15	148	一般
80	20171111	20180128	79	57	17	15	256	较强
81	20181008	20190214	130	73	23	15	377	较强
82	20190305	20190408	35	72	34	15	236	一般
83	20190610	20190810	62	78	26	16	294	较强
84	20190812	20191009	59	48	19	16	236	一般

附表 4.3　西北东部地区(甘肃、宁夏、陕西)干旱事件

序号	开始日期	结束日期	持续时间(d)	最大影响范围(%)	平均影响范围(%)	平均强度	综合强度	强度等级
1	19620314	19620724	133	79	46	18	635	特强
2	19620801	19620923	54	20	11	18	191	一般
3	19650312	19650426	46	38	13	17	187	一般
4	19650809	19651101	85	46	22	17	329	强
5	19660501	19660706	67	66	21	16	265	较强

续表

序号	开始日期	结束日期	持续时间(d)	最大影响范围(%)	平均影响范围(%)	平均强度	综合强度	强度等级
6	19661212	19670126	46	32	14	15	168	一般
7	19680529	19680712	45	58	23	17	239	较强
8	19680721	19680827	38	23	12	17	158	一般
9	19690530	19690926	120	69	26	16	396	强
10	19710323	19710502	41	52	15	15	168	一般
11	19710826	19711106	73	46	15	15	227	一般
12	19720726	19720830	36	59	22	15	194	一般
13	19720910	19721209	91	73	26	16	349	强
14	19740709	19740905	59	67	25	16	271	较强
15	19760707	19760823	48	57	22	16	226	一般
16	19770228	19770423	55	84	33	16	307	较强
17	19770810	19771104	87	50	21	17	322	较强
18	19790417	19790704	79	77	31	16	357	强
19	19791027	19800128	94	56	21	15	305	较强
20	19800210	19800312	32	48	19	16	170	一般
21	19800408	19800510	33	40	15	15	146	一般
22	19800721	19800903	45	18	10	15	141	一般
23	19800923	19810107	107	32	11	15	233	较强
24	19810220	19810323	32	73	24	15	188	一般
25	19810519	19810703	46	75	32	15	260	较强
26	19820516	19820925	133	85	30	17	469	强
27	19830209	19830322	42	57	25	16	228	一般
28	19840228	19840404	37	65	30	16	239	较强
29	19841030	19841214	46	18	11	16	159	一般
30	19850220	19850412	52	68	18	15	214	一般
31	19860113	19860307	54	55	18	15	209	一般
32	19860330	19860525	57	82	36	16	314	较强
33	19860526	19860626	32	31	15	15	143	一般
34	19860731	19860908	40	33	13	15	152	一般
35	19860912	19861114	64	79	32	15	312	较强
36	19870117	19870220	35	50	24	15	188	一般
37	19870914	19880216	156	80	22	15	403	强
38	19881112	19881227	46	47	20	15	195	一般
39	19910715	19911224	163	87	31	16	499	强
40	19940811	19941016	67	46	22	16	271	较强

续表

序号	开始日期	结束日期	持续时间(d)	最大影响范围(%)	平均影响范围(%)	平均强度	综合强度	强度等级
41	19950314	19950811	151	90	44	18	650	特强
42	19950912	19951021	40	26	13	15	156	一般
43	19960228	19960331	33	54	20	16	177	一般
44	19970527	19971128	186	87	41	17	677	特强
45	19981105	19990502	179	87	51	18	788	特强
46	19990812	19991001	51	45	22	16	235	较强
47	20000408	20000624	78	87	43	17	445	强
48	20000714	20000817	35	55	22	16	192	一般
49	20010316	20010424	40	65	34	16	268	较强
50	20010426	20010727	93	89	38	17	444	强
51	20020820	20021208	111	64	19	16	326	较强
52	20040308	20040604	89	75	28	17	373	强
53	20040612	20040820	70	68	24	16	296	较强
54	20050410	20050516	37	72	38	16	275	较强
55	20050614	20050811	59	33	11	17	195	一般
56	20050812	20050920	40	37	16	17	191	一般
57	20060802	20060902	32	34	17	16	166	一般
58	20070422	20070618	58	58	28	16	290	较强
59	20080510	20080829	112	83	24	16	366	强
60	20090405	20090514	40	50	22	17	223	一般
61	20090605	20090803	60	51	16	16	221	一般
62	20110530	20110706	38	32	12	15	150	一般
63	20120405	20120522	48	32	14	17	197	一般
64	20130302	20130528	88	72	31	16	379	强
65	20130907	20131123	78	31	12	16	222	一般
66	20140221	20140416	55	6	5	19	148	一般
67	20140718	20140911	56	43	16	16	211	一般
68	20150707	20151007	93	59	17	16	281	较强
69	20160317	20160416	31	29	12	15	126	一般
70	20160812	20161007	57	50	19	16	231	较强
71	20181014	20181116	34	39	20	15	173	一般
72	20181216	20190213	60	43	16	14	198	一般
73	20190314	20190420	38	51	27	16	237	较强

附表4.4　西南地区(四川、云南、贵州、重庆)干旱事件

序号	开始日期	结束日期	持续时间(d)	最大影响范围(%)	平均影响范围(%)	平均强度	综合强度	强度等级
1	19610614	19610725	42	27	11	18	172	一般
2	19621117	19630312	116	74	22	16	362	强
3	19630315	19630704	112	84	29	18	456	强
4	19660304	19660526	84	86	33	16	383	强
5	19660727	19660826	31	22	12	16	135	一般
6	19660908	19661013	36	22	12	16	147	一般
7	19681212	19690115	35	21	12	16	149	一般
8	19690206	19690706	151	94	37	17	584	特强
9	19700221	19700325	33	23	14	15	138	一般
10	19720718	19721127	133	69	17	16	343	强
11	19740205	19740319	43	57	26	16	235	较强
12	19770602	19770706	35	26	15	18	182	一般
13	19780925	19790725	304	88	20	16	575	特强
14	19800306	19800522	78	52	17	16	263	较强
15	19810326	19810510	46	29	9	16	141	一般
16	19811014	19820120	99	27	13	17	270	较强
17	19830613	19830731	49	38	15	18	222	较强
18	19840317	19840505	50	67	28	17	276	较强
19	19841102	19850203	94	55	19	15	286	较强
20	19850307	19850411	36	16	8	14	111	一般
21	19860120	19860414	85	44	14	15	240	较强
22	19860507	19860620	45	62	21	17	227	较强
23	19870204	19870406	62	50	16	15	217	较强
24	19870413	19870629	78	81	26	16	329	强
25	19880329	19880531	64	70	18	16	242	较强
26	19890217	19890321	33	24	14	15	145	一般
27	19890714	19890905	54	35	11	16	173	一般
28	19900819	19901002	45	38	18	17	211	一般
29	19920731	19921012	74	56	21	16	282	较强
30	19921110	19930113	65	51	26	16	299	较强
31	19940208	19940318	39	35	14	16	164	一般
32	19940510	19940615	37	30	14	16	159	一般
33	19940725	19940903	41	34	15	16	176	一般
34	19950415	19950605	52	60	19	16	221	较强
35	19960218	19960325	37	25	15	16	173	一般

续表

序号	开始日期	结束日期	持续时间(d)	最大影响范围(%)	平均影响范围(%)	平均强度	综合强度	强度等级
36	19961216	19970123	39	29	12	16	149	一般
37	19970811	19971205	117	39	17	17	330	强
38	19981201	19990103	34	40	21	15	179	一般
39	19990129	19990506	98	85	30	17	413	强
40	20000502	20000623	53	31	10	16	169	一般
41	20010226	20010508	72	60	20	16	273	较强
42	20010704	20010819	47	30	12	17	178	一般
43	20010909	20011016	38	21	12	16	159	一般
44	20020901	20021019	49	30	15	17	203	一般
45	20030215	20030323	37	40	15	15	154	一般
46	20030325	20030521	58	57	15	15	201	一般
47	20031004	20031220	78	63	23	16	297	较强
48	20041024	20041129	37	31	14	15	149	一般
49	20050914	20051028	45	15	8	16	137	一般
50	20060104	20060216	44	23	9	15	133	一般
51	20060326	20060429	35	39	17	15	164	一般
52	20060709	20061121	136	70	20	16	386	强
53	20071101	20080128	89	45	16	16	266	较强
54	20090524	20090629	37	28	13	16	158	一般
55	20090905	20100423	231	83	32	17	662	特强
56	20110418	20110623	67	52	19	18	281	较强
57	20110629	20111207	162	76	28	18	535	强
58	20120411	20120602	53	62	20	16	236	较强
59	20121027	20130503	189	86	29	17	548	特强
60	20130708	20130825	49	34	17	17	219	较强
61	20150528	20150725	59	22	12	19	219	较强
62	20181108	20181219	42	27	13	15	154	一般
63	20190424	20190709	77	45	20	18	326	强

附表 4.5　长江中下游地区(湖北、湖南、江西、安徽、江苏、上海)干旱事件

序号	开始日期	结束日期	持续时间(d)	最大影响范围(%)	平均影响范围(%)	平均强度	综合强度	强度等级
1	19610625	19610816	53	53	18	15	214	较强
2	19620312	19620417	37	34	13	17	160	一般
3	19630314	19630422	40	50	22	19	250	较强

续表

序号	开始日期	结束日期	持续时间(d)	最大影响范围(%)	平均影响范围(%)	平均强度	综合强度	强度等级
4	19630519	19631012	147	50	17	16	368	强
5	19640828	19641017	51	35	14	15	182	一般
6	19650709	19650809	32	35	15	15	143	一般
7	19660725	19661113	112	81	35	17	492	特强
8	19670724	19671111	111	57	27	18	442	强
9	19680422	19680524	33	15	8	16	118	一般
10	19680530	19680720	52	46	19	16	233	较强
11	19680724	19680920	59	29	13	16	195	一般
12	19680925	19681104	41	26	12	15	148	一般
13	19710329	19710527	60	42	13	16	206	一般
14	19710706	19711001	88	60	21	16	300	较强
15	19720702	19720915	76	56	23	16	306	较强
16	19731028	19740129	94	83	34	18	469	强
17	19741025	19741203	40	30	12	15	149	一般
18	19760724	19760902	41	36	16	15	172	一般
19	19760921	19761024	34	27	14	15	147	一般
20	19770207	19770316	38	31	12	19	182	一般
21	19771119	19771224	36	18	9	15	125	一般
22	19780410	19781112	217	81	33	17	638	特强
23	19791004	19800112	101	82	37	16	453	强
24	19810516	19810712	58	61	19	15	230	较强
25	19810823	19810923	32	28	15	15	149	一般
26	19840409	19840512	34	15	8	16	120	一般
27	19850623	19850917	87	53	16	15	256	较强
28	19860805	19860913	40	31	13	15	156	一般
29	19860916	19861024	39	42	18	15	182	一般
30	19881102	19890109	69	82	40	16	386	强
31	19910622	19910820	60	29	15	17	229	较强
32	19911017	19911224	69	59	23	17	298	较强
33	19920721	19920908	50	36	13	15	174	一般
34	19920919	19921221	94	50	24	16	348	强
35	19940708	19940905	60	31	16	16	220	较强
36	19940907	19941017	41	23	11	16	152	一般
37	19951104	19951229	56	53	24	16	267	较强
38	19970522	19970714	54	47	18	16	225	较强

续表

序号	开始日期	结束日期	持续时间(d)	最大影响范围(%)	平均影响范围(%)	平均强度	综合强度	强度等级
39	19970918	19971112	56	19	11	16	174	一般
40	19990129	19990328	59	60	20	17	262	较强
41	20000321	20000601	73	62	27	18	362	强
42	20000705	20000816	43	32	14	15	166	一般
43	20010510	20010618	40	43	22	16	216	较强
44	20010624	20010810	48	43	19	16	219	较强
45	20010830	20011027	59	45	23	17	277	较强
46	20030711	20031207	150	56	20	16	395	强
47	20040923	20041113	52	56	23	15	236	较强
48	20050612	20050730	49	40	15	17	206	一般
49	20050916	20051111	57	17	9	16	161	一般
50	20061005	20061122	49	54	21	16	221	较强
51	20070517	20070628	43	55	17	15	185	一般
52	20070630	20070822	54	39	15	16	203	一般
53	20071020	20071221	63	40	18	17	252	较强
54	20110330	20110630	93	91	49	18	557	特强
55	20110702	20110809	39	22	12	16	154	一般
56	20120531	20120704	35	31	16	17	175	一般
57	20130722	20130826	36	52	22	16	202	一般
58	20160830	20160929	31	36	14	16	149	一般
59	20180805	20180920	47	30	11	15	153	一般
60	20190713	20191017	97	83	28	17	406	强

附表 4.6 华南地区(广东、广西、海南、福建)干旱事件

序号	开始日期	结束日期	持续时间(d)	最大影响范围(%)	平均影响范围(%)	平均强度	综合强度	强度等级
1	19630102	19631011	283	85	32	18	775	特强
2	19641120	19650106	48	40	19	15	205	一般
3	19650823	19651004	43	40	16	15	177	一般
4	19660909	19670206	151	76	21	16	418	强
5	19670622	19670818	58	56	19	16	237	较强
6	19670826	19680201	160	40	16	16	367	强
7	19681104	19681218	45	33	16	16	194	一般
8	19690907	19691019	43	45	18	15	193	一般
9	19691108	19700212	97	47	16	16	287	较强

续表

序号	开始日期	结束日期	持续时间(d)	最大影响范围(%)	平均影响范围(%)	平均强度	综合强度	强度等级
10	19710317	19710520	65	78	31	16	332	强
11	19710706	19710807	33	24	11	16	139	一般
12	19720302	19720407	37	54	16	15	172	一般
13	19741023	19741228	67	19	10	16	187	一般
14	19770227	19770529	92	90	45	17	500	特强
15	19770530	19770706	38	24	15	19	203	一般
16	19771109	19771228	50	8	6	18	141	一般
17	19791124	19800410	139	80	22	15	386	强
18	19801123	19810107	46	20	10	15	139	一般
19	19810121	19810220	31	34	17	15	152	一般
20	19830626	19830906	73	35	11	16	214	一般
21	19831113	19831229	47	29	16	16	201	一般
22	19850707	19850825	50	41	20	16	233	较强
23	19860318	19860417	31	18	9	15	117	一般
24	19860824	19861028	66	55	22	16	270	较强
25	19870124	19870227	35	58	31	15	230	较强
26	19880430	19880817	110	57	15	16	301	较强
27	19881202	19890105	35	20	10	15	124	一般
28	19890619	19890719	31	16	8	15	109	一般
29	19890729	19890925	59	46	20	16	243	较强
30	19890928	19891231	95	55	27	16	366	强
31	19900808	19901105	90	47	22	17	344	强
32	19910216	19910319	32	18	10	14	116	一般
33	19910417	19910625	70	80	29	17	343	强
34	19910704	19910819	47	30	13	16	182	一般
35	19910908	19911203	87	52	20	16	305	较强
36	19920921	19921227	98	76	37	16	442	强
37	19941108	19941208	31	35	18	14	157	一般
38	19951029	19951217	50	20	12	16	173	一般
39	19951230	19960220	53	29	17	17	234	较强
40	19960208	19960325	47	22	11	17	183	一般
41	19961213	19970123	42	57	26	16	242	较强
42	19990211	19990412	61	75	33	16	319	较强
43	20000822	20001014	54	30	15	16	209	一般
44	20020413	20020708	87	63	19	17	313	较强

续表

序号	开始日期	结束日期	持续时间(d)	最大影响范围(%)	平均影响范围(%)	平均强度	综合强度	强度等级
45	20030423	20030609	48	25	10	16	159	一般
46	20030703	20040120	202	78	22	16	495	特强
47	20040612	20040728	47	40	17	16	201	一般
48	20041007	20050302	147	78	34	16	524	特强
49	20050930	20051114	46	29	12	15	161	一般
50	20051121	20060218	90	49	16	15	272	较强
51	20061006	20061121	47	37	16	16	201	一般
52	20070721	20070822	33	41	18	16	170	一般
53	20071106	20071223	48	62	36	16	304	较强
54	20090130	20090306	36	73	36	15	250	较强
55	20090826	20100110	138	55	16	16	331	强
56	20100303	20100408	37	22	10	16	140	一般
57	20110401	20110513	43	74	36	17	300	较强
58	20110729	20111013	77	58	19	16	284	较强
59	20120916	20121112	58	48	17	16	222	一般
60	20141009	20141110	33	28	14	15	147	一般
61	20150329	20150510	43	80	30	16	270	较强
62	20180402	20180508	37	62	26	16	221	一般
63	20180513	20180623	42	62	24	16	230	较强
64	20180723	20180823	32	28	12	16	142	一般
65	20190916	20191018	33	46	23	16	196	一般